全国中等职业学校
全 国 技 工 院 校 培养复合型技能人才系列教材

电工知识与技能

（初级）

人力资源社会保障部教材办公室组织编写

中国劳动社会保障出版社

简介

本书主要内容包括电工基本操作技能、室内线路的安装与维修、异步电动机的拆装与变压器的维护、三相异步电动机基本控制线路的安装与维修、常用机床控制线路的维修、简单电子线路的安装与调试。

本书由王建任主编，申菲、王波娟、段鹏瑶任副主编，王建、申菲、王波娟、段鹏瑶、刘健、陈玉芝、王幼迪、朱大柯、王慧祥、姚璐、梁丽洁、王岩和王娟参加编写，由林尔付、恽文卫审稿。

图书在版编目（CIP）数据

电工知识与技能：初级 / 人力资源社会保障部教材办公室组织编写 . -- 北京：中国劳动社会保障出版社，2020

全国中等职业学校、全国技工院校培养复合型技能人才系列教材

ISBN 978-7-5167-4687-5

Ⅰ. ①电… Ⅱ. ①人… Ⅲ. ①电工技术－中等专业学校－教材 Ⅳ. ①TM

中国版本图书馆 CIP 数据核字（2020）第 207602 号

中国劳动社会保障出版社出版发行

（北京市惠新东街 1 号　邮政编码：100029）

*

北京谊兴印刷有限公司印刷装订　新华书店经销

787 毫米 ×1092 毫米　16 开本　19 印张　382 千字

2020 年 10 月第 1 版　　2025 年 8 月第 5 次印刷

定价：37.00 元

营销中心电话：400-606-6496

出版社网址：http://www.class.com.cn

http://jg.class.com.cn

前　言

为了更好地适应全国技工院校机械类专业的教学要求，全面提升教学质量，人力资源社会保障部教材办公室组织有关学校的一线教师和行业、企业专家，在充分调研企业生产和学校教学情况、广泛听取教师对教材使用反馈意见的基础上，对全国技工院校培养复合型技能人才系列教材进行了修订和补充开发。本次修订（新编）的教材包括：《钳工知识与技能（初级）（第二版）》《车工知识与技能（初级）》《铣工知识与技能（初级）（第二版）》《磨工知识与技能（初级）（第二版）》《焊工知识与技能（初级）（第二版）》《电工知识与技能（初级）》等。

本次教材修订（新编）工作的重点主要体现在以下几个方面：

第一，合理更新教材内容。

根据机械类专业毕业生所从事岗位的实际需要和教学实际情况的变化，合理确定学生应具备的能力与知识结构，对部分教材内容及其深度、难度做了适当调整；根据相关专业领域的最新发展，在教材中充实新知识、新技术、新设备、新材料等方面的内容，体现教材的先进性；采用最新国家技术标准，使教材更加科学和规范。

第二，紧密衔接国家职业技能标准要求。

教材编写以国家职业技能标准《钳工（2020年版）》《车工（2018年版）》《铣工（2018年版）》《磨工（2018年版）》《焊工（2018年版）》《电工（2018年版）》等为依据，涵盖国家职业技能标准（初级）的知识和技能要求。

第三，精心设计教材形式。

在教材内容的呈现形式上，尽可能使用图片、实物照片和表格等形式将知识点生动地展示出来，力求让学生更直观地理解和掌握所学内容。在教材插图的制作中采用了立体造型技术，同时部分教材在印刷工艺上采用了四色印刷，增强了教材的表现力。

第四，进一步做好教学服务工作。

本套教材配有习题册和方便教师上课使用的电子课件，可以通过技工教育网（http://jg.class.com.cn）下载电子课件等教学资源。另外，在部分教材中使用了二维码技术，针对教材中的教学重点和难点制作了动画、视频、微课等多媒体资源，学生使用移动终端扫描二维码即可在线观看相应内容。

本次教材的修订（新编）工作得到了江苏、山东、河南等省人力资源和社会保障厅及有关学校的大力支持，在此我们表示诚挚的谢意。

人力资源社会保障部教材办公室

2020年11月

目 录

绪论……………………………………………………………………………………1

第一单元　电工基本操作技能……………………………………………………3
课题一　电工安全常识与技能 ………………………………………………3
课题二　常用电工工具的使用 ………………………………………………13
课题三　导线连接与绝缘恢复 ………………………………………………22
课题四　常用电工仪表的使用 ………………………………………………31
课题五　接地装置的安装 ……………………………………………………41
课题六　登高技能 ……………………………………………………………51

第二单元　室内线路的安装与维修………………………………………………60
课题一　塑料护套线配线 ……………………………………………………60
课题二　塑料槽板配线 ………………………………………………………65
课题三　照明装置的安装与维修 ……………………………………………70
课题四　进户装置与量电装置的安装 ………………………………………92

第三单元　异步电动机的拆装与变压器的维护…………………………………99
课题一　三相笼型异步电动机的安装 ………………………………………99
课题二　三相笼型异步电动机的拆装 ………………………………………109
课题三　单相异步电动机的维护 ……………………………………………124
课题四　小型变压器的绕制与检修 …………………………………………133

第四单元　三相异步电动机基本控制线路的安装与维修………………………154
课题一　三相异步电动机正转控制线路的安装与维修 ……………………154
课题二　三相异步电动机正反转控制线路的安装 …………………………192
课题三　三相异步电动机位置控制线路的安装 ……………………………201
课题四　三相异步电动机顺序控制与多地控制线路的安装 ………………209
课题五　三相笼型异步电动机降压启动控制线路的安装 …………………217

课题六　三相笼型双速异步电动机控制线路的安装 …………………………… 224
课题七　三相异步电动机制动控制线路的安装 ………………………………… 229

第五单元　常用机床控制线路的维修 ……………………………………………… 235
课题一　CA6140 型车床电气故障维修 ……………………………………… 235
课题二　钻床控制线路的维修 ……………………………………………… 246

第六单元　简单电子线路的安装与调试 ………………………………………… 251
课题一　电子技术基本操作 ………………………………………………… 251
课题二　单相桥式整流滤波电路的安装与调试 ……………………………… 278
课题三　串联型稳压电源的安装与调试 …………………………………… 284
课题四　基本放大电路的安装与调试 ……………………………………… 291

绪 论

一、电工的主要任务和职责

工业生产中各种机械和生产设备的运行主要以电力驱动为主。生产和生活中也都用电气设备照明。这些系统一旦发生故障，就会影响机械和生产设备的正常运行，影响人们的正常生活，严重时还会造成设备和人身事故。

初级电工的主要任务如下：

1. 照明线路和照明装置的安装，动力线路和异步电动机的安装，各种生产机械电气控制线路的安装。

2. 各种电气线路、电气设备的日常保养、检查与维修。

3. 根据现代设备管理的要求，电工除按照“预防为主，修理为辅”的原则来降低故障的发生率以外，还要进行改善性的修理，针对设备的重要部位采用根治的方法进行必要的改进。

4. 简单电子设备的安装和调试。

电工的职责如下：保证企业中驱动各类生产机械运动的交流、直流电动机及其电气控制系统和生产、生活照明系统的正常运行，这对提高劳动生产率和安全生产、保障人民正常生活都具有重大作用。

要履行好自己的职责，完成好自己的任务，不但要具备电工相应的专业知识，而且要掌握好电工的各项操作技能。它包括与电工操作有关的钳工基本操作、电焊基本操作、各类电气线路的安装与维修、照明和动力装置的安装与维修、简单电子设备的安装与维修、常用电工工具和仪表的使用、电气测量技术及电气安全技术等。

二、本课程的具体要求

1. 掌握电工的基本操作方法。

2. 掌握基本的电气安全技术知识和技能。

3. 了解常用电工仪表的名称、结构和工作原理；掌握常用电工仪表的使用、维护和保养技能。

4. 掌握室内线路的安装与维修技能。

5. 掌握电动机与变压器的基本知识及其安装、维修技能。

6. 掌握电力驱动控制线路的基本知识及其安装、维修技能。

7. 掌握简单机床电气控制线路的安装、调试和维修技能。

8. 熟悉电子技术的基本知识与基本操作技能。

9. 熟悉单相稳压电路和简单放大电路的安装与调试技能。

三、学习中应注意的问题

1. 注意理论联系实际，加强技能训练，逐步提高独立操作能力及分析与解决实际问题的能力。

2. 在技能训练过程中，要注意爱护工具和设备，节约原材料，严格执行电工安全操作规程，做到安全、文明生产。

3. 注意及时复习相关课程的有关内容。

第一单元
电工基本操作技能

学习目标

1. 掌握电工基本安全知识。
2. 熟练掌握常用电工工具的使用技能。
3. 掌握导线连接与绝缘恢复技能。
4. 掌握常用电工仪器、仪表的使用技能。
5. 熟悉接地装置的安装及维护技能。
6. 掌握电工的登高技能。

课题一　电工安全常识与技能

学习目标

1. 掌握电工基本安全知识。
2. 掌握安全用电、文明生产和消防知识。
3. 掌握触电急救的要点，能对触电者进行救护。

一、电工基本安全知识

电工必须接受安全教育，在掌握基本安全知识和工作范围内的安全技术规程后，才能进行实际操作。

1. 电工必须具备的条件

（1）身体健康，精神正常。凡患有高血压、心脏病、哮喘、神经系统疾病、色盲，或者听力障碍、四肢功能有严重障碍等，不得从事电工工作。

（2）获得电工国家职业资格证书，并持有电工操作证。

（3）掌握触电急救方法。

2. 电工人身安全知识

（1）在进行电气设备安装和维修操作时，必须严格遵守各种安全操作规程，不得玩忽职守。

（2）操作时要严格遵守停、送电操作规定，切实采取防止突然送电的各项安全措施，如挂上“有人工作，禁止合闸”的标识牌，锁上刀开关或取下电源熔断器等。不准约时送电。

（3）在靠近带电部分操作时，要保证有可靠的安全距离。

（4）操作前应仔细检查操作工具的绝缘性能以及绝缘鞋、绝缘手套等安全用具的绝缘性能是否良好，如有问题应及时更换，并应立即进行检查。

（5）登高工具必须安全可靠，未经登高训练的人员不准进行登高作业。

（6）如发现有人触电，要立即采取正确的急救措施。

二、安全用电、文明生产和消防知识

1. 安全用电知识

电工不仅要具备安全用电知识，还有宣传安全用电知识的义务和阻止违反安全用电行为发生的职责。安全用电知识的主要内容如下：

（1）严禁用一线（相线）一地（大地）连接用电器具。

（2）在一个电源插座上不允许引接过多或功率过大的电气设备。

（3）未掌握有关电气设备和电气线路知识及技术的人员，不可安装和拆卸电气设备及其线路。

（4）严禁用金属丝（如铝丝等）绑扎电源线。

（5）不可用潮湿的手接触开关、插座及具有金属外壳的电气设备，不可用湿布擦拭带电的电器。

（6）堆放物资、安装其他设施或搬动物体时，必须与带电设备或带电体保持一定的距离。

（7）严禁在电动机和各种电气设备上放置衣物，不可在电动机上坐立，不可将雨具等物品悬挂在电动机或电气设备上方。

（8）在搬动电焊机、鼓风机、电风扇、洗衣机、电视机、电炉和电钻等可移动电气设备时，要先切断电源，不可通过拖拉电源线来搬动电气设备。

（9）在潮湿环境使用可移动电气设备时，必须采用额定电压 36 V 及以下的低压电气设备。若采用 220 V 的电气设备时，必须使用隔离变压器。例如，在金属容器（如锅炉）及管道内使用可移动电气设备，应使用 12 V 的低压电气设备；同时应安装临时开关，派专人在该容器外监视。对低电压的可移动设备应安装特殊型号的插头，以防止误插入

220 V 或 380 V 的插座内。

（10）在雷雨天气，不可走近高压电杆、铁塔和避雷针的接地导线周围，以防雷电伤人。切勿走近断落在地面的高压电线，万一进入跨步电压危险区时，要立即单脚或双脚并拢迅速跳到距离接地点 10 m 以外的区域，切不可奔跑，以防跨步电压伤人。

2. 文明生产

文明生产是一项十分重要的内容，它影响电工工具的使用及操作技能的发挥，更为重要的是还影响设备和人身的安全。所以，从开始学习基本操作技能时就要养成安全文明生产的好习惯。

（1）实习时必须穿工作服和绝缘鞋。

（2）操作时电工工具应装入工具袋和工具包中并随身携带。公用工具应放入专用的箱内并放在指定地点。

（3）导线和各种电气设备应放在规定的位置。排列应整齐、平稳，要便于取放。

（4）下班前，应清扫实习场地，清除的废电线和旧电气设备应堆放在指定地点。

3. 消防知识

在发生电气设备火警时，或邻近电气设备附近发生火警时，电工应正确运用灭火知识，指导和组织群众采用正确的方法灭火。

（1）当电气设备或电气线路发生火警时，要尽快切断电源，防止火情蔓延和灭火时发生触电事故。

（2）对于电气火灾，不可用水或泡沫灭火器灭火，尤其是油类的火警，应采用二氧化碳或 1211 灭火器灭火。

（3）灭火人员不应使身体及所持灭火器材触及带电的导线或电气设备，以防触电。

三、触电急救

1. 触电的概念

因人体接触或接近带电体所引起的局部受伤或死亡的现象称为触电。按人体受伤的程度不同，触电可分为电击和电伤两种类型。

（1）电击

电击通常是指人体接触带电体后，人的内部器官受到电流的伤害。这种伤害是造成触电死亡的主要原因，后果极其严重，所以是最严重的触电事故。

电击又可分为直接电击和间接电击两种。直接电击是指人体直接触及正常运行的带电体所发生的电击。间接电击则是指电气设备发生故障后，人体触及意外带电部分所发生的电击。因此，直接电击又称正常情况下的电击，间接电击又称故障情况下的电击。

（2）电伤

电伤通常是指人体外部受伤，如电弧灼伤，大电流下因金属熔化而被飞溅出的金属灼伤，以及人体局部与带电体接触造成肢体受伤等情况。常见的电伤形式有电灼伤、电烙印和皮肤金属化等。

2. 影响触电后果的因素

电流对人体的危害程度与通过人体的电流大小、通电持续时间、电流的频率、电流通过人体的部位（途径）以及触电者的身体状况等多种因素有关。

3. 触电的形式

人体触电的形式多种多样，一般可分为直接接触触电和间接接触触电两种主要触电形式。

（1）直接接触触电

人体直接触及或过分靠近电气设备及线路的带电导体而发生的触电现象称为直接接触触电。单相触电、两相触电、电弧伤害都属于直接接触触电。

（2）间接接触触电

电气设备在正常运行时，其金属外壳或结构是不带电的。当电气设备绝缘损坏而发生接地短路故障（俗称碰壳或漏电）时，其金属外壳便带有电压，人体触及便会发生触电，称为间接接触触电。通常所称的接触电压触电即间接接触触电。

常见的触电形式见表 1–1–1。

表 1–1–1　　常见的触电形式

触电形式	触电情况	危险程度	图示
单相触电（变压器低压侧中性点接地）	电流从一根相线经过电气设备、人体再经大地流到中性点。此时加在人体上的电压是相电压	若绝缘良好，一般不会发生触电危险；若绝缘被破坏或绝缘很差，就会发生触电事故	U V W
单相触电（变压器低压侧中性点不接地）	在 1 000 V 以下，人触到任何一相带电体时，电流经电气设备，通过人体到另外两根相线对地绝缘电阻和分布电容而形成回路 在 6 ~ 10 kV 高压侧中性点不接地系统中，电压高，所以触电电流大	触电电流大，几乎是致命的，加上电弧灼伤，情况更为严重	U V W Z

续表

触电形式	触电情况	危险程度	图示
两相触电	电流从一根相线经过人体流至另一根相线，由于在电流回路中只有人体作为电阻，因此两相触电非常危险	触电者即使穿着绝缘鞋或站在绝缘台上也起不到保护作用	
跨步电压触电	输电线断线落地或运行中的电气设备因绝缘损坏而漏电时，电流经过接地体向大地做半环形流散，并在落地点或接地体周围地面产生强大电场。当有人走过断线落地点周围时，其两脚之间的电位差称为跨步电压。跨步电压触电时，电流从人的一只脚经下身通过另一只脚流入大地形成回路	电场强度随着离断线落地点距离的增大而减小。距断线落地点 1 m 范围内，约有 60% 的电压降；距断线落地点 2 ~ 10 m 范围内，约有 24% 的电压降；距断线落地点 11 ~ 20 m 范围内，约有 8% 的电压降	

4. 触电急救

（1）触电急救的要点

触电急救的要点是抢救迅速和救护得法。即用最快的速度在现场采取积极措施，保护触电者生命，减轻伤情，减少痛苦，并根据伤情需要迅速联系医疗救护等部门进行救治。

一旦发现有人触电后，周围人员应先迅速拉闸断电，尽快使触电者脱离电源并争分夺秒地抢救。

在施工现场发生触电事故后，应将触电者迅速抬到宽敞、空气流通的地方，使其平卧在硬木板或地上，采取相应的抢救方法。在送往医院的路途中、在车上都应该不间断地进行救护。在 1 min 之内施救救活的概率非常高，若 6 min 以后再去救人则非常危险。

提示

触电急救要有耐心，要一直抢救到触电者复活为止，或经过医生确定停止抢救方可停止，因为低压触电通常都是假死，采取科学的方法进行急救是十分必要的。

（2）解救触电者脱离电源的方法

触电急救的第一步是使触电者迅速脱离电源，具体方法见表 1–1–2。

表 1–1–2　　使触电者脱离电源的方法

处理方法		实施方法	图示
低压电源	拉	附近有电源开关或插座时，应立即切断开关或拔掉电源插头	a)　b)
	切	若一时找不到断开电源的开关，应迅速用绝缘完好的钢丝钳或断线钳剪断电线，以断开电源	
	挑	对于由导线绝缘损坏造成的触电，急救人员可用绝缘工具、干燥的木棒等将电线挑开	
	拽	急救人员可戴上手套或在手上包缠干燥的衣服等绝缘物品拖拽触电者；也可站在干燥的木板、橡胶垫等绝缘物品上，用一只手将触电者拖拽开	
	垫	如果电流通过触电者入地，并且触电者紧握导线，可设法用干木板塞到其身下，使其与地隔离	

续表

处理方法		实施方法	图示
高压电源	拉闸	戴上绝缘手套，穿上绝缘靴，拉开高压断路器	

（3）触电急救的方法

触电急救的方法见表 1–1–3。其中口对口人工呼吸法和胸外心脏按压法是现场急救的基本方法。

表 1–1–3　　触电急救的方法

急救方法	实施方法	图示
简单诊断	1. 将脱离电源的触电者迅速移至通风、干燥处，使其仰卧，并松开其上衣和裤带	
	2. 观察触电者的瞳孔是否放大。当处于假死状态时，人体大脑细胞严重缺氧，处于死亡边缘，瞳孔自行放大	瞳孔正常　瞳孔放大
	3. 观察触电者有无呼吸存在，摸一摸其颈部的颈动脉有无搏动	

续表

急救方法	实施方法	图示
对“有心跳而呼吸停止”的触电者，应采用“口对口人工呼吸法”进行急救	1. 使触电者仰卧，颈部枕垫软物，头部偏向一侧。松开触电者的衣服和裤带，清除其口中的血块、假牙等异物。抢救者跪在触电者的一边，使其鼻孔朝天后仰	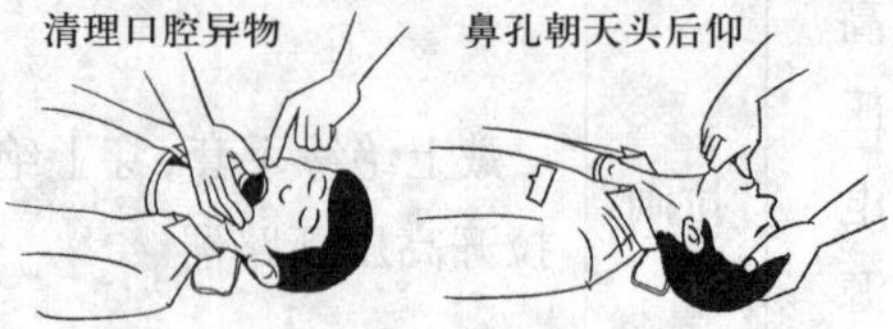 清理口腔异物 鼻孔朝天头后仰
	2. 用一只手捏紧触电者的鼻子，另一只手托在触电者颈后，将其颈部上抬，深深吸一口气，用嘴紧贴触电者的嘴，大口吹气	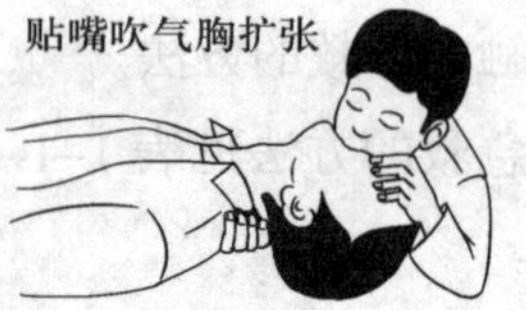 贴嘴吹气胸扩张
	3. 放松捏着触电者鼻子的手，让气体从其肺部排出，如此反复进行，吹气频率为10~12次/min，连续进行，不可间断，直到触电者苏醒为止	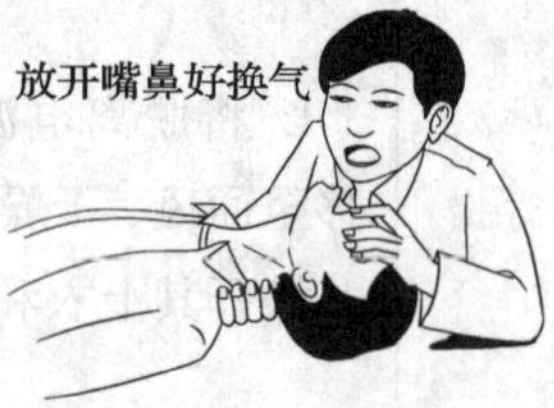 放开嘴鼻好换气
	4. 有些情况下不能进行口对口人工呼吸，如触电者牙关紧闭、口部严重损伤或抢救者不能将触电者口部完全紧密地包住等，这时应采用口对鼻人工呼吸。具体方法如下：一只手按于触电者前额，使其头部后仰，另一只手提起其下颌，并使其口部闭住，抢救者深吸一口气，然后用口包住触电者的鼻部，用力向其鼻孔吹气	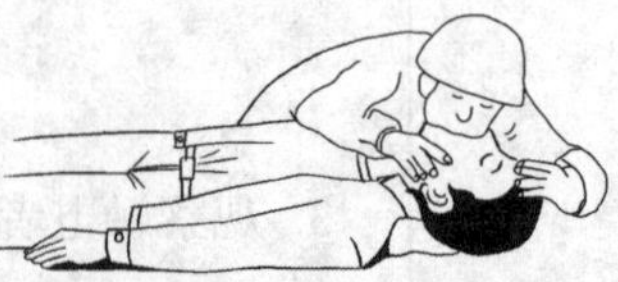

续表

急救方法	实施方法	图示
对“有呼吸而心跳停止”的触电者，应采用“胸外心脏按压法”进行急救 	1. 使触电者仰卧在硬木板或地上，颈部枕垫软物使其头部稍后仰，松开其衣服和裤带，急救者跪在触电者一侧 2. 急救者将一只手的掌根部按于触电者胸骨下三分之一处或两乳头连线中点的正下方，另一只手掌叠压在下面的手背上 3. 按压时，上半身前倾，腕、肘、肩关节伸直，以髋关节为支点，垂直向下用力，借助上半身的体重和肩臂部肌肉的力量进行按压。掌根用力下压 5 ~ 6 cm，然后突然放松 4. 按压与放松的动作要有节奏，每分钟 100 ~ 120 次，必须连续进行，不可中断，直到触电者苏醒为止	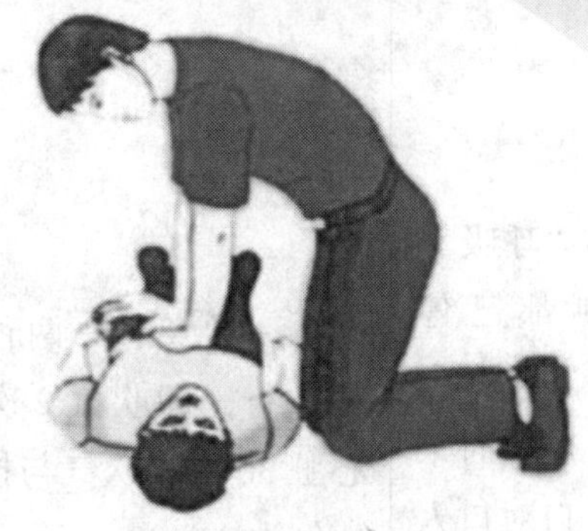 急救者跪在触电者一侧 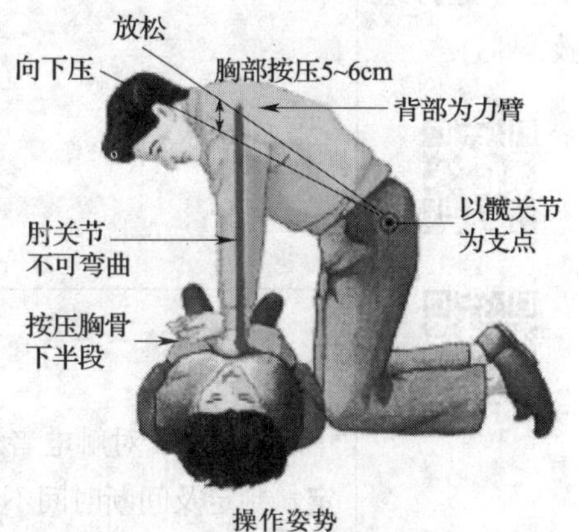 操作姿势 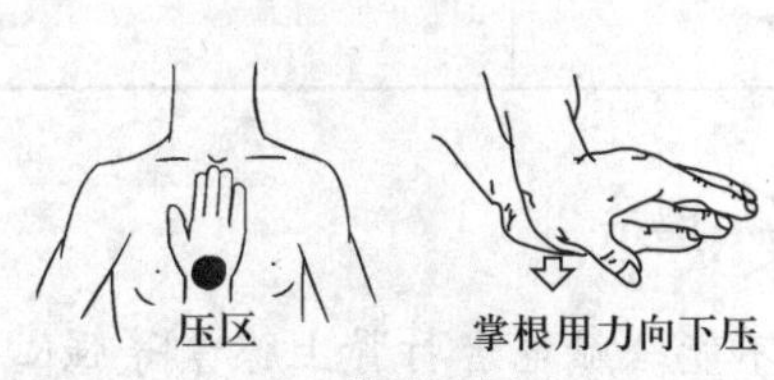 按压示意1 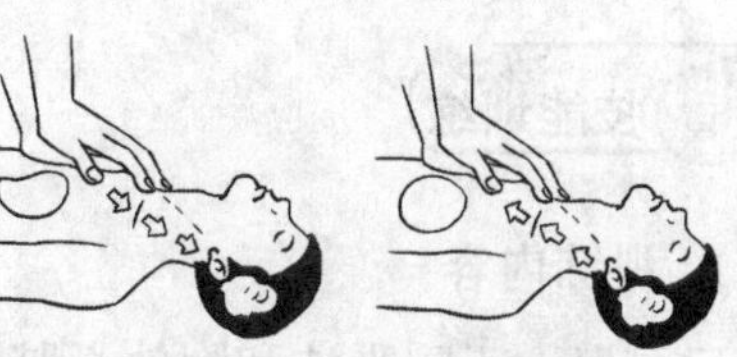 按压示意2

续表

急救方法	实施方法	图示
对“呼吸和心跳都已停止”的触电者，应同时采用“口对口人工呼吸法”和“胸外心脏按压法”进行急救	1. 一人急救：两种方法应交替进行，即吹气 2 次，再按压心脏 30 次，吹气与按压次数的比例为 2 ∶ 30 2. 两人急救：吹气与按压次数的比例为 2 ∶ 30	
	每隔 2 min 对触电者进行再判定，判定及间断时间不超过 10 s	抢救触电者时急救者一次按压时间最多不超过 2 min，立即换人按压，尽可能多名急救者轮流替换，以免因体力不支而使按压不到位，影响抢救效果

提示

不能给触电者打肾上腺素等强心针，不能泼冷水。

技能训练

1. 训练内容

口对口人工呼吸法和胸外心脏按压法的急救练习。

2. 器具准备

准备模拟橡皮人 1 具、秒表 1 块。

3. 评分标准（见表 1–1–4）

表 1–1–4　　评分标准

<table>
<tr><th>序号</th><th>主要内容</th><th colspan="2">评分标准</th><th>配分</th><th>扣分</th><th>得分</th></tr>
<tr><td>1</td><td>急救方法的选用</td><td colspan="2">选用急救方法不正确扣 40 分</td><td>40</td><td></td><td></td></tr>
<tr><td>2</td><td>急救方法的使用</td><td colspan="2">1. 急救方法不正确每错一项扣 10 分
2. 口对口人工呼吸法不熟练扣 10 分；急救方法操作错误扣 15 分
3. 胸外心脏按压法不熟练扣 10 分；急救方法操作错误扣 15 分</td><td>60</td><td></td><td></td></tr>
<tr><td rowspan="2">备注</td><td rowspan="2"></td><td>时间</td><td>合计</td><td></td><td></td><td></td></tr>
<tr><td>5 min</td><td>教师签字</td><td colspan="3"></td></tr>
</table>

4. 训练步骤

（1）选择急救方法

若触电者有呼吸而心脏停搏，应选择胸外心脏按压法。

（2）实施救护

把触电者放在结实、坚硬的地板或木板上，使触电者平躺仰卧，急救者两腿跪于触电者一侧，先找到正确的按压点，然后两手叠压，迅速开始施救。

提示

（1）如果没有模拟橡皮人，可将学生分成两人一组，进行口对口人工呼吸法和胸外心脏按压法的急救练习。

（2）进行胸外心脏按压时，操作频率要适当，定位须准确，压力要适当（下压 5 ~ 6 cm 为宜）。

（3）具体操作时间由教师确定。

课题二　常用电工工具的使用

学习目标

1. 熟悉常用电工工具（如验电器、旋具、扳手、钳子、电工刀、手电钻等）的作用。
2. 掌握常用电工工具的使用方法。
3. 能熟练使用电工工具进行操作。

一、验电器

验电器是检验导线和电气设备是否带电的一种电工常用检测工具，分为低压验电器和高压验电器。低压验电器又称测电笔，按其结构和形状不同可分为笔式和旋具式两种；按其显示方式不同可分为发光式和数显式两种，如图 1–2–1 所示。

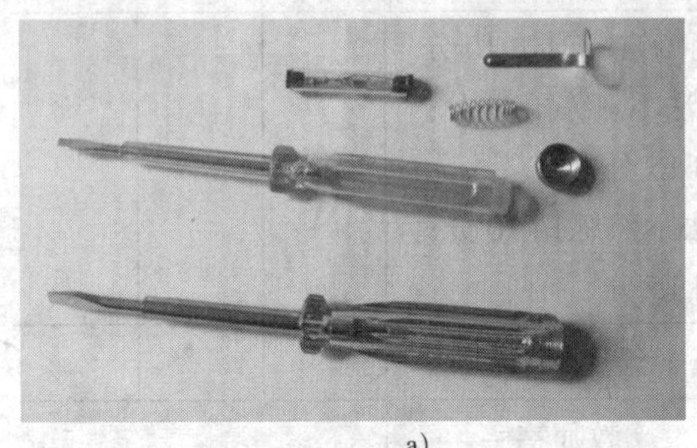
a）

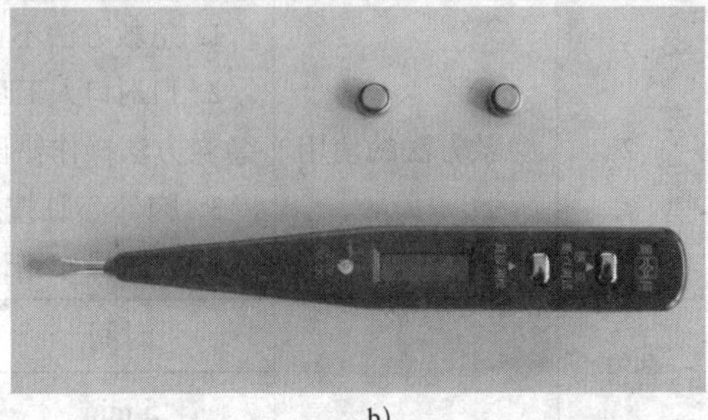
b）

图 1–2–1　低压验电器
a）发光式　b）数显式

笔式低压验电器由氖管、电阻、弹簧、笔身和笔尖等组成。

1. 低压验电器的作用

（1）区别电压高低

测试时可根据氖管发光的强弱判断电压的高低。

（2）区别相线与零线

在交流电路中，当验电器触及导线时，氖管发光的即为相线，正常情况下验电器触及零线氖管不发光。

（3）区别直流电与交流电

交流电通过验电器时，氖管中的两极同时发光；直流电通过验电器时，氖管中的两极只有一极发光。

（4）区别直流电的正极与负极

把验电器连接在直流电的正极与负极之间，氖管中发光的一极即为直流电的负极。

2. 低压验电器的使用

使用低压验电器时，必须按图 1–2–2 所示的正确方法将其握妥，以手指触及验电器尾部的金属体，使氖管小窗背光朝向自己。

当用低压验电器测带电体时，电流经带电体、低压验电器、人体、地形成回路，只要带电体与大地之间的电位差超过 60 V，低压验电器中的氖管就发光。低压验电器测试范围为 60 ~ 500 V。

数显式低压验电器的使用方法如图 1–2–3 所示。通过显示窗可以读出被测电压的具体数值。

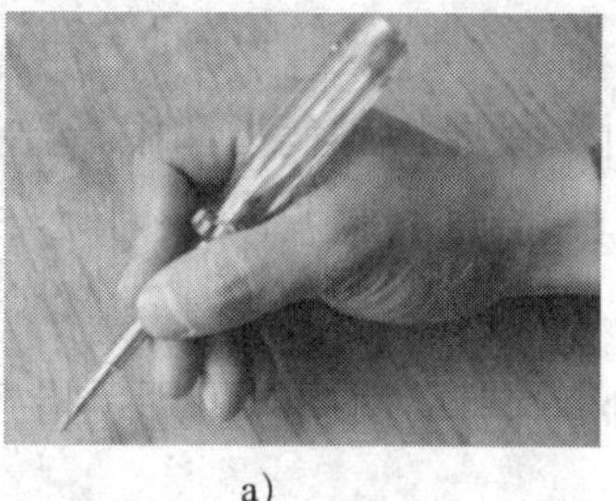

a)

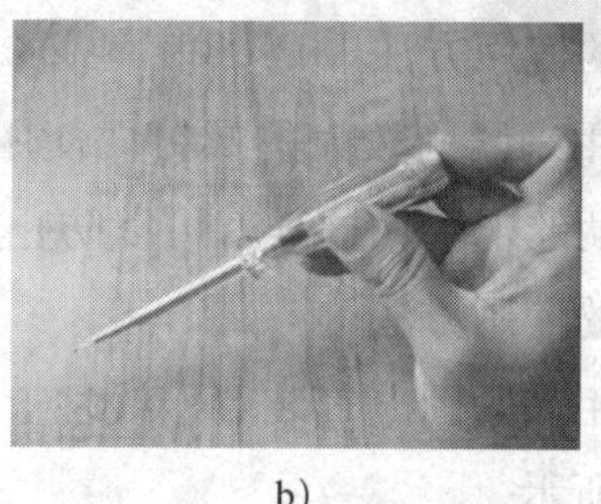

b)

图 1–2–2　低压验电器的使用方法

a）错误握法　b）正确握法

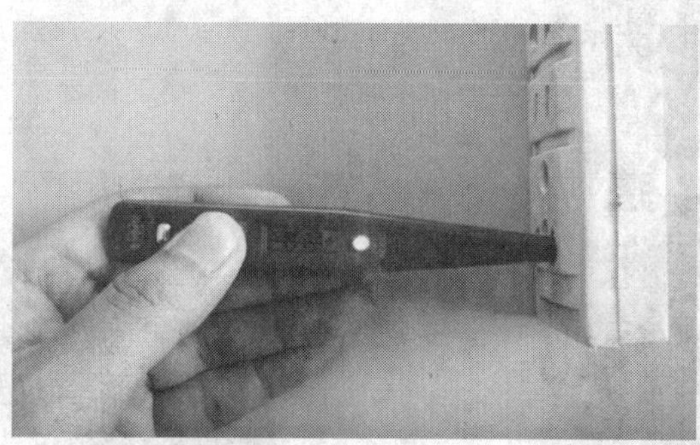

图 1–2–3　数显式低压验电器的使用方法

二、旋具

螺钉旋具（简称旋具）又称旋凿或起子，它是紧固或拆卸螺钉的工具。

1. 旋具的结构及种类

旋具的种类有很多，按头部形状不同可分为一字型和十字型，如图 1–2–4 所示。

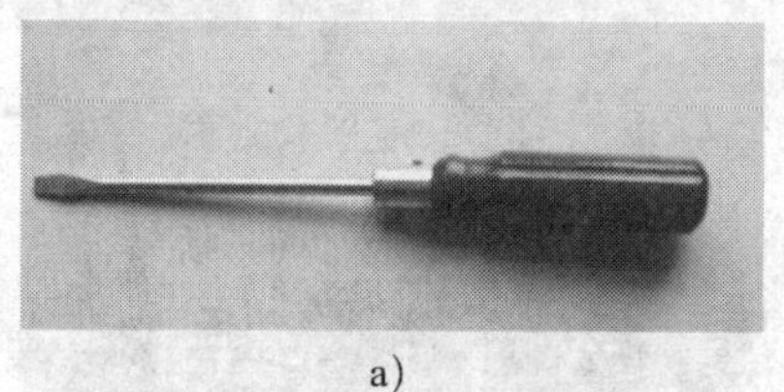

a)

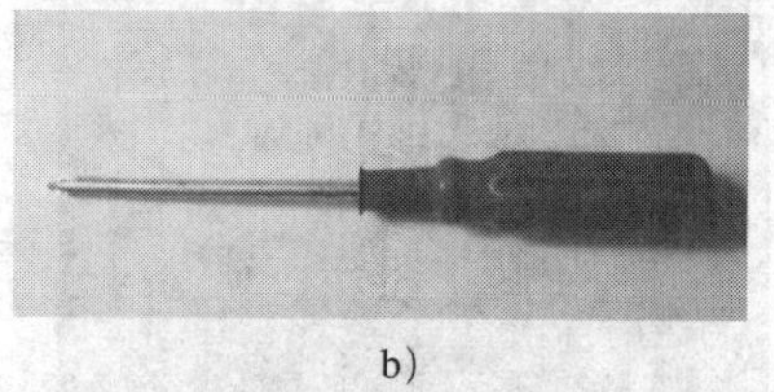

b)

图 1–2–4　旋具

a）一字型　b）十字型

一字型旋具常用规格有 50 mm、100 mm、150 mm 和 200 mm 等，电工必备的是 50 mm 和 150 mm 两种。十字型旋具专供紧固和拆卸十字槽的螺钉，常用的规格有 Ⅰ、Ⅱ、Ⅲ、Ⅳ四种。

磁性旋具按握柄材料不同可分为木质绝缘柄和橡胶绝缘柄。它的规格齐全，分为一字型和十字型。金属杆的刀口端焊有磁性金属材料，可以吸住待拧紧的螺钉，能准确定位、拧紧，使用方便，应用较广泛。

2. 旋具的使用

（1）大旋具的使用方法

大旋具一般用来紧固较大的螺钉。使用时，除拇指、食指和中指要夹住旋具握柄外，手掌还要顶住握柄的末端，这样就可以防止旋具转动时滑脱，如图 1–2–5 所示。

（2）小旋具的使用方法

小旋具一般用来紧固电气装置接线柱上的小螺钉，使用时可用手指捏住握柄的末端捻转，如图 1–2–6 所示。

图 1–2–5　大旋具的使用方法

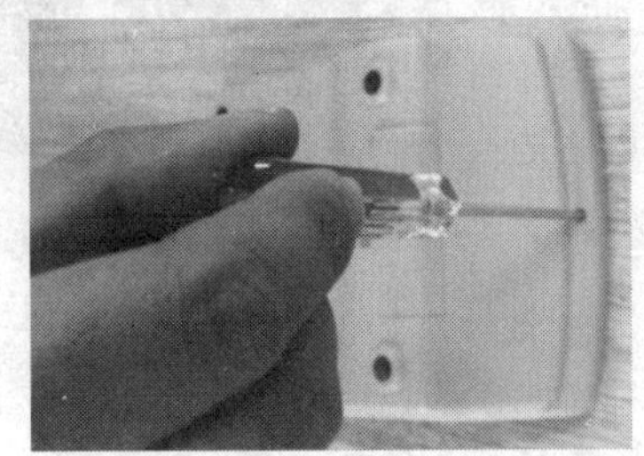

图 1–2–6　小旋具的使用方法

（3）旋具的水平和垂直用法

旋具的水平和垂直用法如图 1–2–7 所示。

图 1–2–7　旋具的水平和垂直用法

目前，在大批量流水作业的装配线上，机动旋具已普遍使用。机动旋具分为电动和气动两大类。特别是如图 1–2–8 所示的小型电动旋具，由于其体积小，质量轻，在小型电子整机产品装配中被广泛应用。

3. 使用旋具的安全知识

（1）电工不可使用金属杆直通的旋具，否则容易造成触电事故。

（2）使用旋具紧固和拆卸带电的螺钉时，手不得触及旋具的金属杆，以免发生触电事故。

（3）为了避免旋具的金属杆触及邻近带电体，应在其金属杆上穿绝缘套管。

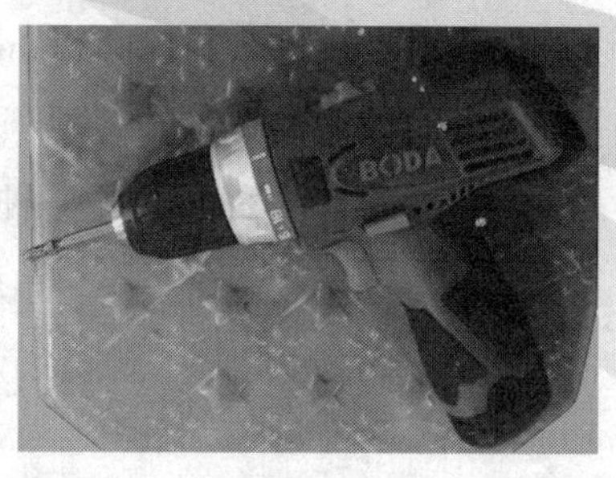

图 1–2–8　小型电动旋具

（4）使用较长的旋具时，可用右手压紧并旋转旋具握柄，左手握住旋具中间部分，以使其不致滑脱。此时左手不得放在螺钉的周围，以免旋具滑出时将手划伤。

三、钳子

1. 电工钢丝钳

（1）电工钢丝钳的结构与用途

电工钢丝钳由钳头和钳柄两部分组成。钳头由钳口、齿口、刀口和铡口四部分组成。其用途很多，钳口用来弯绞和钳夹导线线头；齿口用来紧固或起松螺母；刀口用来剪切或剥削软导线绝缘层；铡口用来铡切导线线芯、钢丝或铅丝等较硬的金属丝。电工钢丝钳的结构如图 1–2–9 所示。

电工钢丝钳常用的规格有 150 mm、175 mm 和 200 mm 三种。

（2）电工钢丝钳的使用注意事项

1）使用前必须检查电工钢丝钳钳柄的绝缘是否良好。

2）剪切带电导线时，不得用刀口同时剪切相线和零线，或同时剪切两根导线。

3）钳头不可代替锤子作为敲打工具使用。

2. 尖嘴钳

（1）尖嘴钳的结构及种类

尖嘴钳（见图 1–2–10）的头部尖细，适合在狭小的空间操作。钳柄有铁柄和绝缘柄两种，绝缘柄的耐压值为 500 V。尖嘴钳主要用于切断细小的导线、金属丝；夹持小螺钉、垫圈及导线等元件；还能将导线端头弯曲成所需的各种形状。

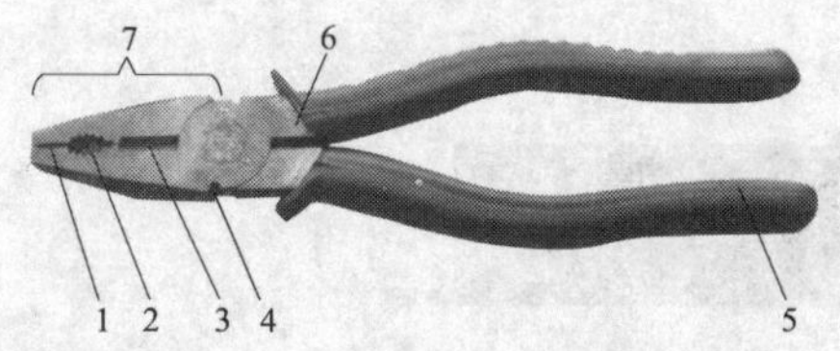

图 1–2–9　电工钢丝钳的结构

1—钳口　2—齿口　3—刀口　4—铡口

5—绝缘套　6—钳柄　7—钳头

图 1–2–10　尖嘴钳

尖嘴钳常用的规格有 130 mm、160 mm、180 mm 和 200 mm 四种。

（2）尖嘴钳的握法

尖嘴钳的握法有两种，一种是正握，另一种是反握，如图 1–2–11 所示。

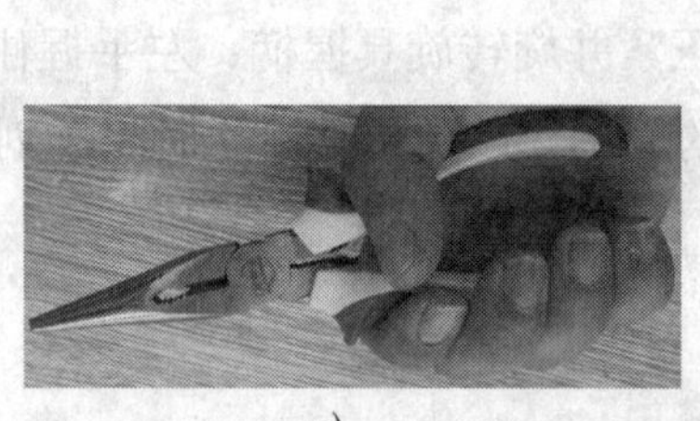

a) 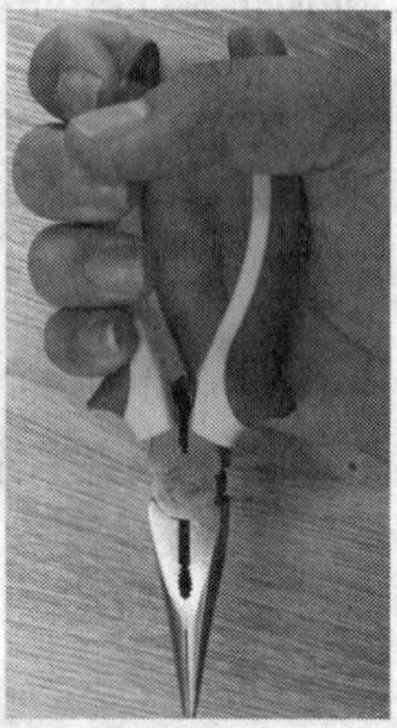　　b)

图 1–2–11　尖嘴钳的握法

a）正握　b）反握

（3）尖嘴钳的使用注意事项

1）绝缘柄应无破损。

2）加工整形导线或元器件引线不宜过粗，直径一般不超过 2 mm。

3）钳头不可代替锤子作为敲打工具使用。

4）不能使其头部长时间过热，以免使头部退火及损坏尖嘴钳绝缘套。

3. 斜口钳

如图 1–2–12 所示，斜口钳用于剪切焊后的线头，也可与尖嘴钳合用，剥削导线的绝缘皮。斜口钳绝缘柄的耐压值为 500 V。

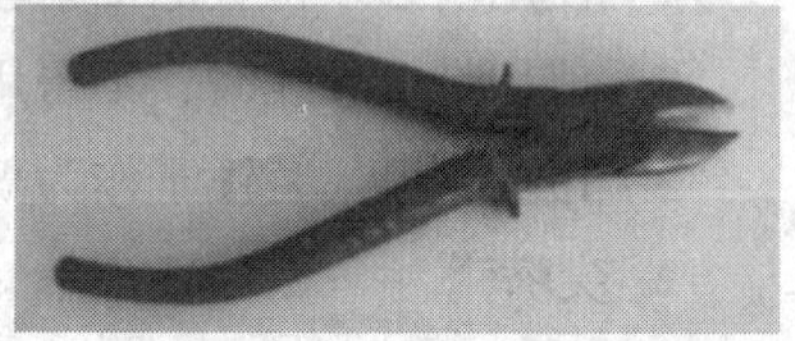

图 1–2–12　斜口钳

四、电工刀

电工刀是用来剥削电线线头、切割木台缺口、削制木榫的专用工具，其外形如图 1–2–13 所示。

图 1–2–13　电工刀

使用电工刀时，应将刀口朝外。剥削导线绝缘层时，应使刀面与导线成较小的锐角，以免割伤导线。

提示

（1）使用电工刀时应防止伤手，不得传递刀身未折进刀柄的电工刀。

（2）电工刀用毕应随时将刀身折进刀柄。

（3）电工刀刀柄无绝缘保护时不能用于带电作业，以免触电。

五、喷灯

喷灯是一种通过喷射火焰对工件进行加热的工具，常用来焊接铅包电缆的铅包层或用于大截面铜导线连接处的搪锡以及其他电连接表面的防氧化镀锡等。喷灯火焰温度可达900 ℃以上。喷灯（见图 1–2–14）按其所用燃料不同可分为燃油喷灯（包括煤油喷灯、汽油喷灯）和燃气喷灯两种。

a）

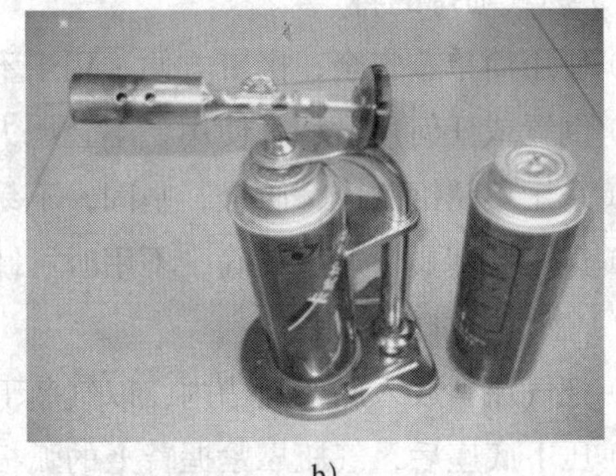

b）

图 1–2–14　喷灯

a）燃油喷灯　b）燃气喷灯

1. 燃油喷灯的使用方法

（1）加油

旋下加油阀下面的螺栓，倒入适量油液，测量油液体积，以不超过油筒容积的 3/4 为宜。保留一部分空间的目的在于储存压缩空气，以维持必要的空气压力。加完油后应及时旋紧加油口的螺栓，关闭放油调节阀的阀杆，擦净洒在外部的油液，并认真检查是否有渗漏现象。

（2）预热

先在预热燃烧盘内注入适量油液，用火点燃，将火焰喷头烧热。

（3）喷火

当火焰喷头烧热后，而燃烧盘内的油液燃完前，用打气阀打气 3 ~ 5 次，然后再慢慢打开放油调节阀的阀杆，喷出油雾，喷灯即点燃喷火。随后继续打气，直到火焰正常为止。

（4）熄火

先关闭放油调节阀，直至火焰熄灭，再慢慢旋松加油口螺栓，放出油筒内的压缩空气。

提示

（1）喷灯加油、放油及检修均应在熄火后进行。加油时应先将油阀上的螺栓慢慢放松，待气体放尽后再开盖加油。

（2）煤油喷灯油筒内不得掺入汽油。

（3）喷灯使用过程中应注意油筒内的油量，一般不得少于油筒容积的1/4。油量太少会使筒体发热，易发生危险。

（4）打气压力不应过高。打完气后应将打气柄卡牢在泵盖上。

（5）喷灯工作时应注意火焰与带电体之间的安全距离，与10 kV以下带电体的距离应大于1.5 m；与10 kV以上带电体的距离应大于3 m。

2. 燃气喷灯的特点及使用方法

（1）燃气喷灯的特点

1）使用简单、安全，携带方便，用于不怕强风的工作场所。

2）倒置或任何角度均可使用，不会熄火。

3）采用不锈钢制成，质轻，坚固，不易生锈。

4）气瓶装卸要快速、准确，不用时可卸下挂置，防止漏气。

（2）燃气喷灯的使用方法

1）把气瓶斜放入底座圆槽内，以气瓶下压底座。

2）压下底座后，气瓶靠紧握臂上的弧板，然后迅速放开气瓶，使气瓶嘴进入进气口。

3）微开气阀，让微量燃料溢出，迅速点火。然后再开火焰，约20 s后任何角度均可使用。

4）停止使用时，关闭气阀，确定火已熄灭。把气瓶移出进气口，挂置。

提示

（1）燃料瓶与喷灯接合后，应检查接合处有无漏气的异味或漏气声，也可将其浸入水中查看，若有漏气现象，切勿点火使用。

（2）可利用附于底座下的通针清除喷火嘴的污垢。

六、手电钻

手电钻是一种头部有钻头、内部装有单相整流子电动机、靠钻头旋转来钻孔的手持式电动工具。它分为普通手电钻和冲击钻两种。普通手电钻上的通用麻花钻仅靠旋转就能在金属上钻孔。冲击钻采用旋转带冲击的工作方式，一般带有调节开关。当调节开关在旋转无冲击，即“钻”的位置时，其功能如同普通手电钻；当调节开关在旋转带冲击，即“锤”的位置时，镶有硬质合金的钻头便能在混凝土和砖墙等建筑构架上钻孔。冲击钻的外形如图1–2–15所示。

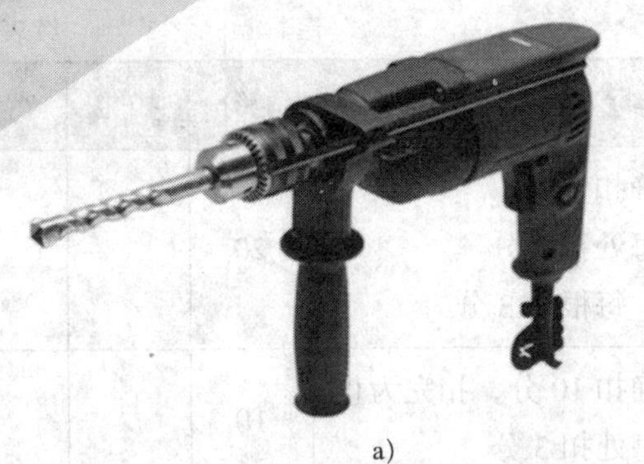

a）

b）

图 1–2–15　冲击钻的外形
a）普通冲击钻　b）带深度尺的冲击钻

（1）长期搁置不用的冲击钻，使用前必须用 500 V 兆欧表测定其对地绝缘电阻，其阻值应不小于 0.5 MΩ。

（2）使用金属外壳冲击钻时，必须戴绝缘手套，穿绝缘鞋或站在绝缘板上，以确保操作人员安全。

（3）在钻孔过程中应经常把钻头从所钻孔中抽出，以便排出钻屑。

技能训练

1. 训练内容

（1）学习低压验电器、旋具、电工钢丝钳、尖嘴钳的使用方法。

（2）学习普通手电钻和冲击钻的使用方法。

2. 工具、材料及设备准备

准备电工钢丝钳、尖嘴钳、旋具、剥线钳、木板、木螺钉和废旧塑料单芯导线若干；普通手电钻和冲击钻各一把。

3. 评分标准（见表 1–2–1）

表 1–2–1　评分标准

序号	主要内容	评分标准	配分	扣分	得分
1	验电器操作练习	1. 使用方法不正确扣 5 分 2. 操作错误扣 5 分	10		
2	旋具的使用练习	1. 使用方法不正确扣 10 分 2. 不文明作业扣 10 分	20		

续表

<table>
<tr><th>序号</th><th>主要内容</th><th colspan="2">评分标准</th><th>配分</th><th>扣分</th><th>得分</th></tr>
<tr><td>3</td><td>用电工钢丝钳、尖嘴钳做剪切、弯绞导线练习</td><td colspan="2">1. 握钳姿势不正确扣 10 分
2. 导线有损伤，每处扣 3 分
3. 多股导线剥断，每根扣 3 分</td><td>20</td><td></td><td></td></tr>
<tr><td>4</td><td>用斜口钳做剪切导线练习</td><td colspan="2">1. 使用方法不正确扣 10 分，扣完为止
2. 导线有损伤，每处扣 3 分</td><td>10</td><td></td><td></td></tr>
<tr><td>5</td><td>手电钻和冲击钻的使用练习</td><td colspan="2">1. 使用方法不正确扣 10 分
2. 损坏设备扣 10 分</td><td>20</td><td></td><td></td></tr>
<tr><td>6</td><td>安全文明生产</td><td colspan="2">1. 违反操作规程扣 10 分
2. 工作场地不整洁扣 10 分</td><td>20</td><td></td><td></td></tr>
<tr><td rowspan="2">备注</td><td rowspan="2"></td><td>时间</td><td>合计</td><td colspan="3"></td></tr>
<tr><td>120 min</td><td>教师签字</td><td colspan="3"></td></tr>
</table>

4. 训练步骤

教师演示后由学生按下列步骤进行练习：

（1）用低压验电器进行验电练习。

（2）用旋具旋紧、拆卸螺钉。

（3）用电工钢丝钳和尖嘴钳做剪切、弯绞导线练习。

（4）用斜口钳做剪切导线练习。

（5）用普通手电钻和冲击钻进行钻孔练习。

课题三　导线连接与绝缘恢复

学习目标

1. 掌握导线的连接技能。
2. 掌握恢复导线绝缘的技能。

在电气装修中，导线的连接是电工的基本操作技能之一。导线连接质量的好坏直接关系着线路和设备能否可靠、安全地运行。对导线连接的基本要求如下：电接触良好，有足够的强度，接头美观，绝缘恢复正常。

一、导线的连接

1. 导线绝缘层的剥削

导线头的绝缘层必须剥削除去，以便连接芯线，电工必须学会用电工刀、钢丝钳或剥线钳剥削导线的绝缘层。

（1）塑料硬线绝缘层的剥削

塑料硬线的绝缘层可用钢丝钳剥削，也可用剥线钳或电工刀剥削。

1）芯线截面积≤ 4 mm^2 的塑料硬线一般可用钢丝钳剥削绝缘层，其方法如图 1–3–1 所示，具体步骤如下：

①用左手捏住导线，根据线头所需长度用钢丝钳的刀口切割绝缘层，但不可切入线芯。

②用手握住钢丝钳的钳头并用力向外勒出塑料绝缘层。

③剥削出的芯线应完整无损，如损伤较大应重新剥削。

2）芯线截面积大于 4 mm^2 的塑料硬线可用电工刀剥削绝缘层，其方法和步骤见表 1–3–1。

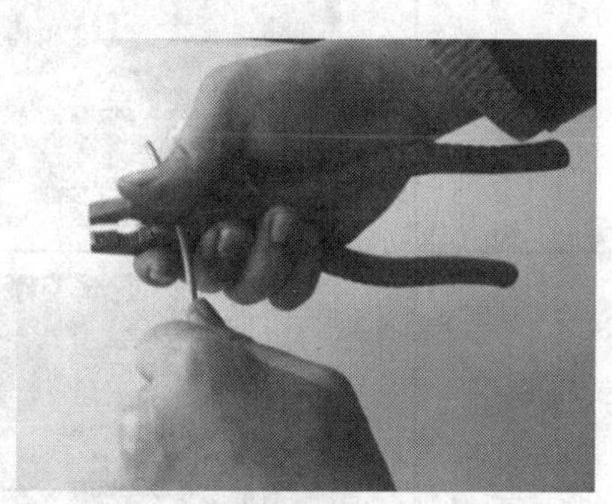

图 1–3–1　用钢丝钳剥削塑料硬线绝缘层

表 1–3–1　用电工刀剥削绝缘层

步骤序号	图示	操作方法
1		根据所需的芯线长度，用电工刀以倾斜 45° 角切入导线的塑料绝缘层
2		刀面与芯线保持 25° 角左右，用力向线端推削，但不可切入芯线，削去上面一层塑料绝缘层
3		将下面的塑料绝缘层向后扳翻，最后用电工刀将其齐根切去

（2）塑料软线绝缘层的剥削

塑料软线绝缘层只能用剥线钳或钢丝钳剥削，不可用电工刀剥削，其剥削方法同塑料硬线绝缘层的剥削。

（3）塑料护套线绝缘层的剥削

塑料护套线的绝缘层必须用电工刀剥削，其剥削方法见表 1–3–2。

表 1–3–2　　塑料护套线绝缘层的剥削

步骤序号	图示	操作方法
1		按所需长度用电工刀的刀尖对准芯线缝隙划开护套层
2		向后扳翻护套层，用刀将其齐根切去，在距离护套层 5 ~ 10 mm 处，用电工刀以倾斜 45° 角切入绝缘层。其他剥削方法同塑料硬线绝缘层的剥削

（4）橡皮线绝缘层的剥削

橡皮线绝缘层外面有一层柔软的纤维保护层，其剥削方法如下：

1）把橡皮线纤维保护层用电工刀的刀尖划开，下一步与剥削塑料护套线的护套层方法相同。

2）用剥削塑料线绝缘层相同的方法剥去绝缘层。

3）将松散的棉纱层集中到根部，并用电工刀将其切去。

（5）花线绝缘层的剥削

1）在所需长度处用电工刀在棉纱纺织物保护层四周切割一圈后割去。

2）在距棉纱纺织物保护层末端 10 mm 处，用钢丝钳的刀口切割橡胶绝缘层，不能损伤芯线。然后右手握住钢丝钳的钳头，左手用力抽拉花线，用钢丝钳的钳口勒出橡胶绝缘层。

3）把包裹芯线的棉纱层松散开并用电工刀割去，如图 1–3–2 所示。

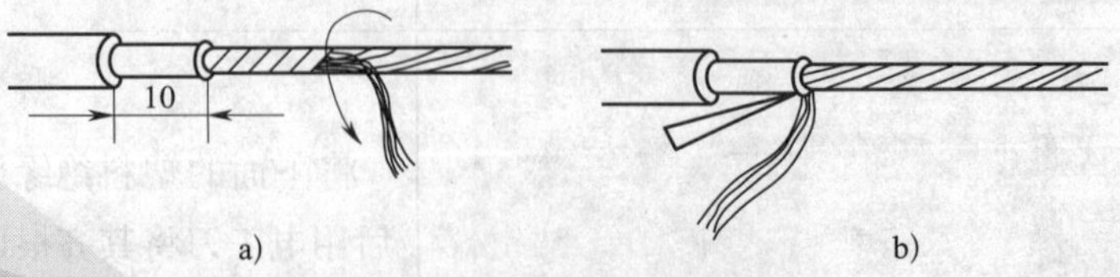

图 1–3–2　花线绝缘层的剥削

a）将棉纱层松散开　b）割断棉纱

2. 铜芯导线的连接

当导线不够长或要分接支路时，就要进行导线与导线的连接。常用导线的芯线有单股、7 股和 11 股等多种，其连接方法随芯线的股数不同而异。单股铜芯导线的连接方法分为直线连接和 T 形分支连接。

（1）单股铜芯导线的直线连接

单股铜芯导线的直线连接步骤见表 1–3–3。

表 1–3–3　　单股铜芯导线的直线连接步骤

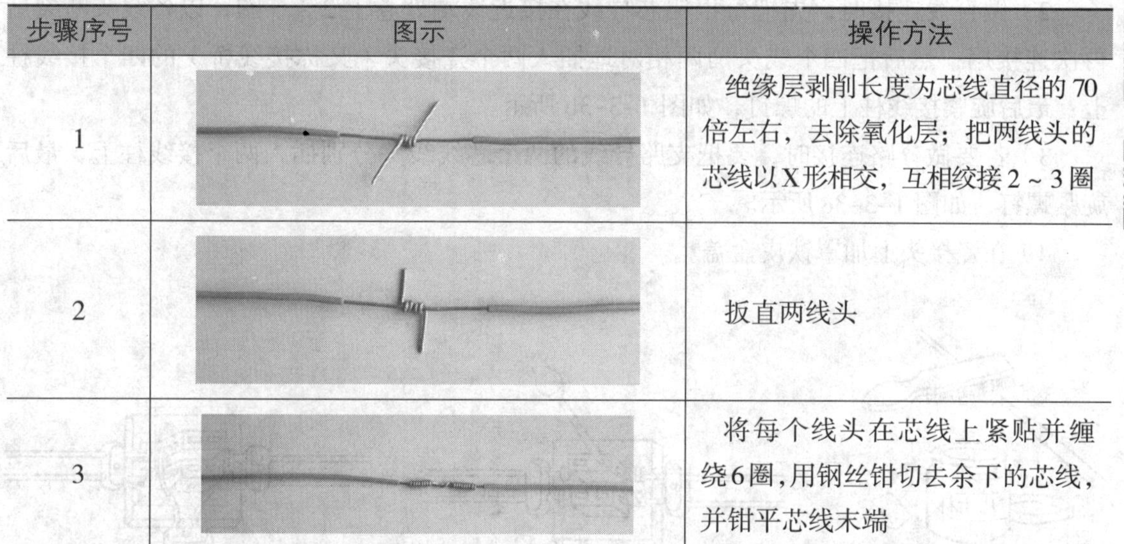

步骤序号	图示	操作方法
1		绝缘层剥削长度为芯线直径的 70 倍左右，去除氧化层；把两线头的芯线以X形相交，互相绞接 2 ~ 3 圈
2		扳直两线头
3		将每个线头在芯线上紧贴并缠绕6圈，用钢丝钳切去余下的芯线，并钳平芯线末端

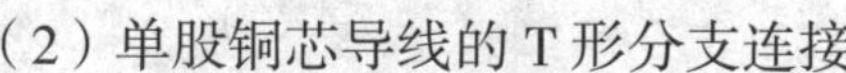

（2）单股铜芯导线的 T 形分支连接

单股铜芯导线的 T 形分支连接步骤见表 1–3–4。

表 1–3–4　　单股铜芯导线的 T 形分支连接步骤

步骤序号	图示	操作方法
1		将支路芯线的线头与干路芯线十字相交，使支路芯线根部留出 3 ~ 5 mm，然后按顺时针方向缠绕支路芯线，缠绕 6 ~ 8 圈后，用钢丝钳切去余下的芯线，并钳平芯线末端
2		较小截面积的芯线可按左图所示方法环绕成结状，然后再把支路芯线的线头抽紧、扳直，紧密地缠绕 6 ~ 8 圈后，剪去多余的芯线，钳平切口的毛刺

3. 铝芯导线的连接

由于铝极易氧化，且铝氧化膜的电阻率很高，因此，铝芯导线不宜采用铜芯导线的方法进行连接，铝芯导线常采用螺钉压接法和压接管压接法连接。

（1）螺钉压接法连接

螺钉压接法连接适用于负荷较小的单股铝芯导线的连接，其步骤如下：

1）把削去绝缘层的铝芯线头用钢丝刷刷去表面的铝氧化膜，并涂上中性凡士林，如图 1-3-3a 所示。

2）做直线连接时，先把每根铝芯导线在接近线端处卷上 2 ~ 3 圈，以备线头断裂后再次连接用；然后把四个线头两两相对地插入两个瓷接头（又称接线桥）的四个接线柱上；最后旋紧接线柱上的螺钉，如图 1-3-3b 所示。

3）若要做分路连接时，要把支路导线的两个芯线线头分别插入两个接线柱上，最后旋紧螺钉，如图 1-3-3c 所示。

4）在瓷接头上加罩铁皮盒盖。

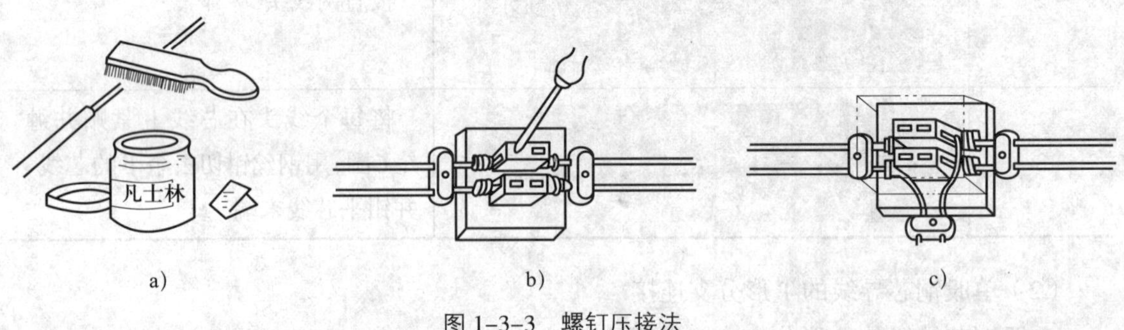

图 1-3-3　螺钉压接法

提示

如果连接处在插座或熔断器附近，则不必用瓷接头，可用插座或熔断器上的接线柱进行连接，如图 1-3-4 所示。

（2）压接管压接法连接

压接管压接法连接适用于负荷较大的多根铝芯导线的直线连接。液压手动压接钳和压接管（又称钳接管）如图 1-3-5a、b 所示。具体压接步骤如下：

1）根据多股铝芯导线的规格选择合适的铝压接管。

2）用钢丝刷清除铝芯表面和压接管内壁的铝氧化层，涂上中性凡士林。

3）把两根铝芯导线线端相对穿入压接管，并使线端穿出压接管 25 ~ 30 mm，如图 1-3-5c 所示。

4）如图 1-3-5d 所示进行压接。压接时，第一道压坑应在铝芯导线端一侧，不可压反，压坑的距离和数量应符合技术要求。压接后的铝芯导线如图 1-3-5e 所示。

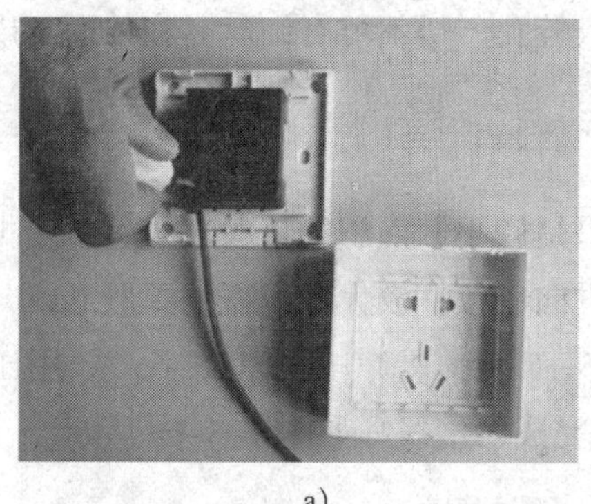

a)

b)

图 1-3-4　用插座或熔断器上的接线柱进行连接

a）用插座接线柱连接　b）用熔断器接线柱连接

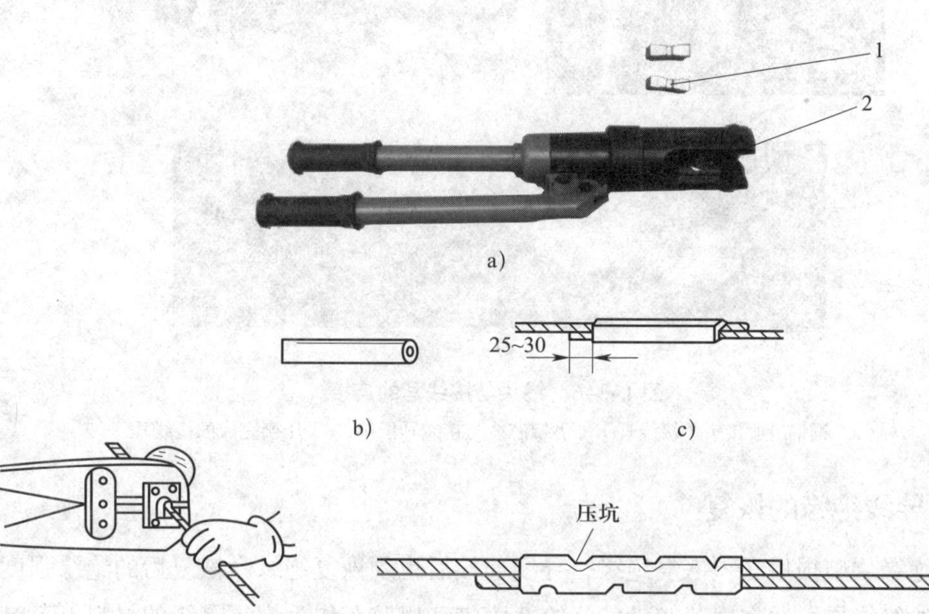

图 1-3-5　压接钳和压接管

a）液压手动压接钳　b）压接管　c）穿压接管　d）进行压接　e）压接后的铝芯导线

1—模口　2—钳口

4. 线头与接线柱的连接

提示

在各种电气装置上均有连接导线的接线柱。常用的接线柱有针孔式和螺钉平压式两种。

（1）线头与针孔式接线柱的连接

在针孔式接线柱上接线时，如果单股芯线接线柱插线孔大小合适，只要把芯线插入

针孔，旋紧螺钉即可。如果单股芯线较细，则要把芯线折成双根插入针孔。如果是多根细丝的软线芯线，必须先将芯线绞紧后再插入针孔，切不可有细丝露在外面，以免发生短路事故。

（2）线头与螺钉平压式接线柱的连接

线头与螺钉平压式接线柱连接时，如果是较小截面积的单股芯线，必须把线头弯成羊眼圈，羊眼圈弯曲的方向应与螺钉拧紧的方向一致。较大截面积的单股芯线与螺钉平压式接线柱连接时，线头必须装上铜铝过渡接头（接线耳）（见图 1–3–6a），用压线钳将铝芯线与接线耳压接，如图 1–3–6b 所示，压接完成的接线耳如图 1–3–6c 所示。

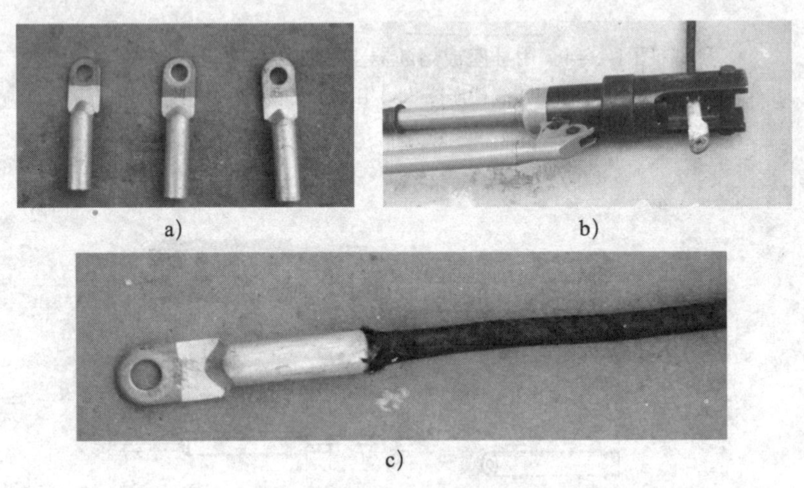

a)　　b)

c)

图 1–3–6　线头与接线耳的连接

a）铜铝过渡接头（接线耳）　b）铝芯线与接线耳压接　c）压接完成的接线耳

二、导线绝缘的恢复

导线绝缘层破损后必须恢复绝缘，导线连接后也须恢复绝缘。恢复后的绝缘强度应不低于原来的绝缘层。通常用黄蜡带、涤纶薄膜带和黑胶布作为恢复绝缘的材料，黄蜡带和黑胶布一般宽为 20 mm 较适中，包扎也方便。近年来，利用热塑管对导线进行绝缘恢复得到广泛应用。

1. 绝缘带的包扎方法

将黄蜡带从导线左边完整的绝缘层上开始包扎，包扎两根带宽后方可进入无绝缘层的芯线部分，如图 1–3–7a 所示。包扎时，黄蜡带与导线保持约 45° 的倾斜角，每圈压叠带宽的 1/2，如图 1–3–7b 所示。

提示

包扎一层黄蜡带后，将黑胶布接在黄蜡带的尾端，按反方向包扎一层黑胶布，每圈也压叠带宽的 1/2，如图 1–3–7c、d 所示。

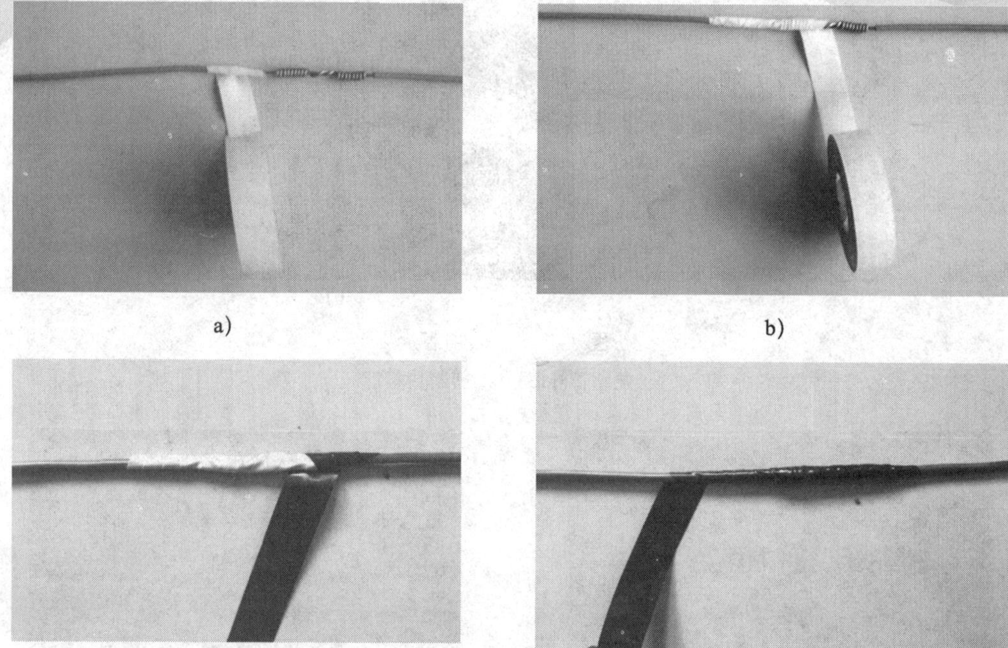

图 1-3-7　导线绝缘带的包扎方法

a）、b）包扎黄蜡带　c）、d）包扎黑胶布

提示

（1）在 380 V 线路上恢复导线绝缘时，必须包扎 1 ~ 2 层黄蜡带，然后再包扎一层黑胶布。

（2）在 220 V 线路上恢复导线绝缘时，先包扎 1 ~ 2 层黄蜡带，然后再包扎一层黑胶布，或者只包扎两层黑胶布。

（3）包扎绝缘带时，各包层之间应紧密相接，不能有稀疏处，更不能露出芯线。

（4）绝缘带不可存放在温度过高的地方，也不可被油类浸染。

2. 热塑管的使用

如图 1-3-8 所示，热塑管是一种电工、仪表自动化安装中常用的材料，主要利用它的热收缩性为裸露的金属线做绝缘封套。

电线与接头焊接好后，焊接的部分是裸露的，不绝缘。为此可以选一小截热塑管（以热塑管能顺利套入为准）套放在焊口处，如图 1-3-9 所示，用热风枪加热热塑管，收缩后的热塑管会把接口紧紧地套封起来，如图 1-3-10 所示。热塑管的缩小比例是很大的，甚至直径为 6 mm 的热塑管可以把直径为 1 mm 的线套封上，使用非常方便。根据实际焊接电路导线的直径，选择合适的热塑管更有利于金属线的绝缘封套。

a)

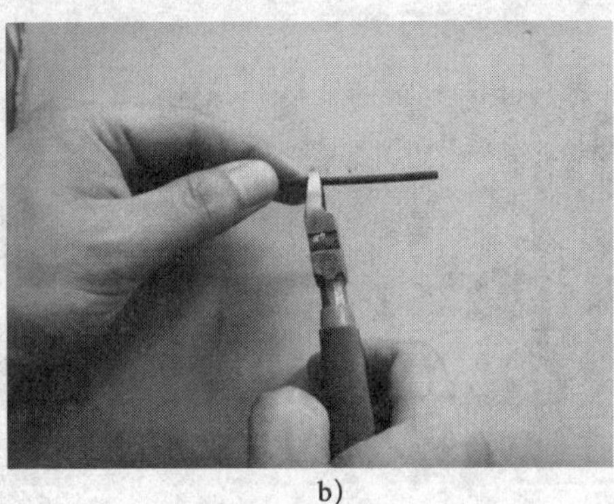

b)

图 1–3–8　热塑管

a）热塑管外形　b）剪断热塑管

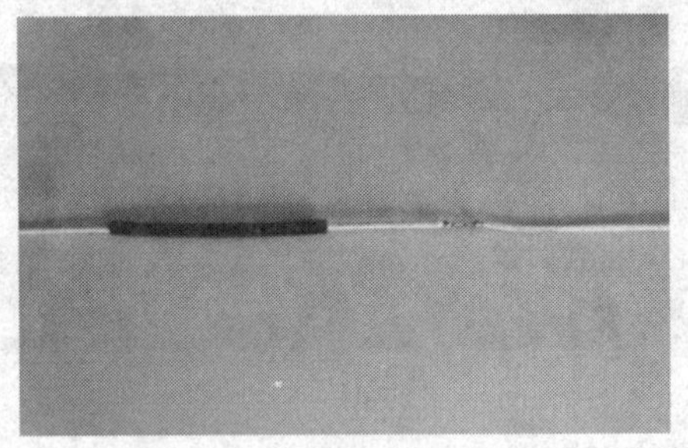

图 1–3–9　套放在焊口处

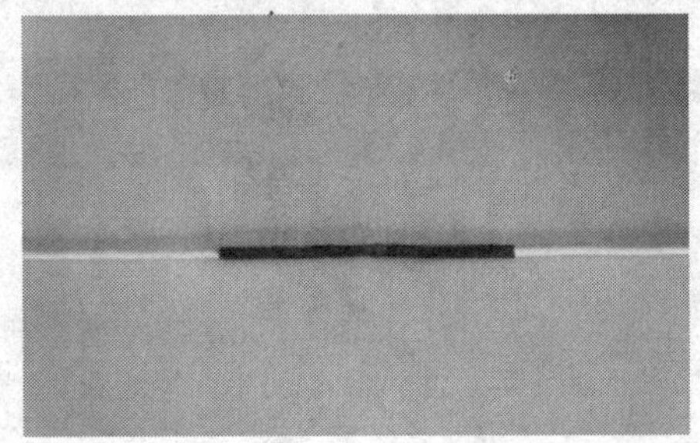

图 1–3–10　收缩后的热塑管

1. 训练内容

（1）导线的直线连接与 T 形连接。

（2）恢复绝缘。

2. 材料及工具准备

准备铜芯绝缘导线（BV4 mm^2 或自定）3 m，BV16 mm^2（7/1.7）塑料铜芯导线 3 m，黄蜡带 1 卷，黑胶布 1 卷，塑料胶带 1 卷，电工通用工具 1 套，绝缘鞋、工作服等。

3. 评分标准（见表 1–3–5）

表 1–3–5　　评分标准

序号	主要内容	评分标准	配分	扣分	得分
1	导线连接	1. 剥削绝缘导线方法不正确扣 10 分 2. 缠绕方法不正确扣 10 分 3. 并绕不紧有间隙，每处扣 5 分	60		

续表

序号	主要内容	评分标准	配分	扣分	得分
1	导线连接	4. 导线缠绕不整齐扣 10 分 5. 切口不平整，每处扣 5 分			
2	恢复绝缘	1. 包缠方法不正确扣 20 分 2. 包缠质量达不到要求扣 20 分	40		
备注		时间	合计		
		40 min	教师签字		

4. 训练步骤

（1）剥削绝缘层。

（2）导线的直线连接和 T 形连接。

（3）浇焊。

（4）恢复绝缘层。

（5）浸入常温水中 30 min，应不渗水。

课题四　常用电工仪表的使用

学习目标

1. 掌握万用表的使用方法。
2. 掌握兆欧表的选择及使用方法。
3 掌握钳形电流表的使用方法。

一、万用表的使用

根据结构和用途不同，万用表分为模拟式万用表和数字万用表两大类。

1. 模拟式万用表的使用

（1）万用表的结构和原理

万用表主要由测量机构、测量线路、转换开关三部分组成。测量机构的作用是把过渡电量转换为仪表指针的机械偏转角，万用表的测量机构通常采用磁电系直流微安表，其满偏电流为几微安到几百微安。满偏电流越小，测量机构的灵敏度越高，万用表的灵敏度一般用电压灵敏度来表示。测量线路的作用是把各种不同的被测电量（如电流、电压、电阻

等）转换为磁电系测量机构所能接收的微小直流电流（即过渡电量）。转换开关的作用是把测量线路转换为所需要的测量种类和量程。万用表的转换开关一般采用多层多刀多掷开关。如图 1–4–1 所示为模拟式万用表的外形。

a）

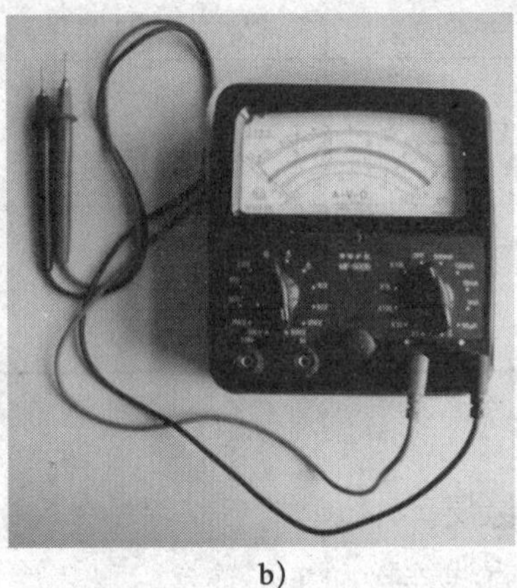

b）

图 1–4–1　模拟式万用表的外形

a）MF47 型万用表　b）500 型万用表

万用表的基本工作原理主要建立在欧姆定律和电阻串并联规律的基础上。

电压灵敏度是万用表的主要参数之一。对一块万用表来说，当它拨到电压挡时，电压量程越高，电压挡内阻越大。但是，各量程内阻与相应电压量程的比值却是一个常数，该常数就是电压灵敏度，单位为“Ω/V”。电压灵敏度的意义如下：电压灵敏度越高，其电压挡的内阻越大，对被测电路的影响越小，测量准确度越高。

（2）万用表的正确使用步骤

1）使用前要调零。为了减小测量误差，在使用万用表前应先进行机械调零。在测量电阻前还要进行欧姆调零。

2）要正确接线。万用表面板上的插孔和接线柱都有极性标记。使用时将红表笔与“+”极性孔相连，黑表笔与“–”极性孔相连。测量直流量时，要注意正、负极性不得接反，以免指针反转。测量电流时，仪表应串联在被测电路中；测量电压时，仪表要并联在被测电路两端。在用万用表测量晶体管时，应将万用表的红表笔与内部电池的负极相接，黑表笔与内部电池的正极相接。

3）要正确选择测量挡位。测量挡位包括测量对象和量程。如测量电压时应将转换开关放在相应的电压挡，测量电流时应放在相应的电流挡等。如误用电流挡去测量电压，会损坏仪表。选择电流或电压量程时，应使指针处在标度尺 2/3 以上的位置；选择电阻量程时，最好使指针处在标度尺的中间位置。这样做的目的是尽量减小测量误差。测量时，若不能确定被测电流、电压的数值范围，应先将转换开关转至对应的最大量程，然后根据指针的偏转程度逐步减小至合适的量程。

提示

严禁在被测电阻带电的情况下用欧姆挡去测量电阻；否则，外加电压极易造成万用表的损坏。

4）读数要正确。在万用表的表盘上有许多条标度尺，分别用于不同的测量对象。所以，测量时要在对应的标度尺上读数，同时应注意标度尺读数和量程的配合，避免出错。

（3）使用万用表的注意事项

1）万用表使用前要进行机械调零。

2）用万用表测量电流、电压时的方法与电流表、电压表相同。

3）测量电阻前要先进行欧姆调零。

4）严禁在被测电阻带电的情况下用万用表的欧姆挡测量电阻。

5）用万用表测量电阻时，所选择的倍率挡应使指针处于表盘的中间段。

6）万用表使用后，最好将转换开关置于最高交流电压挡或空挡。

（4）利用万用表测量电阻

1）测量前准备。万用表（500 型或自定）1 块；电阻（24 Ω、0.5 W；240 Ω、0.5 W；24 kΩ、0.5 W；240 kΩ、0.5 W）各 2 个；电工通用工具 1 套；胶布（自定）1 卷；绝缘鞋、工作服等。

2）估测被测电阻阻值。测量前，首先应估测被测电阻阻值的大小，具体方法是将万用表置于欧姆挡任意挡位，将两表笔短路，观察指针是否指在零位。然后将两表笔与被测电阻两端紧密接触，根据指针所指位置选择合适的量程，如图 1–4–2 所示。这里合适的量程是使指针处于欧姆标度尺的中心位置附近。

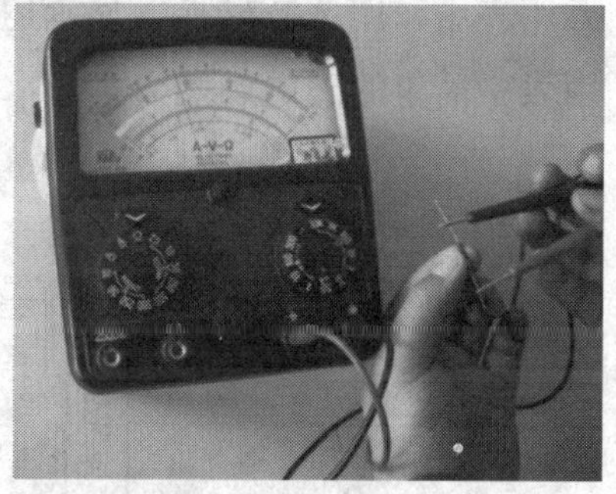

图 1–4–2　估测被测电阻阻值

3）万用表调零。万用表每次转换量程后都应先进行欧姆调零。其具体步骤是将两表笔短路，观察指针是否指在零位。如果指针没有指在欧姆零位，可以左右调整欧姆调零器，直至指针指在欧姆零位，如图 1–4–3 所示。

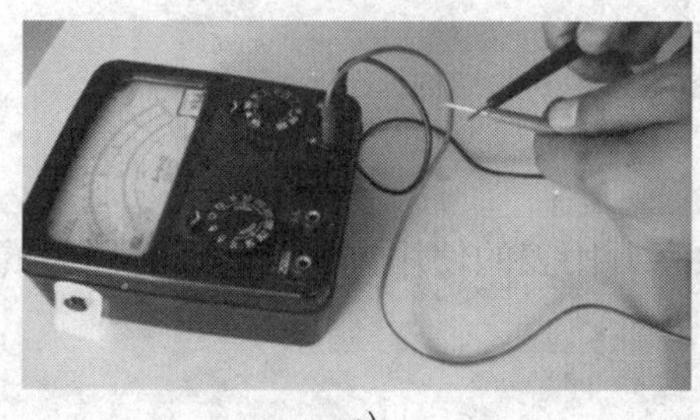

a）

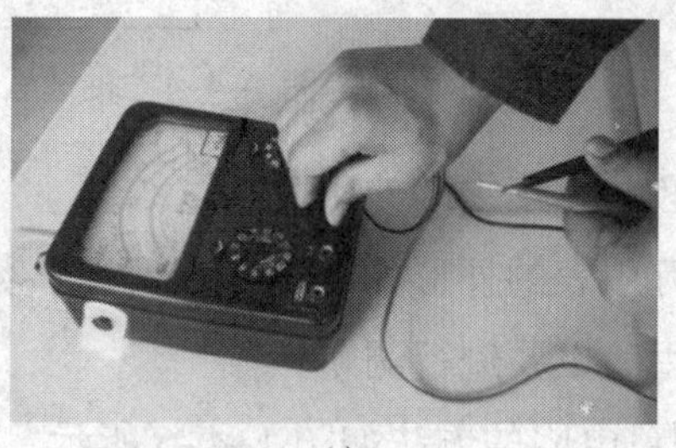

b）

图 1–4–3　万用表调零

a）对零位　b）调零

4）测量并读取测量结果。将两表笔与电阻两端接触，使指针指向标度尺中心位置附近。此时，将指针所指读数乘以欧姆量程，就得出被测电阻的阻值。例如，若此时指针读数为 25，欧姆量程为 ×1k，则被测电阻阻值为 25 kΩ。

5）万用表使用完毕，应将转换开关置于交流电压最高挡或空挡。

提示

使用中如果反复调整欧姆调零器，指针仍然没有指在欧姆零位，就应检查表内电池的电压是否低于 1.2 V。

2. 数字万用表的使用

目前，数字万用表获得广泛应用，其型号品种繁多，内部电路大多采用一块互补式金属氧化物半导体（Complementary Metal Oxide Semiconductor, CMOS）大规模集成电路和一块液晶显示器，再加上其他元件构成，特点是结构紧凑，轻巧，功耗低。有些数字万用表具有自动改变量程和极性显示功能，故测量极为简便。由于其输入阻抗较高和数字直接显示，因此测量精度高。有的还有超量程报警装置，使用时安全可靠。

（1）数字万用表的基本结构

如图 1–4–4 所示为袖珍式数字万用表的结构框图。它由功能选择、R/V 转换、V/V转换、I/V 转换、量程选择、A/D 转换、显示逻辑及显示器组成，与模拟式万用表相比，有两个要点：第一，数字万用表测量的基本量是直流电压，而不是直流电流；第二，在数字万用表中，用 A/D 转换、显示逻辑及显示器组成的单一量程的数字电压表代替了模拟式万用表中简单的磁电系表头。

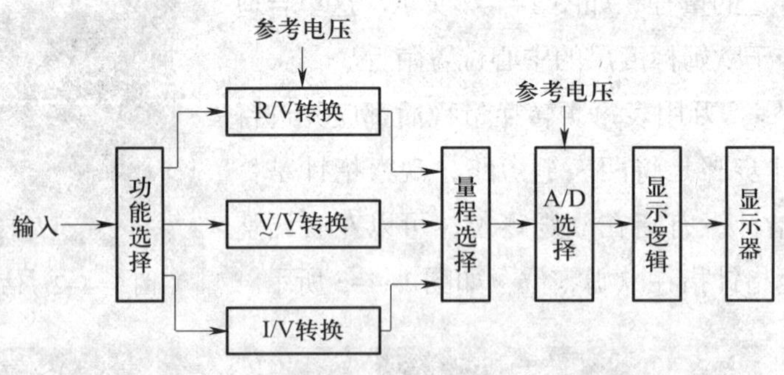

图 1–4–4　袖珍式数字万用表的结构框图

（2）数字万用表的使用方法

数字万用表的外形如图 1–4–5 所示。数字万用表的使用方法与普通万用表的使用方法相似。使用前也要进行调零。

1）测量电阻的方法如图 1–4–6 所示。

2）测量直流电压的方法如图 1–4–7 所示。

3）测量交流电压的方法如图 1–4–8 所示。

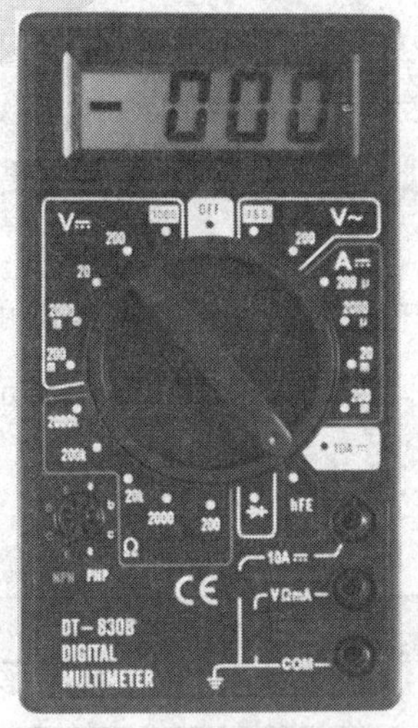

图 1–4–5　数字万用表的外形

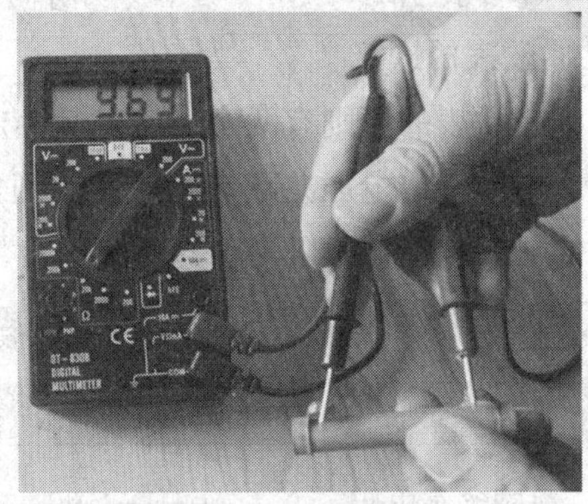

图 1–4–6　测量电阻的方法

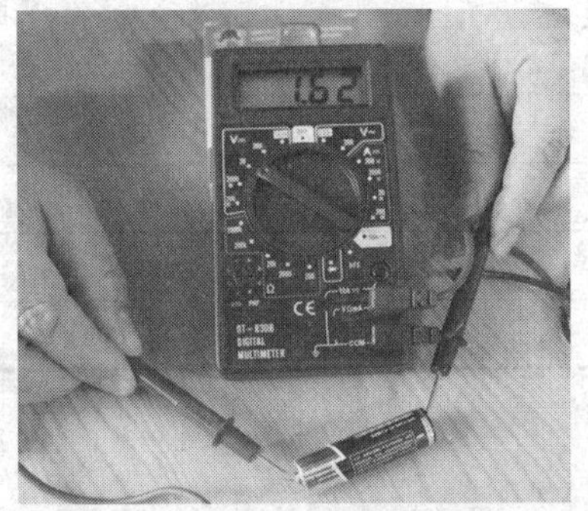

图 1–4–7　测量直流电压的方法

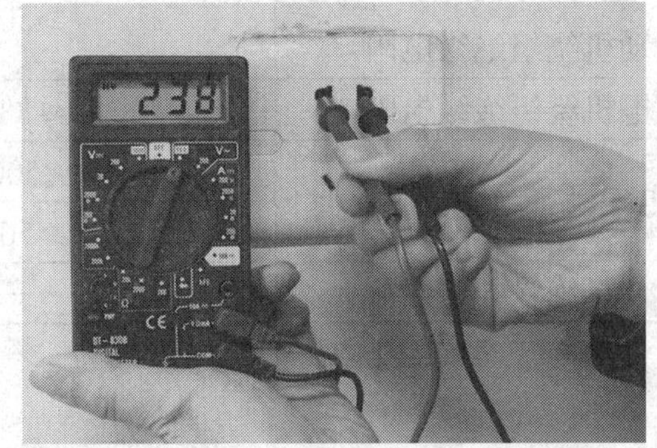

图 1–4–8　测量交流电压的方法

数字万用表既可测量交直流电压、交直流电流和电阻，还可以测量半导体二极管压降、晶体管参数 h_{fe} 及进行线路通断判别测试。

二、兆欧表的选择及使用

1. 兆欧表的结构和原理

兆欧表俗称摇表，它主要由磁电系比率表、手摇直流发电机、测量线路三大部分组成，如图 1–4–9 所示。兆欧表的用途是测量电气设备的绝缘电阻。磁电系比率表的特点是指针的偏转角与通过两动圈电流的比率有关，而与电流的大小无关。

图 1–4–9　兆欧表

提示

正常情况下电气设备的绝缘电阻阻值都非常大，通常为几兆欧甚至几十兆欧，远远大于万用表欧姆挡的有效量程。在此范围内，欧姆表刻度的非线性就能造成很大的误差。另一方面，万用表内电池的电压太低，在低电压下测量的绝缘电阻不能真实反映在高电压下绝缘电阻的真正数值。因此，电气设备的绝缘电阻必须用一种本身具有高压电源的仪表进行测量，这种仪表就是兆欧表。

2. 兆欧表的选择

选择兆欧表的原则有两个，一是其额定电压一定要与被测电气设备或线路的工作电压相适应，不同额定电压兆欧表的使用范围见表 1–4–1；二是兆欧表的测量范围应与被测绝缘电阻的范围相符合，以免引起过大的读数误差。

表 1–4–1　不同额定电压兆欧表的使用范围

测量对象	被测设备的额定电压（V）	兆欧表的额定电压（V）
线圈绝缘电阻	<500	500
	≥500	1 000
电力变压器、电动机绕组绝缘电阻	≥500	1 000 ~ 2 500
发电机绕组绝缘电阻	≤380	1000
电气设备绝缘电阻	<500	500 ~ 1 000
	≥500	2 500
绝缘子	—	2 500 ~ 5 000

提示

如果用 500 V 以下的兆欧表测量高压设备的绝缘电阻，则测量结果不能正确反映其工作电压下的绝缘电阻阻值。同样，也不能用电压太高的兆欧表去测量低压电气设备的绝缘电阻，以免损坏其绝缘。

3. 兆欧表的接线

兆欧表有三个接线端钮，分别标有 L（线路）、E（接地）和 G（屏蔽），使用时应按测量对象的不同来选用。当测量电力设备对地的绝缘电阻时，应将 L 接到被测设备上，E 可靠接地即可；但当测量表面不干净或潮湿电缆的绝缘电阻时，为了准确测量其绝缘材料内部的绝缘电阻（即体积电阻），就必须使用 G 端钮，具体接线方法如图 1–4–10 所示。这样，绝缘材料的表面漏电电流 I_S 沿绝缘体表面经 G 端钮直接流回电源负极。而反映体积电阻的 I_V 则经绝缘电阻内部、L 接线端、动圈 1 回到电源负极。可见，屏蔽端钮 G 的作用是屏蔽表面漏电电流。加接屏蔽端钮 G 后的测量结果只反映体积电阻的大

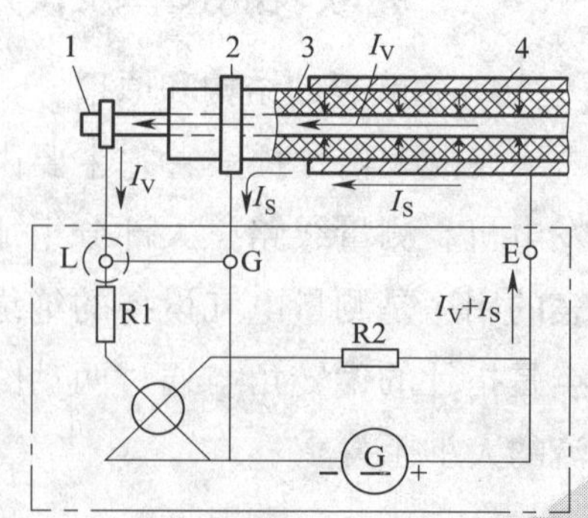

图 1–4–10　用兆欧表测量电缆绝缘电阻的接线方法

1—电缆线芯　2—保护环　3—绝缘材料　4—电缆外皮

小，因而大大提高了测量的准确度。

4. 兆欧表的使用方法

（1）测量绝缘电阻必须在被测设备和线路断电的状态下进行。对含有大电容的设备，测量前应先进行放电，测量后也应及时放电，放电时间不得少于 2 min，以保证人身安全。

（2）兆欧表与被测设备间的连接导线不能用双股绝缘线或绞线，应用单股线分开单独连接，以避免线间电阻引起的误差。

（3）摇动手柄时应由慢渐快至额定转速 120 r/min。在此过程中，若发现指针指零，说明被测绝缘物发生短路事故，应立即停止摇动手柄，避免表内线圈因发热而损坏。

（4）测量具有大电容设备的绝缘电阻时，读数后不能立即停止摇动兆欧表，以防止已充电的设备放电而损坏兆欧表。应在读数后一边降低手柄转速，一边拆去接地线。在兆欧表停止转动和被测物充分放电前，不能用手触及被测设备的导电部分。

（5）测量设备的绝缘电阻时，应记下测量时的温度、湿度、被测设备的状况等，以便于分析测量结果。

5. 使用兆欧表测量电气设备绝缘电阻的步骤

（1）正确选择兆欧表

选择兆欧表的原则如下：一是其额定电压一定要与被测电气设备或线路的工作电压相适应；二是兆欧表的测量范围也应与被测绝缘电阻的范围相符合，以免引起大的读数误差。

（2）使用兆欧表前的检查

使用兆欧表前要先检查其是否完好。检查步骤如下：在兆欧表接通被测电阻前，摇动手柄使发电机达到 120 r/min 的额定转速，观察指针是否指在标度尺的“∞”位置。再将端钮 L 和 E 短接，缓慢摇动手柄，观察指针是否指在标度尺的“0”位置。如果指针不能指在相应的位置，表明兆欧表有故障，必须检修后才能使用。

（3）兆欧表正确接线

兆欧表有三个接线端钮，分别标有 L(线路)、E(接地)和 G(屏蔽)，使用时应按测量对象的不同来选用。当测量电气设备对地的绝缘电阻时，应将 L 接到被测设备上，E 可靠接地即可。

（4）正确摇动兆欧表手柄。

（5）正确读数。

（6）拆除接线。

6. 用兆欧表测量电动机的绝缘电阻

（1）测量前准备

1）仪器、仪表的准备。兆欧表（ZC25-3 型或自定）1 块；三相笼型异步电动机（自定）1 台；绝缘导线（BVR2.5 mm^2）10 m；电工通用工具 1 套；透明胶布（自定）

1卷；绝缘鞋、工作服等。

2）被测对象的准备。测量前要切断被测电动机的电源，打开接线盒端盖，将电动机的导电部分与地接通，进行充分放电。去掉电动机接线盒内的连接片和电源进线。

（2）检查兆欧表

在兆欧表接线前，手摇发电机达到额定转速120 r/min，观察指针是否指在无穷大位置，如图1–4–11所示。再将接线柱的L端钮和E端钮短接，这时要缓慢摇动发电机手柄，观察指针是否指在零位，如图1–4–12所示。

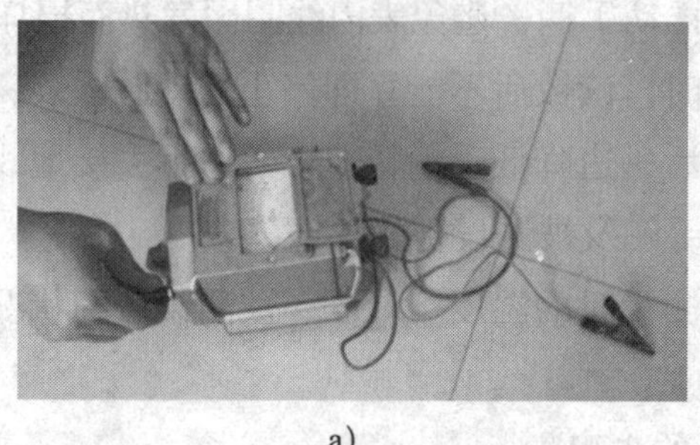

a)

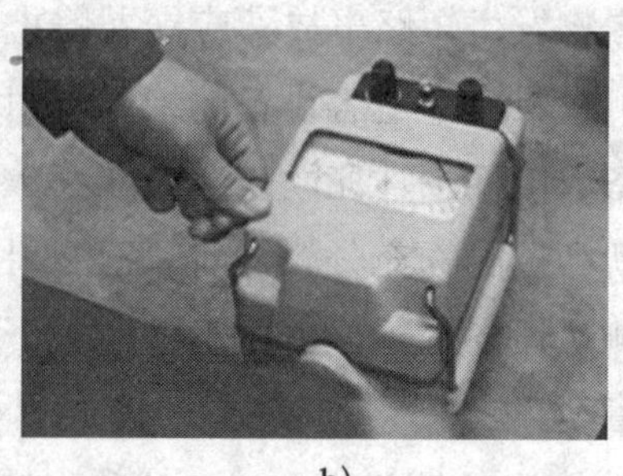

b)

图1–4–11　空转检查兆欧表

（3）测量各相绕组对地的绝缘电阻

将兆欧表的E端钮接电动机的外壳，L端钮接电动机U相绕组接线端，如图1–4–13所示。摇动手柄时应由慢渐快增加到120 r/min，手摇发电机时要保持匀速。若发现指针指零，应立即停止摇动手柄。应注意，应在匀速摇动手柄1 min以后读取读数。

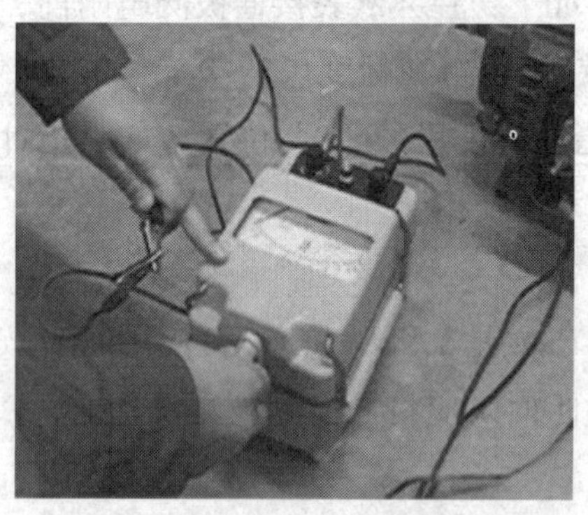

图1–4–12　接线柱短接检查兆欧表

图1–4–13　兆欧表E端钮、L端钮的接线

提示

测量电动机V相绕组对地的绝缘电阻时，将兆欧表的L端钮改接在V相绕组接线端，摇动手柄1 min以后读取读数。用相同的方法测量电动机W相绕组对地的绝缘电阻。

（4）测量电动机U、V、W每两相绕组之间的绝缘电阻

将兆欧表的L端钮和E端钮分别接在U、V两相绕组接线端上，摇动手柄1 min以后

图 1-4-14　测量

读取读数，如图 1-4-14 所示。将兆欧表的 L 端钮和 E 端钮分别接在 V、W 两相绕组接线端上，测量电动机 V、W 两相绕组之间的绝缘电阻。将兆欧表的 L 端钮和 E 端钮分别接在 W、U 两相绕组接线端上，测量电动机 W、U 两相绕组之间的绝缘电阻。

（5）记录测量结果

用笔记录各测量结果，根据测量结果，电动机各相绕组对地的绝缘电阻和各相绕组之间的绝缘电阻均大于 500 MΩ，完全符合技术要求。

（6）维护及保养

安装连接片，将接线盒端盖盖上，并将螺钉拧紧，操作结束。

三、钳形电流表的使用

钳形电流表的最大优点是能在不停电的情况下测量电流。

1. 钳形电流表的结构和原理

根据结构和用途不同，钳形电流表分为互感器式和电磁系两种。

（1）互感器式钳形电流表

互感器式钳形电流表由电流互感器和整流系仪表组成，如图 1-4-15 所示。它只能测量交流电流。

（2）电磁系钳形电流表

电磁系钳形电流表主要由电磁系测量机构组成，其结构如图 1-4-16 所示。其工作原理如下：处在铁心钳口中的导线相当于电磁系测量机构中的线圈。当被测电流通过导线时，在铁心中产生磁场，使动铁片磁化，产生电磁推力，带动指针偏转，指示出被测电流的大小。由于电磁系仪表可动部分的偏转方向与电流极性无关，因此可以交流、直流两用。常用的有 MG20 型和 MG30 型钳形电流表。

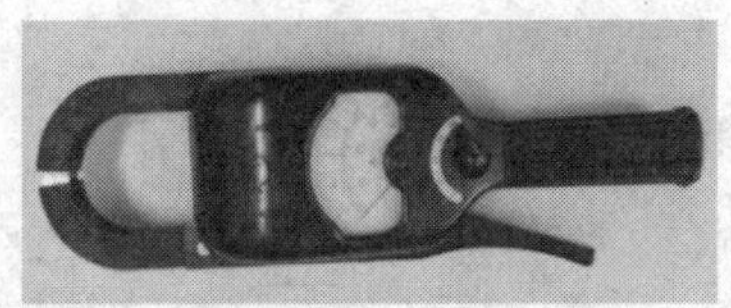

图 1-4-15　互感器式钳形电流表

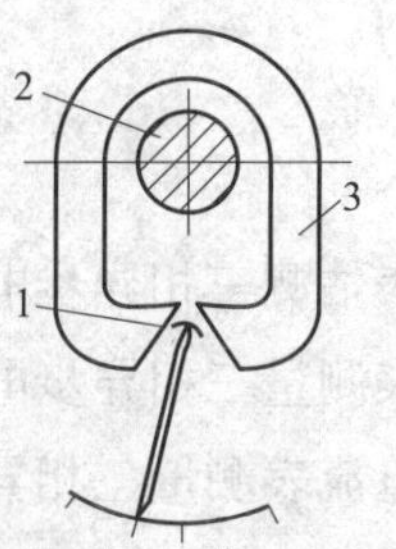

图 1-4-16　电磁系钳形电流表的结构

1—动铁片　2—被测电流导线　3—磁路系统

2. 钳形电流表的使用方法

图 1–4–17　测量并读取测量结果

（1）测量前将电动机与电源连接好，并检查钳形电流表有无损坏。

（2）估计被测电流的大小，选择合适的量程。若无法估计被测电流的大小，则应先从最大量程开始，逐步转换成合适的量程。转换量程应在退出导线后进行。

（3）合上电源开关，将被测电流通过的导线置于钳口内的中心位置，以免增大误差，如图 1–4–17 所示。若量程不对，应在导线退出钳口后转换量程开关。如果转换量程后指针仍不动，需继续减小量程至较小量程（50 A）后再进行测试。测试后读取测量结果。

（4）使用时钳口的接合面要保持良好接触，如有杂音，应将钳口重新开合一次。若杂音依然存在，应检查钳口处有无污垢，如有污垢，可用酒精或汽油将其擦拭干净后再进行测量，如图 1–4–18 所示。

（5）测量 5 A 以下较小的电流时，可将被测导线多绕几圈再放入钳口进行测量，被测的实际电流值等于仪表读数除以放进钳口中导线的圈数，如图 1–4–19 所示。

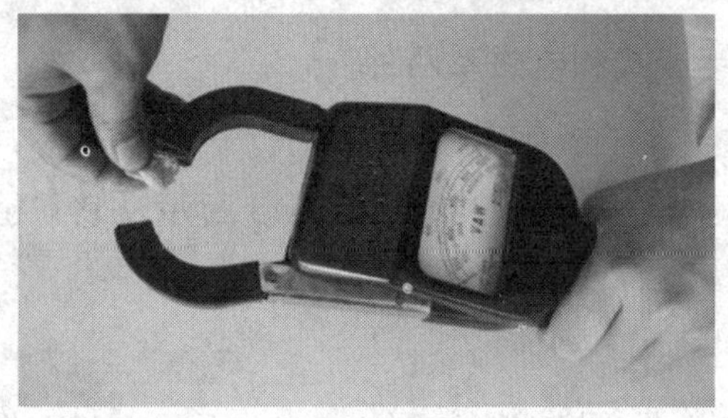
图 1–4–18　用酒精或汽油擦拭钳口

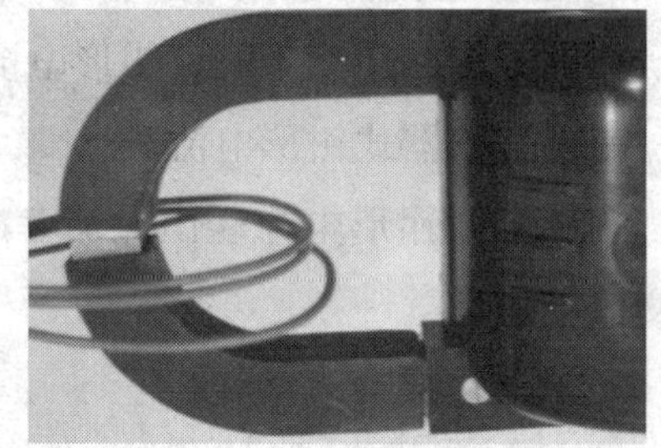
图 1–4–19　测量小电流

（6）测量完毕，应将仪表的量程开关置于最大量程位置，以防下次使用时由于使用者疏忽而造成仪表损坏。

1. 训练内容

（1）用万用表估测三相异步电动机绕组的阻值。

（2）用兆欧表测量三相异步电动机绝缘电阻的阻值。

（3）用钳形电流表测量三相异步电动机的线电流。

2. 设备、仪表、材料及工具准备

准备三相笼型异步电动机（4 kW 或自定）1 台；万用表（500 型或自定）1 块；钳形

电流表（互感器式钳形电流表）1 块；连接导线（BVR2.5 mm^2）9 m；三相刀开关（HK2–15/3、380 V）1 个；三相四线交流电源（~3×380 V/220 V、20 A）1 处；电工通用工具 1 套；透明胶布（自定）1 卷等。

3. 评分标准（见表 1–4–2）

表 1–4–2　　评分标准

<table>
<tr><th>序号</th><th>主要内容</th><th colspan="2">评分标准</th><th>配分</th><th>扣分</th><th>得分</th></tr>
<tr><td>1</td><td>测量准备</td><td colspan="2">万用表测量挡位选择不正确，每次扣 10 分</td><td>20</td><td></td><td></td></tr>
<tr><td>2</td><td>测量过程</td><td colspan="2">测量过程中，操作步骤每错一处扣 10 分</td><td>40</td><td></td><td></td></tr>
<tr><td>3</td><td>测量结果</td><td colspan="2">测量结果有较大误差或错误，每处扣 10 分</td><td>30</td><td></td><td></td></tr>
<tr><td>4</td><td>维护及保养</td><td colspan="2">维护及保养有误扣 10 分</td><td>10</td><td></td><td></td></tr>
<tr><td rowspan="2">备注</td><td rowspan="2"></td><td>时间</td><td>合计</td><td></td><td></td><td></td></tr>
<tr><td>20 min</td><td>教师签字</td><td colspan="3"></td></tr>
</table>

4. 训练步骤

（1）将三相异步电动机接线盒拆开，取下所有接线柱之间的连接片，使三相绕组各自独立。

（2）选择合适的量程，用万用表估测三相异步电动机绕组的阻值，并正确读出测量值。

（3）用兆欧表测量三相绕组之间、各相绕组与机座之间绝缘电阻的阻值。

（4）按电动机铭牌规定，恢复有关接线柱之间的连接片，然后接通三相交流电源，先用万用表测量三相异步电动机的线电压，然后通电运行，用钳形电流表测量启动瞬时电流和空载电流。

提示

（1）要正确使用万用表、兆欧表和钳形电流表。

（2）电动机运行时要注意人身安全。

课题五　接地装置的安装

学习目标

1. 掌握接地装置的技术要求。
2. 掌握接地装置的安装技能。

一、接地装置的分类和技术要求

1. 接地装置的分类

接地装置如图 1–5–1 所示。

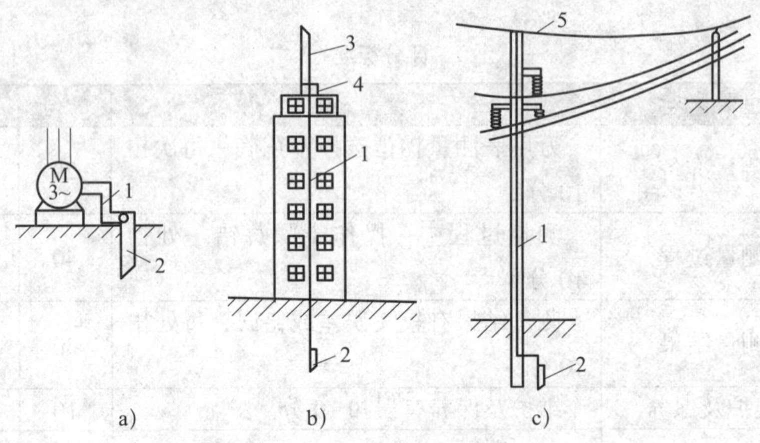

图 1–5–1　接地装置

a）电动机保护接地　b）避雷针保护接地　c）避雷线工作接地

1—接地线　2—接地体　3—接闪杆　4—基座　5—避雷线

（1）单极接地装置

单极接地装置简称单极接地，它由一支接地体构成，接地线一端与接地体连接，另一端与设备的接地点连接，如图 1–5–2 所示。它适用于接地要求不高和设备接地点较少的场所。

（2）多极接地装置

多极接地装置简称多极接地，它由两支以上的接地体构成，各接地体之间用接地干线连成一体，形成并联，从而减小了接地装置的接地电阻。接地支线一端与接地干线连接，另一端与设备的接地点直接连接，如图 1–5–3 所示。多极接地装置可靠性强，适用于接地要求较高而设备接地点较多的场所。

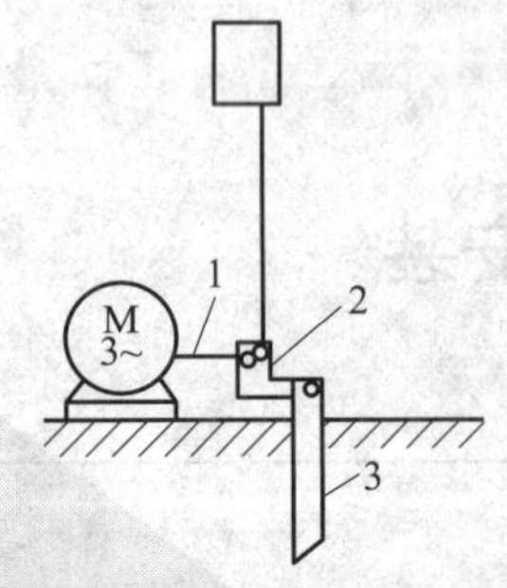

图 1–5–2　单极接地装置

1—接地支线　2—接地干线　3—接地体

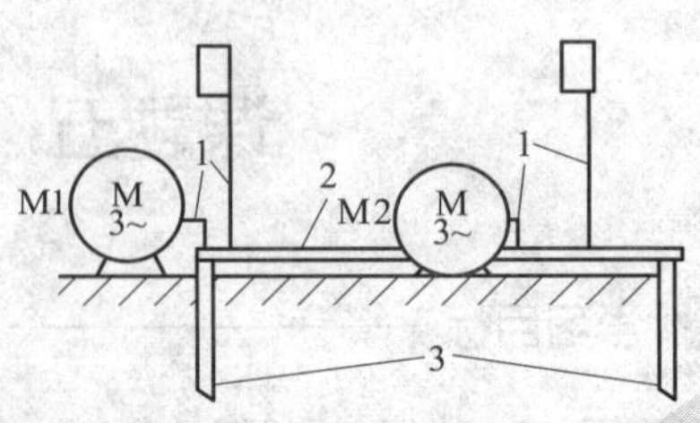

图 1–5–3　多极接地装置

1—接地支线　2—接地干线　3—接地体

（3）接地网络

接地网络简称接地网，它是由多支接地体用接地干线将其互相连接所形成的网络，如图 1–5–4 所示为接地网络常见的形状。接地网络既方便群体设备的接地需要，又加强了接地装置的可靠性，也减小了接地电阻，适用于配电所及接地点多的车间、工场或露天作业等场所。

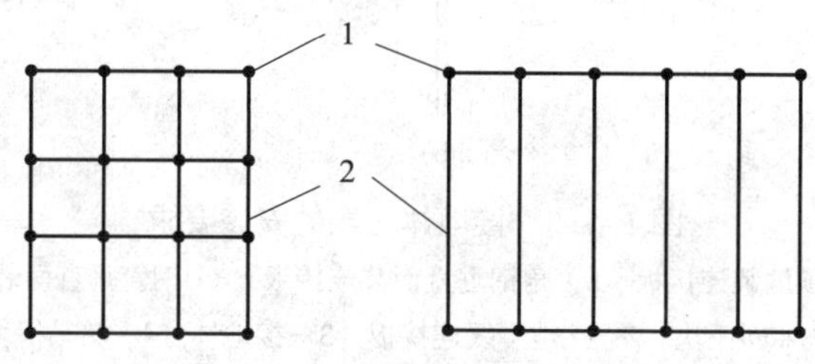

图 1–5–4　接地网络常见的形状

1—接地体　2—接地线

2. 接地装置的技术要求

接地装置的技术要求主要指接地电阻的要求，原则上接地电阻越小越好，考虑到经济合理，接地电阻以不超过规定的数值为准。

对接地电阻的要求如下：避雷针和避雷线单独使用时的接地电阻小于 10 Ω；配电变压器低压侧中性点接地电阻应在 0.5 ~ 10 Ω 之间；保护接地的接地电阻应不大于 4 Ω；多个设备采用一套接地装置时，接地电阻应以要求最高的为准。

二、接地体的安装

1. 人工接地体的制作要求

人工接地体一般都是用钢制成的，其规格如下：角钢的厚度应不小于 4 mm；钢管管壁厚度不小于 3.5 mm；圆钢直径不小于 8 mm；扁钢厚度不小于 4 mm，其截面积不小于 48 mm^2。材料不应有严重锈蚀，弯曲的材料必须矫直后方可使用。

2. 人工接地体的安装方法

（1）垂直安装方法

1）垂直安装接地体的制作方法。垂直安装接地体通常用角钢或钢管制成。长度一般在 2 ~ 3 m 之间，但不能小于 2 m，下端要加工成尖形。用角钢制作的接地体，尖点应在角钢的钢脊上，先钻好螺钉孔。为便于连接，接地体的上端要满足如图 1–5–5 所示的安装要求。

2）安装方法。采用打桩法将接地体打入地下，接地体应与地面垂直，不可歪斜，如图 1–5–6 所示。打入地面的有效深度应不小于 2 m。多极接地或接地网络的接地体与接地体之间在地下应保持 2.5 m 以上的直线距离。

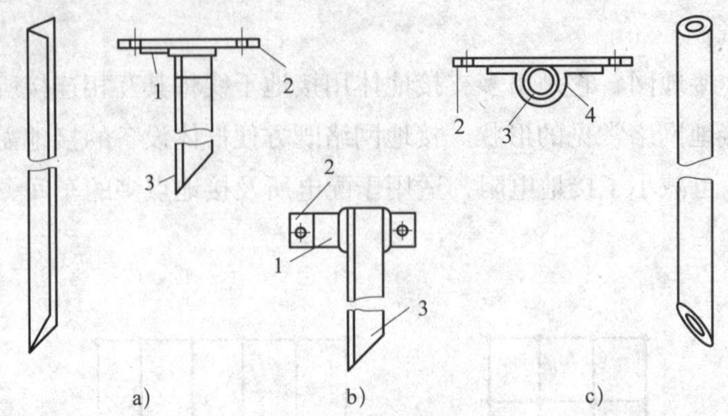

图 1-5-5　接地体上端的安装要求

a）角钢顶端装连接板　b）角钢垂直面装连接板　c）钢管垂直面装连接板

1—加固镶块　2—接地干线连接板　3—接地体　4—骑马镶块

用锤子敲打角钢时，应敲打角钢的钢脊处；若是钢管，敲打时锤击力很难集中在尖端的切线位置，较难打入，且容易把接地体打得歪斜，造成接地体与土壤产生缝隙，增大了接地体与土壤之间的接触电阻。

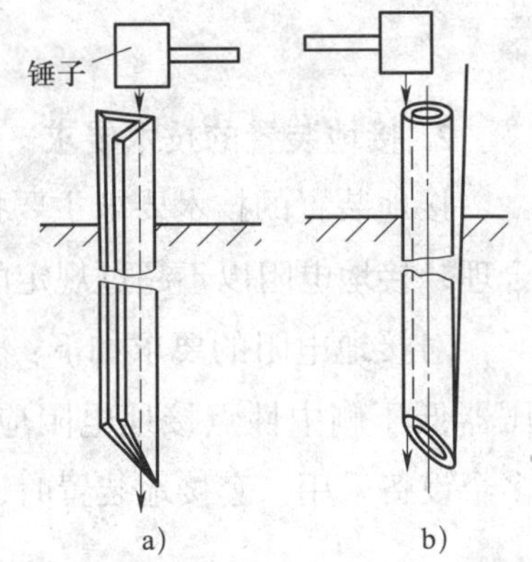

图 1-5-6　垂直安装接地体的方法

a）角钢接地体　b）钢管接地体

接地体打入地面后，应在其四周填土夯实。

（2）水平安装方法

水平安装接地体一般只适用于土层浅薄的地方，接地体通常用扁钢或圆钢制成。一端向上弯成直角，便于连接；如果接地线采用螺钉压接，应先钻好螺钉孔。接地体的长度随安装条件和接地装置的结构形式而定。

提示

采用挖沟填埋法时，接地体应埋入地面 0.6 m 以下的土壤中，如图 1-5-7 所示。如果是多极接地或接地网络，接地体之间应相隔 2.5 m 以上的直线距离。

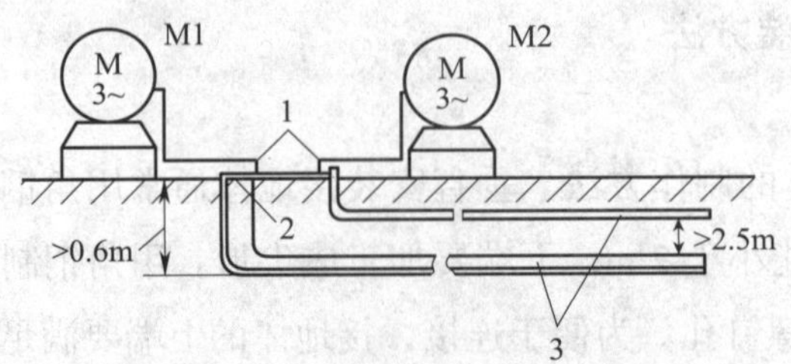

图 1-5-7　水平安装接地体的方法

1—接地支线　2—接地干线　3—接地体

（3）安装接地体的措施

在土壤电阻率较高的地层安装接地体时，必须采取以下三项措施：

1）在土壤电阻率不太高的地层，要增加接地体的个数。

2）在土壤电阻率较高的地层，可在每支接地体周围 0.5 m以下、1.2 m以上的地层中填放化学填料。

3）在土壤电阻率很高的地层，应采用挖坑换土的方法。

三、接地线的安装

接地线是接地干线和接地支线的总称，若只有一套接地装置，不存在接地支线时，则是指接地体与设备接地点间的连接线。

接地干线是接地体之间的连接导线，或是指一端连接接地体，另一端连接各接地支线的连接线。

接地支线是接地干线与设备接地点间的连接线。

1. 接地线的选用

（1）输配电系统保护接地线的选用

接地线应满足下列规定：10 kV 避雷器的接地支线宜采用多股铜芯或铝芯的绝缘电线或裸线；接地线可用铜芯或铝芯的绝缘电线或裸线，也可选用扁钢、圆钢或镀锌铁丝绞线，截面积应不小于 16 mm^2。用作避雷针或避雷线的接地线的截面积应不小于 25 mm^2。接地干线通常用截面积不小于 4 mm × 12 mm 的扁钢或直径不小于 6 mm 的圆钢。

配电变压器低压侧中性点的接地支线要采用截面积不小于 35 mm^2 的裸铜绞线；容量在 100 kV · A 以下的变压器，其中性点接地支线可采用截面积为 25 mm^2 的裸铜绞线。

（2）金属外壳保护接地线的选用

接地线最小截面积应不小于 1.5 mm^2，裸导线应不小于 4 mm^2；接地干线须按不小于相应电源相线截面积的 1/2 选用。装于地下的接地线不准采用铝导线；移动电器的接地支线必须用铜芯绝缘软线。

2. 接地干线的安装

（1）接地干线与接地体的连接处要加镶块，如图 1–5–5a、b 所示。尽可能采用电焊焊接，无条件电焊焊接时，也允许用螺钉压接。连接处的接触面必须经过镀锌或镀锡的防锈处理，压接螺钉一般采用 M12 ~ M16 的镀锌螺钉。安装时，接触面要保持平整、严密，不可有缝隙；螺钉要拧紧，在有振动的场所，螺钉上应加弹簧垫圈。

（2）对于多极接地和接地网络接地体之间的连接干线，如果需要提供接地线，就应安装在如图 1–5–8 所示的地沟中，沟上应覆有沟盖，且应与地面平齐。若接地干线采用扁钢时，安装前应在扁钢宽面上预先钻好接线用的通孔，并在

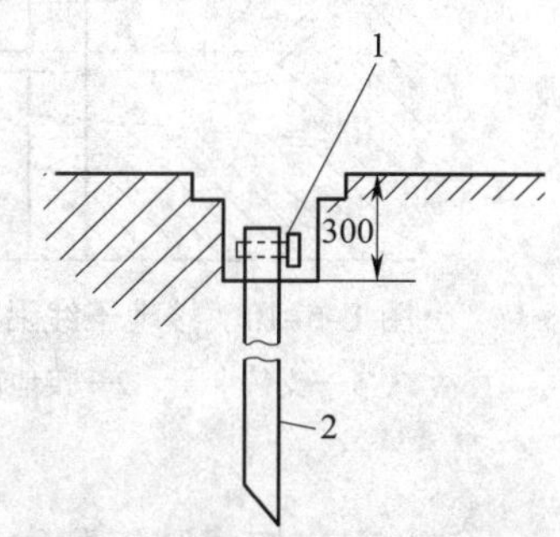

图 1–5–8　接地体连接干线地沟

1—接地干线螺钉　2—接地体

连接处镀锡。如不需要提供接地线，则应埋入地下 300 mm 左右，并在地面标示接地干线的走向和连接点的位置，以便于检查及修理。埋入地下的连接点应尽量采用电焊焊接。

（3）公用配电变压器的接地干线与接地体的连接如图 1–5–9 所示，埋入地下 100 ~ 200 mm。在接地线引出地面 2 ~ 2.5 m 处断开，再用螺钉重新压接接牢。

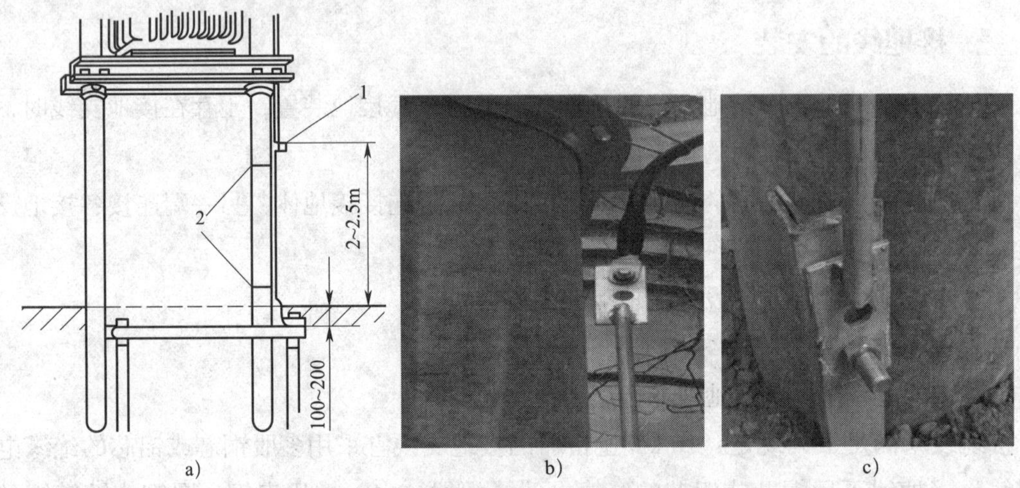

图 1–5–9 配电变压器接地干线与接地体的连接

a）示意图 b）上断开点 c）下断开点

1—断开点 2—绑扎铁丝

（4）接地干线明设时，除连接处外，均应涂黑色标明。在穿越墙壁或楼板时应穿管加以保护。在可能受到机械力而使之损坏的地方，应加防护罩保护。敷设室内接地干线采用扁钢时，可按图 1–5–10 所示用支持卡子沿墙敷设，它与地面的距离约 200 mm，与墙的距离约 15 mm。若采用多股电线连接，应采用如图 1–5–11 所示的接线耳，不许把线头直接弯圈压接在螺钉上。在有振动的场所还要加弹簧垫圈。

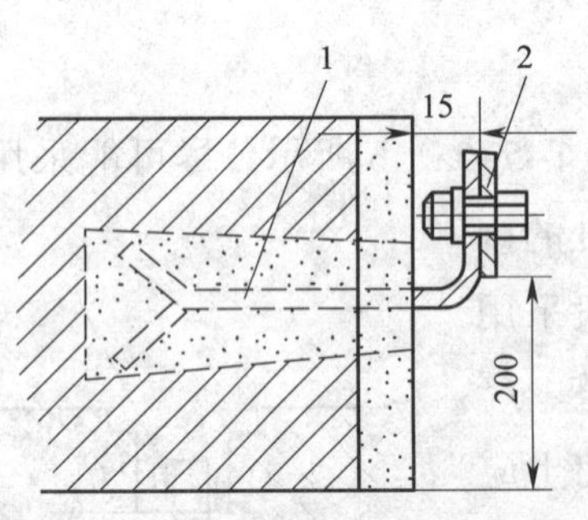

图 1–5–10 接地干线沿墙敷设

1—支持卡子 2—接地扁钢

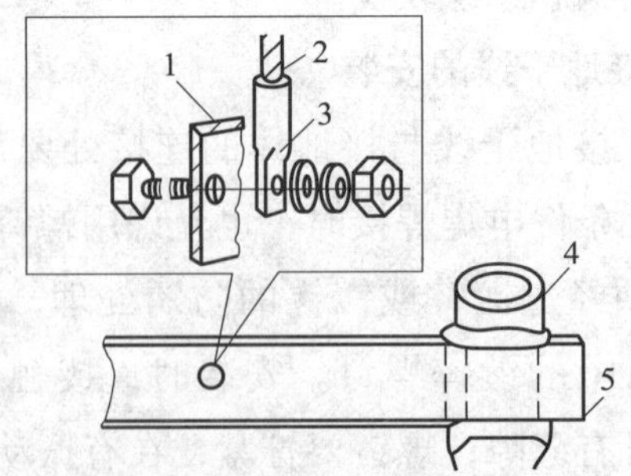

图 1–5–11 接地干线用多股电线连接方法

1—接地体连接干线 2—多股电线 3—接线耳

4—接地体 5—接地干线

（5）用扁钢或圆钢制作接地干线需要接长时，必须采用电焊焊接，焊接处扁钢搭头长为其宽的 2 倍；圆钢搭头长为其直径的 6 倍。

（6）接地干线也可以采用环境中已有的金属构件和设施，如吊车和行车轨道、大型机床床身、金属屋架、电梯竖井架、电缆的金属外皮、各种无可燃和可爆物质的金属管道（不包括明线管道）等。利用这些金属体作为接地干线时，应注意它们必须具有良好的导电连续性。因此，必须在管子的连接处或金属构架的连接处做过渡性连接，连接方法如图 1–5–12 所示。

3. 接地支线的安装

接地支线的安装应遵守以下规定：

（1）每台设备的接地点必须用一根接地支线与接地干线单独连接。不允许用一根接地支线把几台设备的接地点串联起来，也不允许将几根接地支线并接在接地干线的一个连接点上。

（2）在室内易被人体触及的地方，接地支线要采用多股绝缘线。在连接处必须恢复绝缘。在室外不易被人体触及的地方，接地支线要采用多股裸绞线。用于移动电器从插头至外壳处的接地支线应采用铜芯绝缘软线，中间不得有接头，并与绝缘线一起套入绝缘护套内。常用三芯或四芯橡胶护套电缆的黑色绝缘层导线作为接地支线。

（3）接地支线与接地干线或设备接地点连接时，其线头要用接线耳，采用螺钉压接。在有振动的场所，螺钉上要加弹簧垫圈。

（4）固定敷设的接地支线需接长时，连接处必须正规，铜芯线连接处要用锡焊加固。

（5）在电动机保护接地中，可利用电动机与控制开关之间的导线保护钢管作为控制开关外壳的接地线，其安装方法如图 1–5–13 所示。

（6）接地支线的每个连接处都应置于明显部位，以便于检修。

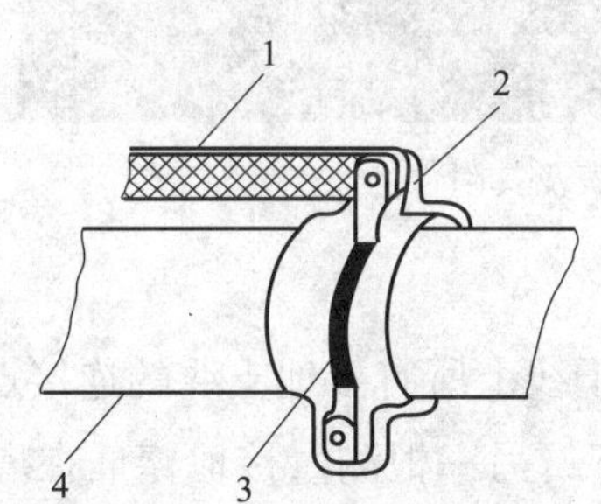

图 1–5–12　金属管道的过渡性连接

1—接地线　2—金属包箍

3—跨接导线　4—金属管道

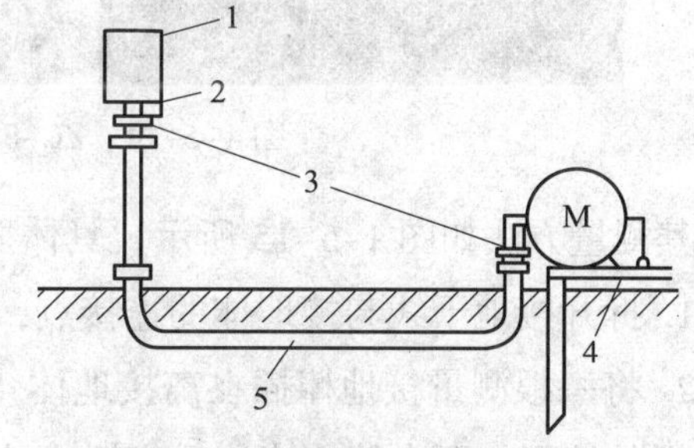

图 1–5–13　利用自然金属体作接地支线

1—开关外壳　2—接地点　3—金属夹头

4—接地支线　5—导线保护钢管

四、接地装置的安全要求

1. 可靠的电气连接

钢质接地线之间以及接地线与接地体之间的连接处应进行搭焊。有色金属接地线可用夹头或螺栓与接地干线或电气设备的外壳进行连接，在有振动的地方应垫上弹簧垫圈。

2. 足够的强度、导电能力和热稳定性

为了保证接地线和接地体之间有足够的强度，并考虑到防腐蚀的要求，接地铜芯导线的截面积应不小于 1.5 mm^2，铝芯导线的截面积应不小于 2.5 mm^2。

3. 明显的颜色标志

接地线应涂以明显的标志。其颜色一般规定：黄绿双色线为保护线，浅蓝色线为接地中性线。接地线应装设在明显处，以便于检查。

4. 良好的耐腐蚀性

为了防止腐蚀，钢质接地装置应采用镀锌元件制成，焊接处要涂上沥青，明设的接地线要涂上防锈漆。

五、接地电阻的测量方法

用 ZC-8 型接地电阻摇表测量接地电阻，摇表及其附件如图 1-5-14 所示。

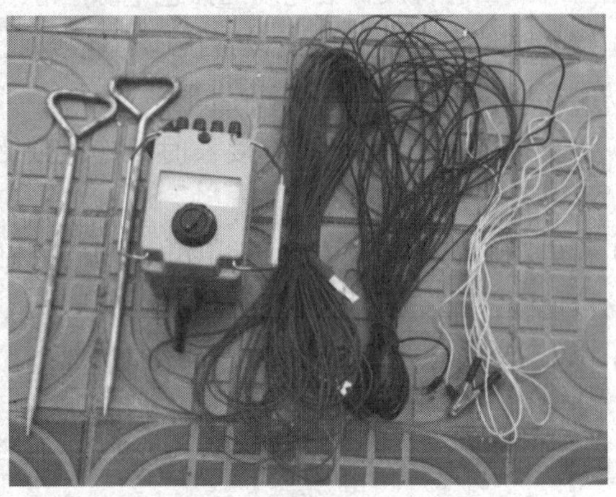

图 1-5-14　ZC-8 型接地电阻摇表及其附件

其测量方法如图 1-5-15 所示，具体操作步骤如下：

1. 拆开接地干线与接地体的连接点，或拆开接地干线上所有接地支线的连接点。

2. 将一根测量接地棒插在离接地体 40 m 远的地下；另一根测量接地棒插在离接地体 20 m 远的地下，两个接地棒均垂直插入地面深 400 mm。

3. 将摇表放置在接地体附近平整的地方后接线。最短的一根连接线连接表上接线柱 E 和接地体；最长的一根连接线连接表上接线柱 O 和 40 m 远的接地棒；较短的一根连接线连接表上接线柱 P—P 和 20 m 远的接地棒。

4. 根据被测接地体接地电阻的要求，调节好粗调旋钮（表上有三挡可调）。

5. 以 120 r/min 的转速均匀摇动手柄，当表头指针偏离中心时，边摇边调节细调拨盘，直到表针居中为止。

a)　　b)　　c)

图 1–5–15　测量方法

a）拆开接地干线与接地体的连接点　b）进行测量　c）操作接地摇表

6. 以细调拨盘的读数乘以粗调定位的倍数，其结果就是被测接地体接地电阻的阻值。例如，细调拨盘的读数是 0.35，粗调定位倍数是 10，则测得的接地电阻阻值为 3.5 Ω。

提示

为了保证所测接地电阻阻值的可靠性，应在测量完毕移动两根接地棒，换一个方向进行复测。每次所测的电阻值不会完全一致，可取几处测量值的平均值确定最后的数值。

1. 训练内容

制作和安装如图 1–5–16 所示的接地装置。

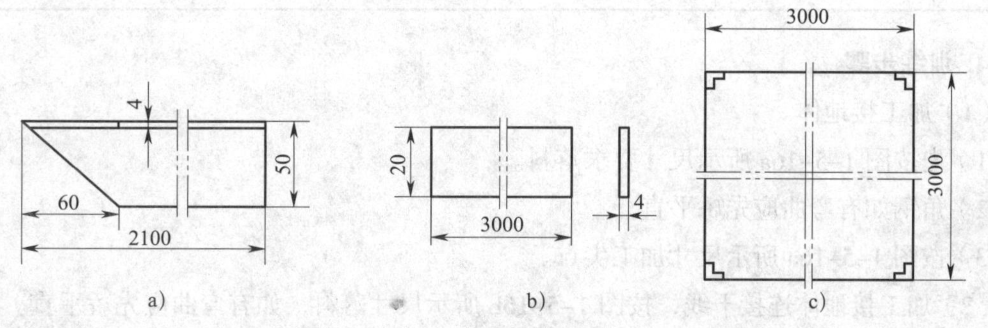

图 1–5–16　接地装置

a）垂直接地体　b）接地体连接干线　c）接地网络平面图

2. 材料、工具及仪表准备

材料、工具及仪表见表 1–5–1。

表 1–5–1　　材料、工具及仪表

序号	名称	型号与规格	单位	数量	备注
1	接地体	4 mm × 50 mm × 50 mm × 2 100 mm 角钢	件	4	
2	接地体连接干线	4 mm × 20 mm × 3 000 mm 扁钢	件	4	
3	钳工工具		套	1	
4	电工工具		套	1	
5	接地电阻摇表	ZC–8 型及附件	套	1	

3. 评分标准（见表 1–5–2）

表 1–5–2　　评分标准

<table>
<tr><th>序号</th><th>主要内容</th><th colspan="2">评分标准</th><th>配分</th><th>扣分</th><th>得分</th></tr>
<tr><td>1</td><td>制作接地体</td><td colspan="2">制作不符合要求扣 10 分</td><td>20</td><td></td><td></td></tr>
<tr><td>2</td><td>安装接地体连接干线</td><td colspan="2">连接不符合要求扣 10 分</td><td>20</td><td></td><td></td></tr>
<tr><td>3</td><td>接地电阻摇表法</td><td colspan="2">1. 测量接地电阻时摇表使用不正确扣 40 分
2. 漏填数据，每格扣 2 分</td><td>50</td><td></td><td></td></tr>
<tr><td>4</td><td>安全文明生产</td><td colspan="2">每违反一次操作规程扣 5 分</td><td>10</td><td></td><td></td></tr>
<tr><td rowspan="2">备注</td><td rowspan="2"></td><td>时间</td><td>合计</td><td></td><td></td><td></td></tr>
<tr><td>8 h</td><td>教师签字</td><td colspan="3"></td></tr>
</table>

4. 训练步骤

（1）加工接地体

1）先按图 1–5–16a 所示尺寸要求落料。

2）角钢如有弯曲应先矫平直。

3）按图 1–5–16a 所示尺寸加工尖点。

（2）加工接地体连接干线，按图 1–5–16b 所示尺寸落料，如有弯曲应先矫平直。

（3）按图 1–5–16c 所示在地面画线，定好四个接地体的安装位置。

（4）用打桩法逐一将四个接地体垂直打入地面，顶端露出地面 150 mm，将四周土夯实。

（5）用接地电阻摇表和万用表逐一测量四个接地体的接地电阻并记录测量数据，相互比较测量结果。

（6）用接地电阻摇表测量接地网络的接地电阻并记录测量数据。

提示

（1）制作垂直接地体的角钢如有弯曲，一定要矫直；否则不易打入地面，且接地体与土壤之间有缝隙会增大接地电阻。

（2）用打桩法安装接地体时，扶持接地体者双手不要紧握接地体，只要把握稳，扶持平直，不要摇摆即可；否则，打入地面的接地体会与土壤产生缝隙，增大接地电阻。

（3）安装时要注意操作安全。

课题六 登高技能

学习目标

1. 掌握使用梯子、踏板和脚扣登高的技能。
2. 掌握登高的安全知识。

电工在登高作业时要特别注意人身安全，而登高工具必须牢固、可靠，才能保证登高作业的安全。未经现场训练过的，或患有精神病、严重高血压、心脏病和癫痫等人员，均不能进行登高作业。

一、梯子登高

1. 梯子的种类

电工常用的梯子有单梯和人字梯，如图 1–6–1 所示。

单梯通常用于室外登高作业，常用的规格有 11 档、13 档、15 档、17 档、19 档、21 档和 25 档；人字梯通常用于室内登高作业。

2. 梯子登高的安全知识

（1）单梯在使用前应检查是否有虫蛀及折裂现象，各梯脚应绑扎胶皮类的防滑材料。

（2）对于人字梯，应检查绑扎在中间的两道防自动滑开的安全绳。

（3）在单梯上作业时，为了保证不至于因用力过度而站立不稳，应按图 1–6–2 所示的姿势站立。在人字梯上作业时切不可采取骑马的方式站立，以防人字梯两脚自动分开而造成严重的工作事故。

（4）单梯的放置倾斜角为 60° ~ 75° 。

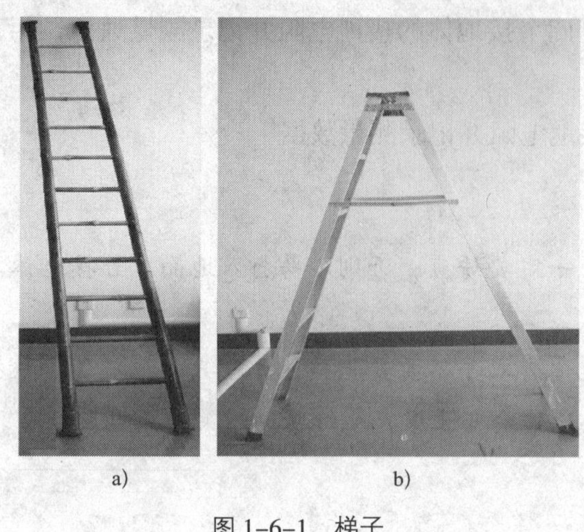

图 1-6-1　梯子

a）单梯　b）人字梯

图 1-6-2　单梯上站立姿势

（5）安放的梯子应与带电部分保持安全距离，扶梯人应戴好安全帽，单梯不准放在箱子或桶类等易活动的物体上使用。

二、踏板登杆

踏板又称蹬板，用来攀登电杆。踏板由板、绳索和挂钩等组成。板采用质地坚韧的木材制作，其规格如图 1-6-3a 所示。绳索应采用直径为 16 mm 的三股白棕绳，绳索两端结在踏板两头的扎结槽内，顶端装上挂钩。系结后绳长应保持操作者一人一手长，如图 1-6-3b 所示。踏板和白棕绳均应能承受 300 kg 质量，并且每半年应进行一次冲击载荷试验。

图 1-6-3　踏板的使用方法

a）踏板的规格　b）踏板的绳长　c）踏板挂钩　d）挂钩正钩　e）挂钩反钩

1. 踏板登杆的注意事项

（1）踏板在使用前，要检查踏板有无开裂和腐朽，绳索有无断股。

（2）踏板挂钩时必须采用正钩（见图 1–6–3d），切勿采用反钩（见图 1–6–3e），以免造成脱钩事故。

2. 踏板登杆及下杆技能

（1）踏板登杆技能见表 1–6–1。

表 1–6–1　　踏板登杆技能

图示	操作步骤及要点
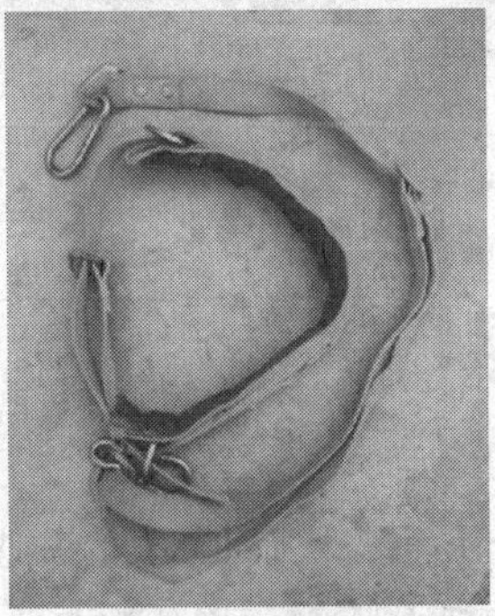	登杆前，应先将踏板挂好，用人体做冲击载荷试验，检查踏板是否合格、可靠，对腰带（安全带）也用人体进行冲击载荷试验
	先把一块踏板用挂钩挂在电杆上，高度以操作者能跨上为准，把另一块踏板挂在肩上。右手握住挂钩端两根棕绳，并用拇指顶住挂钩，左手先扶着木板，把右脚跨上踏板。用力使人体上升，待人体重心转到右脚时，左手即向上扶住电杆
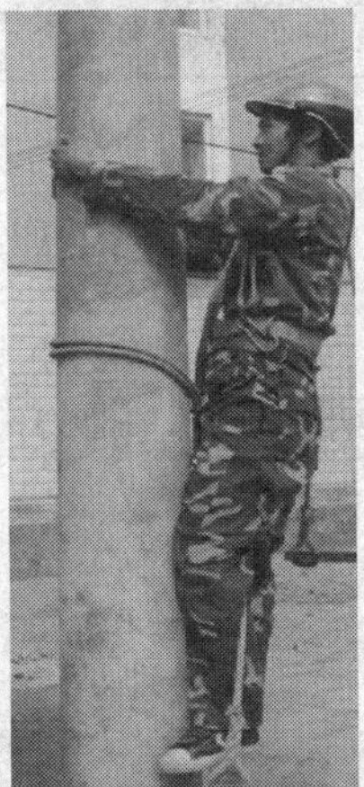	当人体上升到一定的高度时，松开右手并向上扶住电杆，使人体立直，将左脚绕过左边单根棕绳踏入木板内

续表

图示	操作步骤及要点
	待人体站稳后，在电杆上方挂上另一块踏板，然后右手紧握这块踏板的双根棕绳，并使拇指顶住挂钩，左手先扶着木板，把左脚从下方踏板左边的单根棕绳内退出，踏在正面下方踏板上。接着将右脚跨上上方的踏板，手脚同时用力，使人体上升
	当人体离开下面一块踏板时，需把下面一块踏板解下，此时左脚必须抵住电杆，以免人体摇晃不稳。以后重复上述各步骤进行登杆作业，直到达到所需高度为止

（2）踏板下杆技能见表 1–6–2。

表 1–6–2 踏板下杆技能

图示	操作步骤及要点
	人体站稳在一块踏板上，把另一块踏板钩挂在下方的电杆上

续表

图示	操作步骤及要点
	将左手握住上方踏板左边的棕绳，同时左脚用力抵住电杆，以防止踏板滑下和人体摇晃
	双手紧握上方踏板两端的棕绳，左脚抵住电杆不动，人体重心逐渐下降，双手也随人体下降而下移紧握棕绳的位置，直至贴近两端木板
	此时人体向后仰开，同时右脚从上方踏板退下，使人体不断下降，直至右脚踩到下方踏板上

续表

图示	操作步骤及要点
	把左脚从下方踏板两根棕绳内抽出，人体贴近电杆站稳，左脚下移并绕过左边棕绳踩到下方踏板上。以后步骤重复进行，直至操作者着地为止
	着地后，松开挂钩，整理绳索

提示

踏板登杆和下杆训练的注意事项：初学者必须在较低的电杆上进行训练，待熟练后，才可正式参加登高杆上作业。登杆操作时，电杆下面必须放上海绵垫等保护物，以防发生意外事故。

三、脚扣登杆

登高脚扣又称铁脚，也是攀登电杆的工具。脚扣分为木杆脚扣和水泥杆脚扣两种，木杆脚扣的扣环上有铁齿；水泥杆脚扣上裹有橡胶，以防打滑，其外形如图 1–6–4a 所示。

用脚扣登杆攀登速度较快，容易掌握登杆方法，但在杆上作业时没有踏板灵活、舒适，易于疲劳，故适用于电杆上短时作业，为了保证杆上作业人员的平稳性，两个脚扣应按图 1–6–4b、c 所示的方法定位。

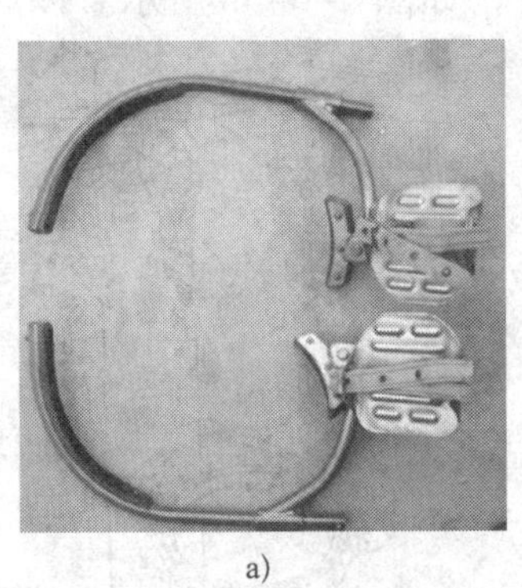
a)

b)

c)

图 1–6–4　使用脚扣登杆的方法

1. 脚扣登杆的注意事项

（1）使用前必须仔细检查脚扣有无断裂、腐朽现象，脚扣皮带是否牢固、可靠，脚扣皮带若损坏，不得用绳子或电线代替。

（2）一定要按电杆的规格选择合适的脚扣，水泥杆脚扣可用于木杆，但木杆脚扣不可用于水泥杆。

（3）雨天或冰雪天不宜用脚扣登水泥杆。

（4）在登杆前，应对脚扣进行人体冲击载荷试验。

（5）上杆、下杆的每一步都必须使脚扣环完全套入，并可靠地扣住电杆后才能移动身体；否则会造成事故。

2. 水泥杆脚扣登杆与下杆步骤

（1）登杆前对脚扣进行人体冲击载荷试验，试验时先登一步电杆，然后使整个人体质量以冲击的速度加在一个脚扣上，若无问题再换一个脚扣做冲击试验。当冲击试验证明两个脚扣都完好时，才能进行登杆作业，如图 1–6–5 所示。

a)

b)

c)

图 1–6–5　水泥杆脚扣登杆

（2）左脚向上跨扣，左手应同时向上扶住电杆，如图 1–6–5a 所示。

（3）接着右脚向上跨扣，右手应同时向上扶住电杆，如图 1–6–5b 所示。以后重复进行各步骤，直至到达所需的高度。

（4）下杆时要手脚配合向下移动身体，动作与登杆时相反。

3. 腰带、保险绳和腰绳的使用

腰带用来系挂保险绳，在使用时应系结在臀部上部，不应系在腰间。保险绳用来防止万一失足人体下落时坠地摔伤，一端要可靠地系结在腰带上，另一端用保险绳扣钩在横担或抱箍上，如图 1–6–6 所示。使用时将腰绳系在电杆横担或抱箍下方，防止腰绳窜出电杆顶端，造成工伤。

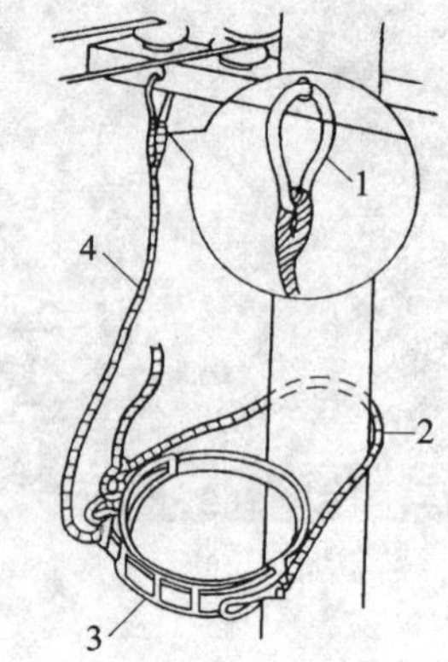

图 1–6–6　腰带、保险绳和腰绳的使用方法

1—保险绳扣　2—腰绳　3—腰带　4—保险绳

1. 训练内容

利用脚扣、踏板做登高上杆、下杆练习。

2. 材料及工具准备

准备水泥杆脚扣、踏板、安全带、电工工具及绝缘鞋等。

3. 评分标准（见表 1–6–3）

表 1–6–3　评分标准

<table>
<tr><th>序号</th><th>主要内容</th><th colspan="2">评分标准</th><th>配分</th><th>扣分</th><th>得分</th></tr>
<tr><td>1</td><td>脚扣登高</td><td colspan="2">登高动作不规范，一次扣 10 分</td><td>40</td><td></td><td></td></tr>
<tr><td>2</td><td>踏板登高</td><td colspan="2">登高动作不规范，一次扣 10 分</td><td>40</td><td></td><td></td></tr>
<tr><td>3</td><td>作业时间</td><td colspan="2">男生杆高 6 m，女生杆高 4 m，30 min 上杆、下杆动作完成 4 次，每超 30 s 扣 10 分</td><td>10</td><td></td><td></td></tr>
<tr><td>4</td><td>安全文明生产</td><td colspan="2">1. 未穿戴好防护用品扣 5 分
2. 高空掉下器具扣 5 分</td><td>10</td><td></td><td></td></tr>
<tr><td rowspan="2">备注</td><td rowspan="2"></td><td>时间</td><td>合计</td><td colspan="2"></td><td></td></tr>
<tr><td>30 min</td><td>教师签字</td><td colspan="3"></td></tr>
</table>

4. 训练步骤

（1）首先对踏板和安全带做人体冲击载荷试验。

（2）按照上杆和下杆步骤上下各五次。

提示

（1）登高前仔细检查各登高器具，防止因器具损坏而引发事故。

（2）学生登高时，现场必须有人监护。

第二单元
室内线路的安装与维修

学习目标

1. 掌握塑料护套线配线的安装方法和步骤。
2. 掌握塑料槽板配线的安装方法和步骤。
3. 掌握照明装置的安装与调试方法。
4. 掌握量电装置的安装与调试方法。

课题一　塑料护套线配线

学习目标

1. 掌握塑料护套线配线的方法和步骤。
2. 掌握塑料护套线配线的安装技能。

塑料护套线是一种有塑料保护层的双芯或多芯绝缘导线，其配线时进行明线安装，具有防潮、耐酸、耐腐蚀、线路造价较低和安装方便等优点。塑料护套线可以直接敷设在空心板墙壁以及其他建筑物表面，用铝片线卡（俗称钢精轧片）或塑料线卡作为导线的夹持物。

一、塑料护套线配线方法

1. 用钢精轧片进行塑料护套线配线

（1）定位

根据电气布置图先确定导线的走向和各电器的安装位置，并做好记号。

（2）画线

根据确定的位置和线路的走向用弹线袋画线。方法如下：在需要走线的路径上，将线袋的线拉紧绷直，弹出线条，要做到横平竖直。垂直位置吊铅垂线，如图 2-1-1a 所示；水平位置通过目测画线，如图 2-1-1b 所示。

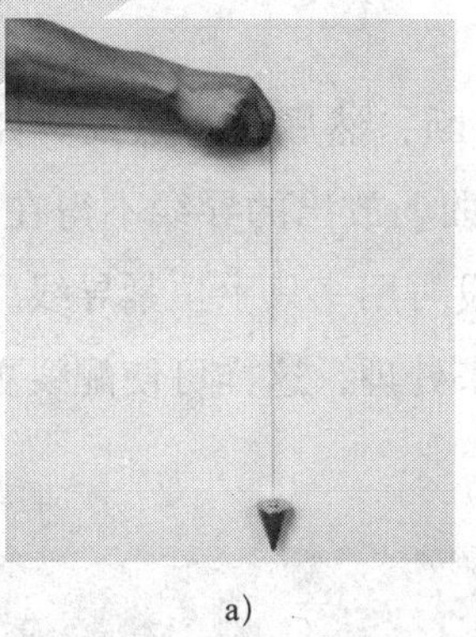

a)

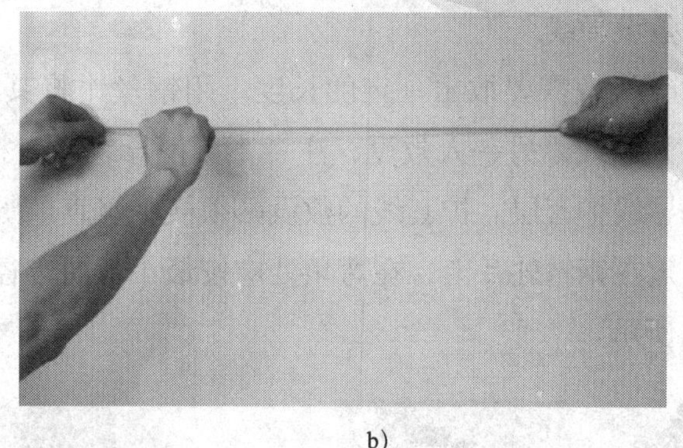

b)

图 2–1–1　画线

a）垂直位置　b）水平位置

（3）固定钢精轧片

常用钢精轧片的形状如图 2–1–2 所示。

固定钢精轧片的方法如下：

1）根据每一条线路上导线的数量选择型号合适的钢精轧片，钢精轧片由小到大其型号为 0 号、1 号、2 号、3 号、4 号等。在室内、外照明线路中通常用 0 号和 1 号钢精轧片。根据护套线配线原则，即轧片与轧片之间的距离为 150 ~ 200 mm，弯角处的轧片与弯角顶点的距离为 50 ~ 100 mm，与开关、灯座的距离为 50 mm，画出钢精轧片的位置。

2）钢精轧片的固定

①在木质结构上，可用小铁钉固定钢精轧片。将小铁钉插入钢精轧片中央的小孔处，用锤子将钢精轧片固定在所需位置上，如图 2–1–3 所示。

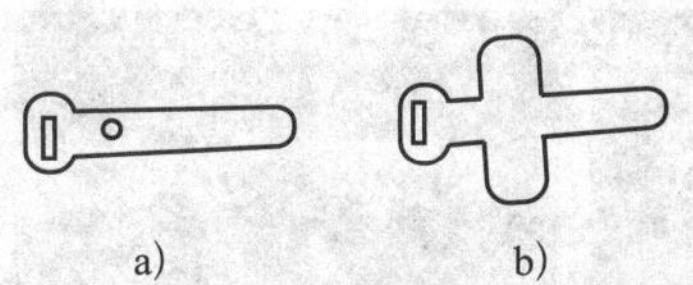

a)　　b)

图 2–1–2　常用钢精轧片的形状

图 2–1–3　固定钢精轧片

②在抹灰浆的墙上，每隔 4 ~ 5 档，进入木台和转角处需用小铁钉在木榫上固定钢精轧片，其余的可用小铁钉直接将钢精轧片钉在灰浆上，

③在砖墙和混凝土墙上可用木榫或环氧树脂黏结剂固定钢精轧片。在小铁钉无法钉入的墙面上，应凿眼安装木榫。木榫的削制方法如下：先按木榫需要的长度用锯条锯出木坯，然后用左手按住木坯的顶部，右手拿电工刀削制木榫，如图 2–1–4 所示。

（4）敷设导线

将护套线按需要放出一定的长度，用钢丝钳将其剪断，然后进行敷设。如果线路较长，可一人放线，另一人敷设，注意不可使导线产生扭曲，放出的导线不得在地上拉拽，以免损伤导线护套层。护套线的敷设必须横平竖直。敷设时用一只手拉紧导线，另一只手将导线固定在钢精轧片上，在弯角处应按最小弯曲半径来处理，这样可使配线更美观，如图 2–1–5 所示。

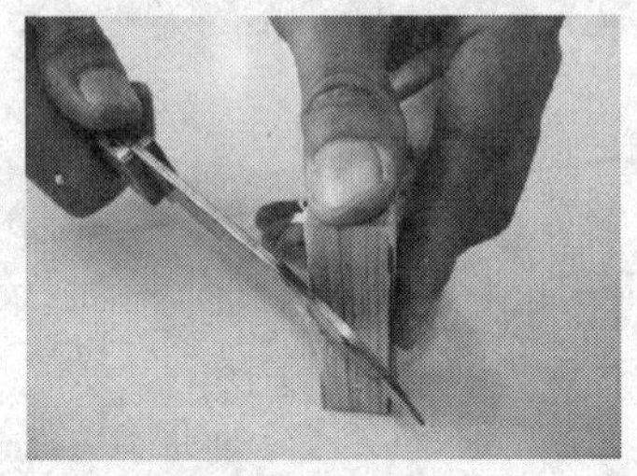

图 2–1–4　削制木榫

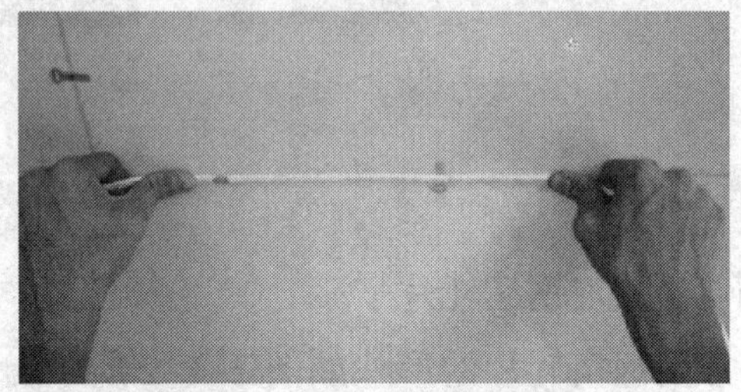

图 2–1–5　敷设导线

对于截面较粗的护套线，为了确保敷设平直，可在直线部分的两端各装一个瓷夹，敷线时，先把护套线的一端固定在瓷夹内，将其勒直，并在另一端收紧护套线后将其固定在另一个瓷夹中，最后把护套线依次夹入钢精轧片中，如图 2–1–6 所示。

a)

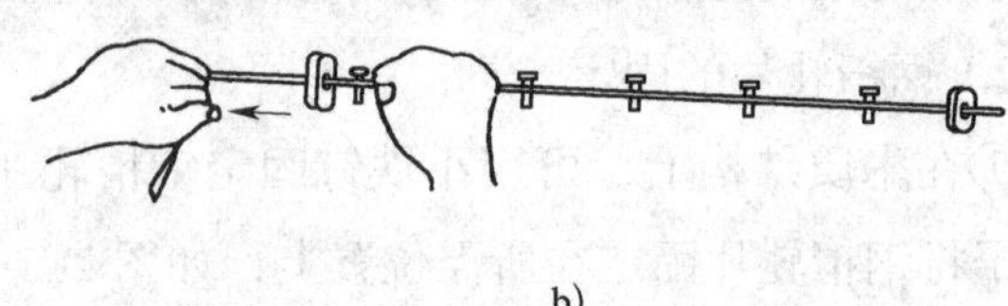

b)

图 2–1–6　护套线的收紧

（5）钢精轧片的夹持

护套线均置于钢精轧片的定位孔后，将钢精轧片收紧，夹持住护套线，如图 2–1–7 所示。

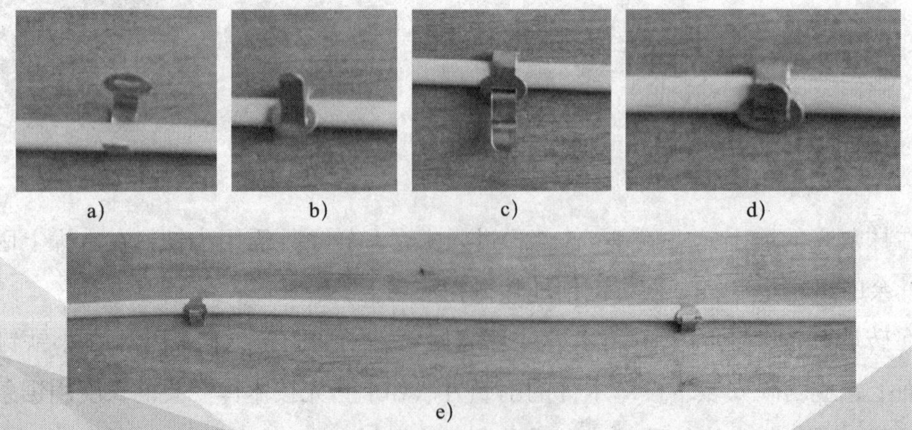

a)　b)　c)　d)

e)

图 2–1–7　钢精轧片的夹持

2. 用塑料线卡进行塑料护套线配线

用塑料线卡进行塑料护套线配线较为方便，现在使用较广泛。在定位及画线后进行护套线的敷设，线卡间距的要求与钢精轧片塑料护套线配线相同，具体操作步骤如图 2–1–8 所示。

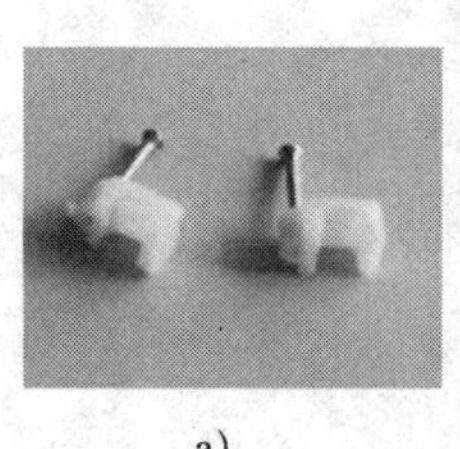

a)

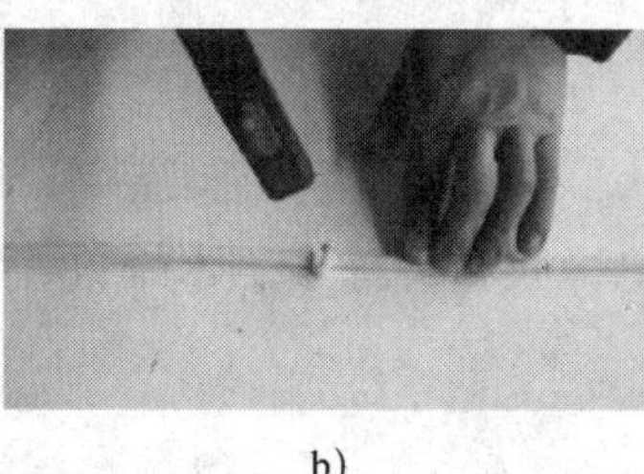

b)

c)

图 2–1–8　用塑料线卡进行塑料护套线配线

a）线卡　b）固定线卡　c）收紧并夹持护套线

二、塑料护套线配线注意事项

1. 室内使用塑料护套线配线时，规定铜芯的截面积不得小于 0.5 mm^2，铝芯的截面积不得小于 1.5 mm^2；室外使用塑料护套线配线时，规定铜芯的截面积不得小于 1.0 mm^2，铝芯的截面积不得小于 2.5 mm^2。

2. 护套线不可在线路上直接连接，可通过瓷夹、接线盒或借用其他电器的接线柱来连接线头。

3. 护套线转弯时，用手将导线勒平后，弯曲成形，再嵌入钢精轧片，导线拐角处折弯半径不得小于其直径的 3 倍，转弯前后应各用一个钢精轧片夹住。

4. 护套线进入木台前应安装一个钢精轧片。

5. 两根护套线相互交叉时，交叉处要用四个钢精轧片（塑料线卡）卡住，如图 2–1–9 所示，护套线应尽量避免交叉。

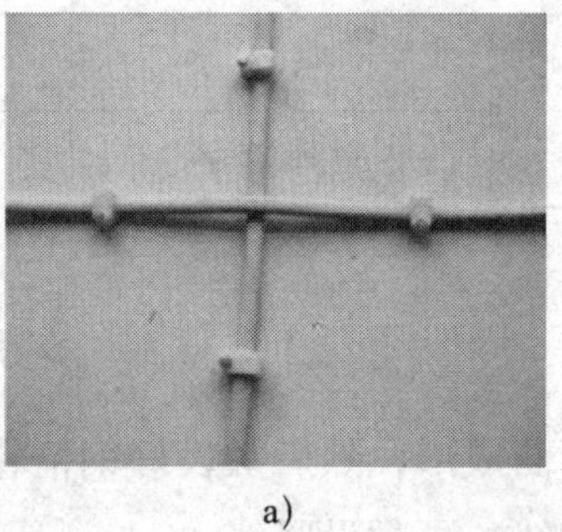

a)

b)

图 2–1–9　十字交叉

a）塑料线卡　b）钢精轧片

6. 护套线离地的最小距离不得小于 0.5 m，对于穿越楼板及离地低于 0.15 m 的一般护套线，应加电线管保护。

1. 训练内容

塑料护套线的配线。

2. 工具、材料及设备准备

准备所用工具、材料等，如电工工具、绝缘胶布、锤子、木螺钉、木榫、冲击钻及硬质合金钻头、弹线袋、线卡和导线等。

3. 评分标准（见表 2–1–1）

表 2–1–1 评分标准

序号	主要内容	评分标准		配分	扣分	得分
1	直线敷设	1. 不定位画线扣 5 分 2. 固定钢精轧片（线卡）不符合工艺要求扣 5 分 3. 导线敷设不直或突起，每处扣 5 分		40		
2	拐角敷设	1. 拐角折弯半径不符合要求，每个扣 10 分 2. 拐角钢精轧片（线卡）的距离大于 100 mm，每处扣 5 分		30		
3	十字交叉敷设	十字交叉敷设距离大于 100 mm，每处扣 5 分		20		
4	安全文明生产	1. 损坏钢精轧片（线卡），每个扣 2 分 2. 不清理现场扣 10 分，扣完为止		10		
备注		时间	合计			
		40 min	教师签字			

4. 训练步骤

（1）定位、放线。

（2）做护套线转角敷设，先将护套线弯曲成形，然后敷设好钢精轧片（线卡）。

（3）做护套线十字交叉敷设，先敷设横线，再敷设竖线。

提示

（1）直线敷设时，需先将护套线调平直。

（2）拐角敷设时，应注意拐角折弯半径尺寸。

课题二　塑料槽板配线

学习目标

1. 掌握塑料槽板配线的方法和步骤。
2. 掌握塑料槽板配线的安装技能。

塑料槽板（阻燃型）配线是把绝缘导线敷设在塑料槽板的线槽内，上面用盖板把导线盖住。这种配线方式适用于办公室、生活间等干燥房屋内的照明，也适用于工程改造时更换线路以及弱电线路吊顶内暗敷等场所。塑料槽板配线通常在墙体抹灰、粉刷后进行。

如图 2–2–1 所示，线槽的种类很多，不同的场合应合理选用。例如，一般室内照明等线路选用 PVC 矩形截面的线槽；若用于地面配线，应采用带弧形截面的线槽；若用于电气控制，一般采用带隔栅的线槽。

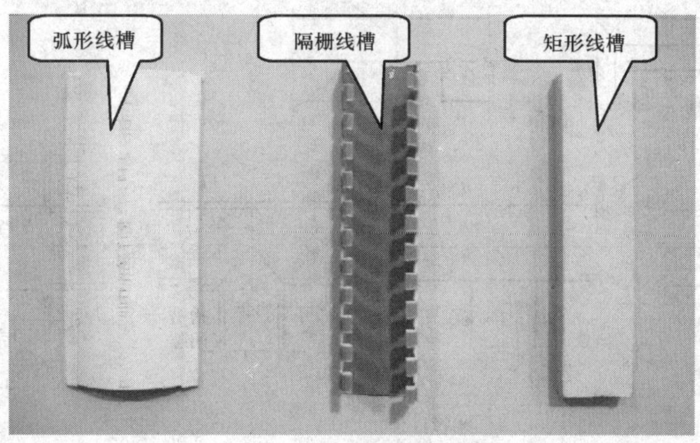

图 2–2–1　线槽的种类

一、塑料槽板配线步骤

1. 确定线槽规格

根据导线直径及各段线槽中导线的数量确定线槽的规格。矩形线槽的规格以矩形截面的长、宽来表示，弧形线槽的规格一般以线槽的宽度表示。

2. 定位画线

为使线路安装得整齐、美观，塑料槽板应尽量沿房屋的线脚、横梁、墙角等处敷设，并与用电设备的进线口对正，与建筑物的线条平行或垂直。

选好线路敷设路径后，根据每节 PVC 槽板的长度测定 PVC 槽板底槽固定点的位置（先测定每节塑料槽板两端的固定点，然后按间距 500 mm 以下均匀地测定中间固定点），进行定位画线。

3. 固定槽板

安装 PVC 槽板前，应先将平直的槽板挑选出来，设法将弯曲的槽板利用在不明显的地方。

各种塑料槽板的敷设方法如图 2–2–2 和图 2–2–3 所示。

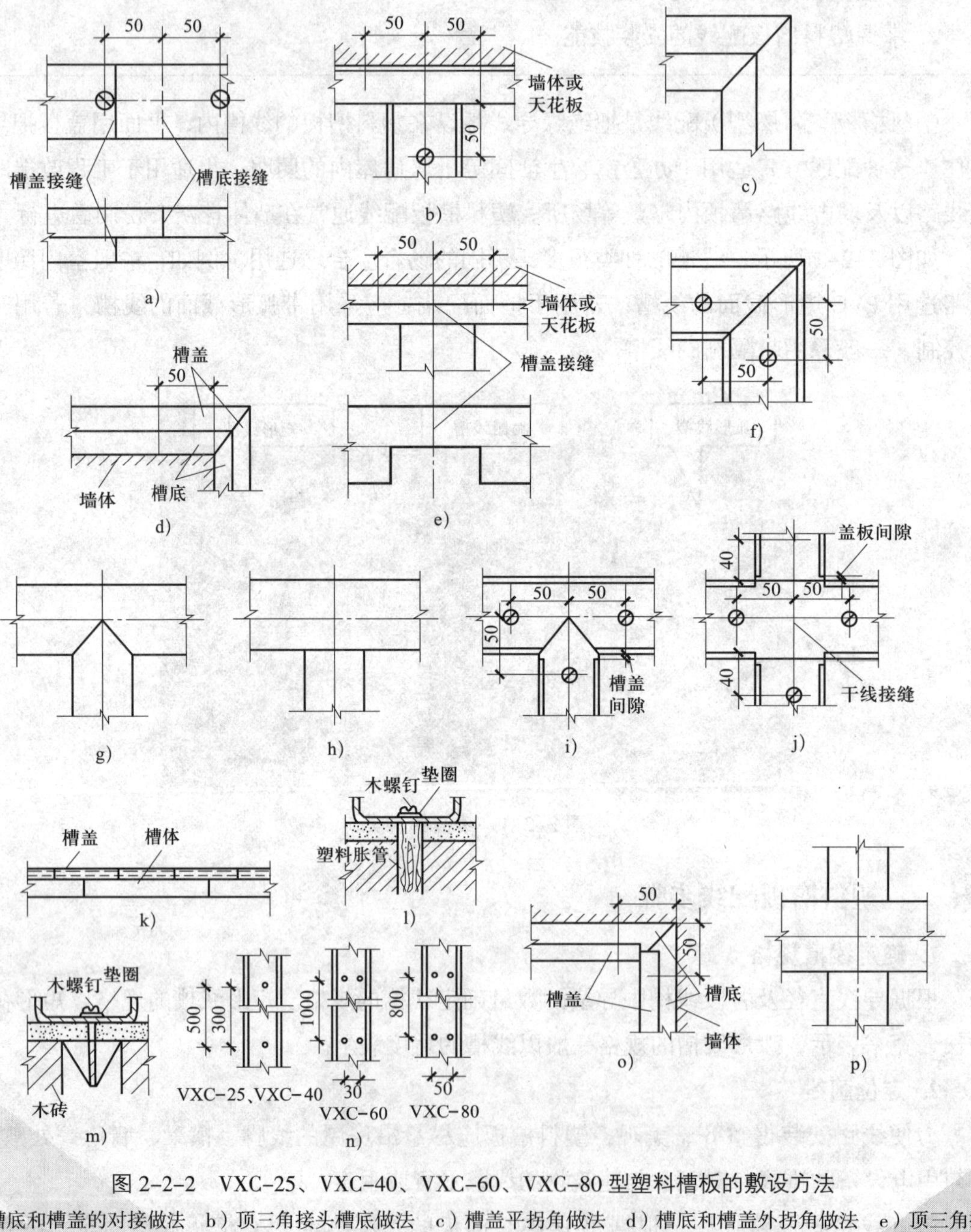

图 2–2–2　VXC–25、VXC–40、VXC–60、VXC–80 型塑料槽板的敷设方法

a）槽底和槽盖的对接做法　b）顶三角接头槽底做法　c）槽盖平拐角做法　d）槽底和槽盖外拐角做法　e）顶三角接头槽盖做法　f）槽底平拐弯做法　g）槽盖分支接头做法（一）　h）槽盖分支接头做法（二）　i）槽底分支接头做法　j）槽底十字接头做法　k）槽盖和槽体错位搭接做法　l）用塑料胀管安装　m）用木砖安装　n）槽体固定点间距尺寸　o）槽底固定点间距尺寸　p）槽盖十字接头做法

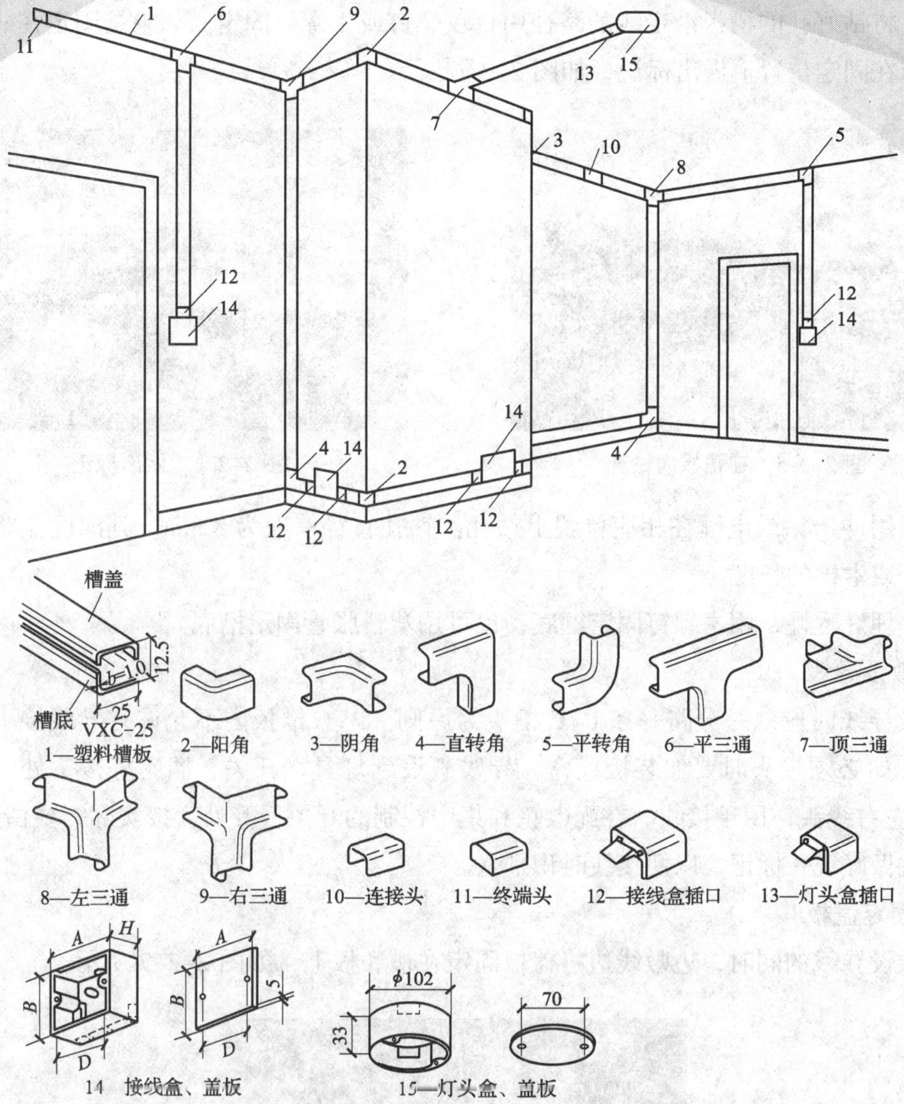

槽盖
槽底
12.5
b−1.0
25
VXC−25
1—塑料槽板　2—阳角　3—阴角　4—直转角　5—平转角　6—平三通　7—顶三通

8—左三通　9—右三通　10—连接头　11—终端头　12—接线盒插口　13—灯头盒插口

A　H　B　D　5　ϕ102　33　70

14　接线盒、盖板　15—灯头盒、盖板

图 2−2−3　用 VXC−25 型塑料槽板敷设照明线路

塑料槽板具体安装方法如下：

（1）根据电源、开关盒、灯座的位置，量取各段槽板的长度，用锯分别截取。在槽板直角转弯处应采用 45° 拼接，如图 2−2−4 所示。

（2）用手电钻在槽板内钻孔（钻孔直径为 4.2 mm 左右），用作线槽的固定，如图 2−2−5 所示。相邻固定孔之间的距离应根据槽板的宽度确定，一般距槽板的两端 5 ~ 10 mm，中间距离为 30 ~ 50 mm。槽板宽度超过 50 mm 时，应在同一位置的上下分别钻固定孔。中间两孔之间的距离一般不大于 500 mm。

图 2−2−4　45° 拼接

（3）将钻好孔的槽板沿走线的路径用自攻螺钉或木螺钉固定。如果是固定在砖墙等墙面上，应在固定位置上做出标记，如图 2–2–6 所示。

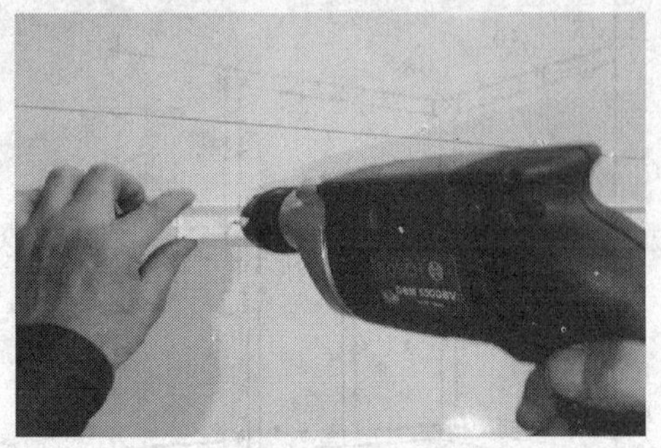

图 2–2–5　在槽板内钻孔

图 2–2–6　做出标记

（4）用冲击钻或电锤在相应位置上钻孔。钻孔直径一般为 8 mm，其深度应略大于尼龙膨胀杆或木榫的长度。

（5）埋好木榫，用木螺钉固定槽底，也可用塑料胀管固定槽底。

4. 敷设导线

敷设导线时应以一分路一条 PVC 槽板为原则。PVC 槽板内不允许有导线接头，以减少隐患，如必须接头时要加装接线盒。导线敷设到灯具、开关、插座等接头处，要留出 100 mm 左右线头，用于接线。在配电箱和集中控制的开关板等处，按实际需要留足长度，并在线端做好统一标记，以便接线时识别。

5. 固定盖板

在敷设导线的同时，边敷线边将盖板固定在槽底板上，如图 2–2–7 所示。

图 2–2–7　固定盖板

二、塑料槽板配线注意事项

1. 锯槽底和槽盖时，拐角方向要相同。
2. 固定槽底时要钻孔，以免槽板开裂。
3. 使用钢锯时，要防止锯片折断伤人。
4. PVC 槽板在转角处连接时，应把两根槽板端部各锯成 45° 斜角。

1. 训练内容

塑料槽板配线。

2. 工具及材料准备

准备电工工具、钢锯、绝缘电线（根据灯的功率自定）15 m、塑料槽板（自定）5 m、塑料槽板配套分接盒（自定）2 个、钢钉（塑料槽板固定用钉）30 个、配电板［500 mm ×（600 ~ 2 000 mm）× 25 mm］1 块。

3. 评分标准（见表 2–2–1）

表 2–2–1　　评分标准

序号	主要内容	评分标准	配分	扣分	得分
1	平拐角	1. 拐角大于或小于 90°，每个扣 10 分 2. 拐角接头不齐，每个扣 10 分	30		
2	分支接头	1. 分支接头不齐，每个扣 10 分 2. 分支角度锯削不符合要求，每个扣 10 分	30		
3	十字交叉接头	十字交叉接头不齐，每个扣 10 分	30		
4	安全文明生产	1. 损坏线槽，每 100 mm 扣 10 分，扣完为止 2. 不清理场地扣 10 分，扣完为止	10		
备注		时间	合计		
		100 min	教师签字		

4. 训练步骤

（1）绘制电路图。

（2）定位。

（3）画线。

（4）锯槽底和槽盖拐角 4 个。

（5）锯槽底和槽盖十字交叉接头 2 个。

（6）用木螺钉固定槽底。

（7）敷设导线并盖上槽板。

课题三　照明装置的安装与维修

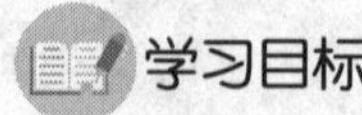
学习目标

1. 掌握常用照明灯具、开关及插座的安装原则和要求。
2. 掌握常用照明灯具、开关及插座的安装方法和步骤。
3. 熟悉常用照明灯具的工作原理与故障分析方法。

电气照明在工农业生产和日常生活中占有重要地位，照明装置由电光源、灯具、开关和控制电路等部分组成。

用于照明的电光源，按其发光原理不同，分为热辐射光源、气体放电光源和半导体光源三大类。热辐射光源是指利用物体受热温度升高时辐射发光的原理制造的光源，如白炽灯、卤钨灯（碘钨灯和溴碘钨灯）等。气体放电光源是指利用气体放电时发光的原理制造的光源，如荧光灯（俗称日光灯）、高压汞灯、高压钠灯、金属卤化物灯和氙灯等。半导体光源是利用半导体的 PN 结将电能转换成光能的光源，如半导体发光二极管（LED）灯等。常用的照明灯具主要有节能灯、荧光灯和 LED 灯。

一、照明灯具安装的一般要求

照明灯具按其配线方式、厂房结构、环境条件及对照明的要求不同，分为吸顶式、壁式、嵌入式和悬吊式等几种安装方式，不论采用哪种方式，都必须遵守以下各项基本原则：

1. 灯具安装的高度，室外一般不低于 3 m，室内一般不低于 2.5 m。如遇特殊情况不能满足要求时，可采取相应的保护措施或改用安全电压供电。

2. 灯具安装应牢固，灯具质量超过 1 kg 时，必须固定在预埋的吊钩上。

3. 固定灯具时，不应因灯具自重而使导线受力。

4. 灯架及管内不允许有接头。

5. 导线的分支及连接处应便于检查。

6. 导线在引入灯具处应有绝缘物保护，以免磨损导线的绝缘层，也不应使其受力。

7. 必须接地或接零的灯具外壳应有专门的接地螺栓和标志，并与地线（零线）妥善连接。

8. 室内照明开关一般安装在门边便于操作的位置，拉线开关一般应离地 2 ~ 3 m，暗装翘板开关一般离地 1.3 m，与门框的距离一般为 150 ~ 200 mm。

9. 明装插座的安装高度一般应离地 1.4 m。暗装插座一般应离地 300 mm，同一场所暗装的插座高度应一致，其高度相差一般应不大于 5 mm；多个插座成排安装时，其高度相差应不大于 2 mm。

二、节能灯照明线路的安装与维修

1. 节能灯

节能灯又称紧凑型三基色电子荧光灯，它是将荧光灯和电子镇流器组合成一个整体的一种照明灯具。节能灯省电节能，体积小，光效高，使用寿命较长，应用较广泛。灯泡主要由灯丝、玻璃壳和灯头三部分组成，如图 2–3–1 所示。节能灯的灯泡有插口式和螺口式两种，一般多采用螺口式灯头，因为螺口式灯头在电接触和散热方面都比插口式灯头好得多。

图 2–3–1　节能灯

2. 节能灯照明线路的安装

节能灯照明线路的安装步骤如下：

准备材料→检查元器件→画线定位→配线→安装灯具→安装开关→通电校验。

（1）根据安装要求，确定安装方案（如护套线配线、槽板配线、瓷瓶配线），准备好所需材料。

（2）检查元器件，如灯泡、灯头、开关及插座等。

（3）按照配线工艺，定位后配线。

（4）灯座的安装

灯座有螺口式和插口式两种，根据安装形式不同又分为平灯座和吊灯座。

常用灯座的耐压为 250 V，E27 型负载功率为 300 W，E40 型负载功率为 1 000 W，可按使用要求进行选择。常见灯座见表 2–3–1。

表 2–3–1　常见灯座

名称	外形	名称	外形
螺口吊灯座		管接式瓷质螺口灯座	

续表

名称	外形	名称	外形
带开关螺口吊灯座		悬吊式铝壳瓷质螺口灯座	
防水螺口吊灯座		带插头螺口平灯座	
插口吊灯座		插口平灯座	

1）平灯座的安装。平灯座的安装见表 2–3–2。

表 2–3–2　　平灯座的安装

图示	操作步骤
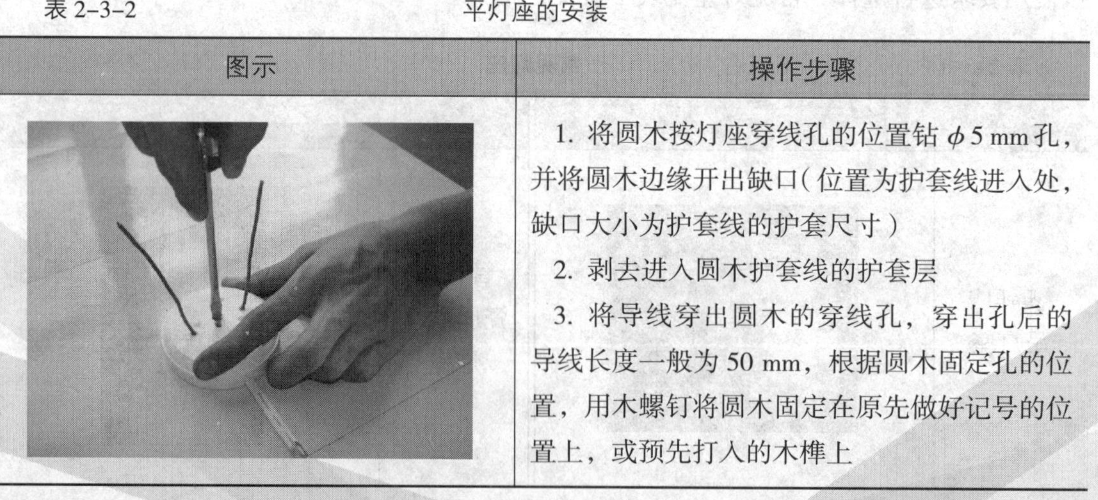	1. 将圆木按灯座穿线孔的位置钻 ϕ5 mm 孔，并将圆木边缘开出缺口（位置为护套线进入处，缺口大小为护套线的护套尺寸） 2. 剥去进入圆木护套线的护套层 3. 将导线穿出圆木的穿线孔，穿出孔后的导线长度一般为 50 mm，根据圆木固定孔的位置，用木螺钉将圆木固定在原先做好记号的位置上，或预先打入的木榫上

续表

图示	操作步骤
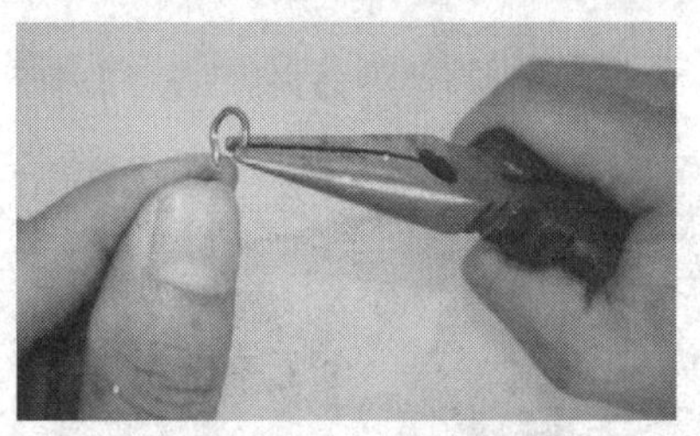	将开关线接入平灯座的中心接线柱上：用剥线钳剥去导线的绝缘层（约 15 mm），用尖嘴钳将线芯扳成 90°，再钳住线芯顺时针方向打圈
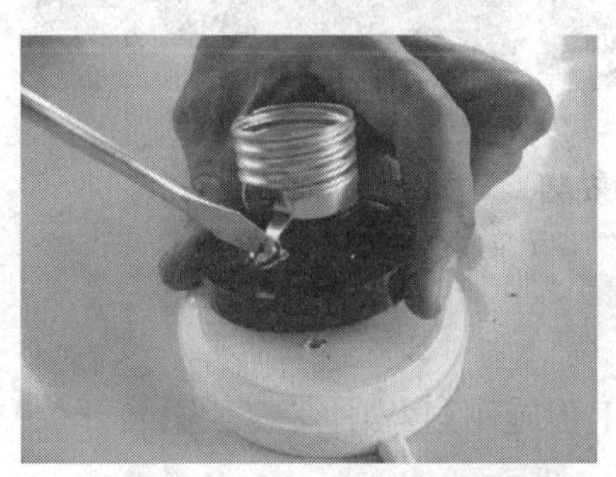	将中性线接入螺口平灯座与螺纹圈连通的接线柱上
	用木螺钉将灯座固定在圆木上

提示

插口平灯座上有两个接线柱，可任意连接上述两个线头，而对于螺口平灯座上的两个接线柱，为了使用安全，必须把电源中性线线头连接在连通螺纹圈的接线柱上，把来自开关的线头接在连通中心簧片的接线柱上。

2）吊灯座的安装。吊灯座必须用两根绞合的塑料软线或花线作为与吊线盒的连接线，两端均应将线头绝缘层削去，将上端塑料软线穿入吊线盒盖孔内打个结，使其能承受吊灯的质量，然后把软线上端两个线头分别穿入吊线盒座凸起部分的两个侧孔内，再分别接到两个接线柱上，罩上吊线盒盖，接着将下端塑料软线穿入吊灯座盖孔内也打个结，把两个线头接到吊灯座上的两个接线柱上，罩上吊灯座盖子。吊灯座的安装如图 2–3–2 所示。

a)　　　　b)　　　　c)

图 2–3–2　吊灯座的安装

a）圆木、吊线盒　b）安装吊线盒座　c）吊线盒接线

（5）开关的安装

开关有明装和暗装之分。暗装开关一般在土建工程施工过程中安装，明装开关一般安装在木台上或直接安装在墙壁上（盒装）。常用的开关见表 2–3–3。

表 2–3–3　常用的开关

名称	外形	名称	外形
拉线开关		暗装 单联开关	
防水式 按键开关		暗装 带指示灯 单联开关	

续表

名称	外形	名称	外形
台灯开关		触摸开关	
平开关		暗装 双联开关	

1）单联开关的安装

①在木台或塑料台上安装开关。先在墙上准备装开关的地方安装木榫，将一根相线和一根开关线穿过木台的两个孔，并将木台固定在墙上，再将两根导线穿进开关的两个孔眼中，接着固定开关进行接线，装上开关盖。具体安装方法如下：

步骤一：固定好开关底座，安装好电源线，如图 2–3–3 所示。

步骤二：剪断电源相线，剥削好线头备用，如图 2–3–4 所示。

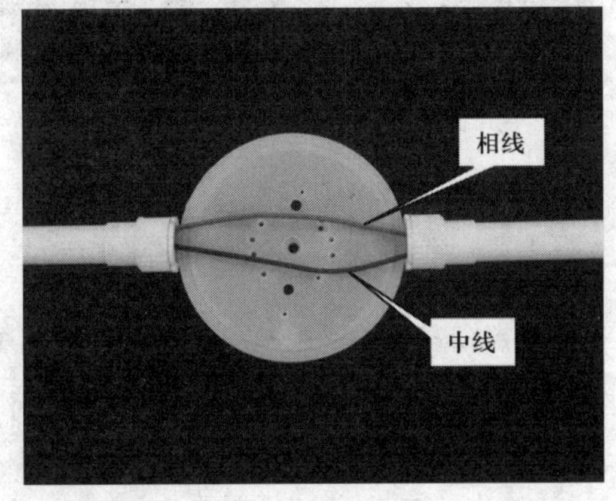

图 2–3–3　固定好开关底座和电源线

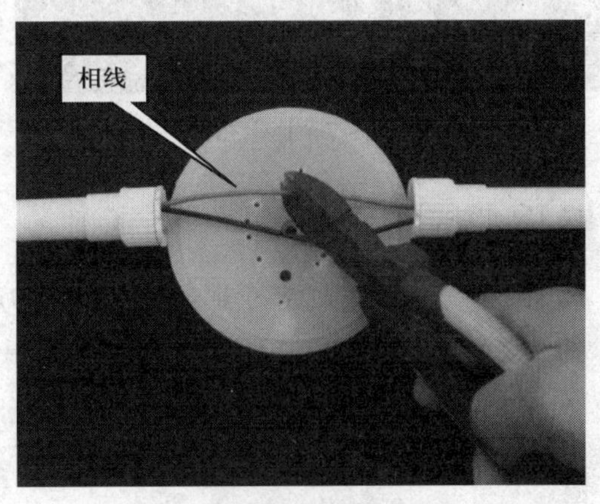

图 2–3–4　剪断电源相线

步骤三：将剪断的相线从开关底座中穿出，零线安装到开关底座的下面，如图 2-3-5 所示。

步骤四：固定好开关底座和拉线开关，剪断相线的两个线头，将其从拉线开关预留孔处穿过来，如图 2-3-6 所示。

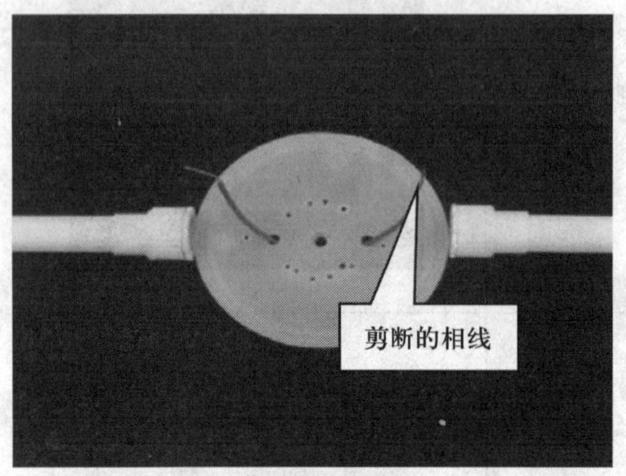

图 2-3-5　将剪断的相线从开关底座中穿出

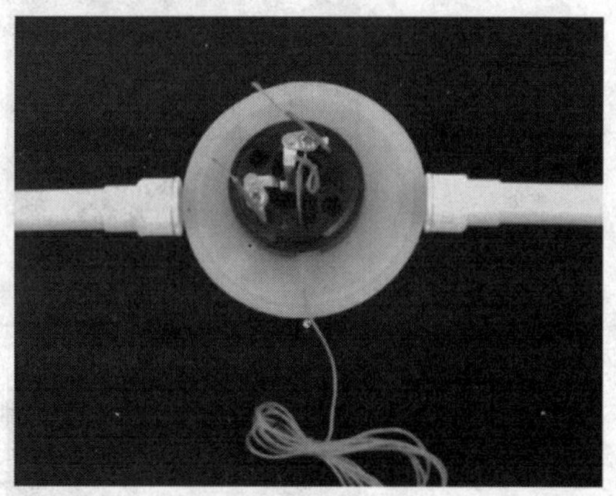
图 2-3-6　将剪断的相线穿过拉线开关预留孔

步骤五：将电源相线的一端接在拉线开关的接线柱上，另一端接在另一接线柱上，如图 2-3-7 所示。

步骤六：拧紧接线螺钉，装上拉线开关盖，如图 2-3-8 所示。

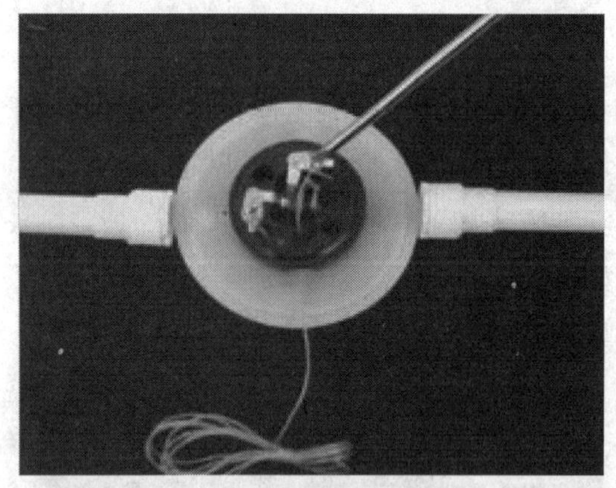
图 2-3-7　连接相线

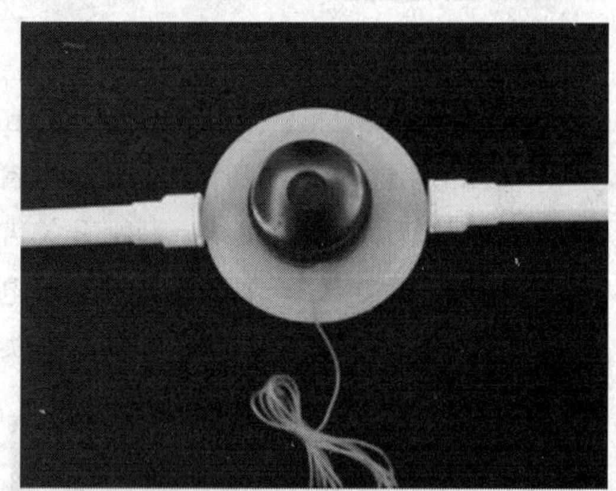
图 2-3-8　装上拉线开关盖

提示

（1）安装开关时应将其串联在相线回路中。

（2）开关位置应与灯位相对应，同一室内开关方向应一致。

（3）拉线开关距地面高度一般为 1.8 m，距门框 0.15 ~ 0.2 m，且拉线的出口应向下。

② 盒装开关的安装见表 2–3–4。

表 2–3–4　　盒装开关的安装

图示	操作步骤
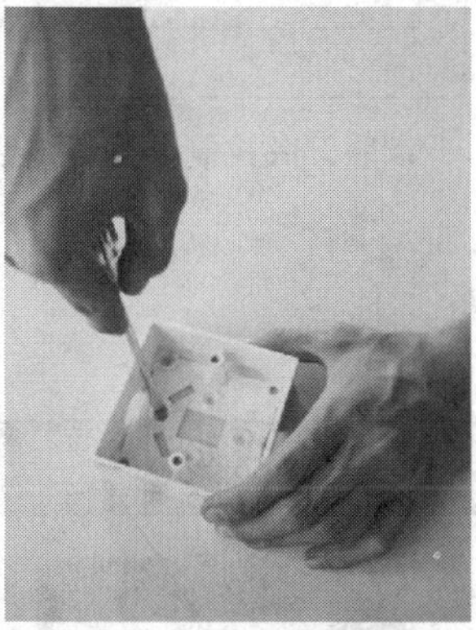	做好记号，固定开关盒，根据开关盒固定孔的位置用旋具将木螺钉旋入，使开关盒固定在原先做好记号的位置上，如果是砖墙，应先打好木榫
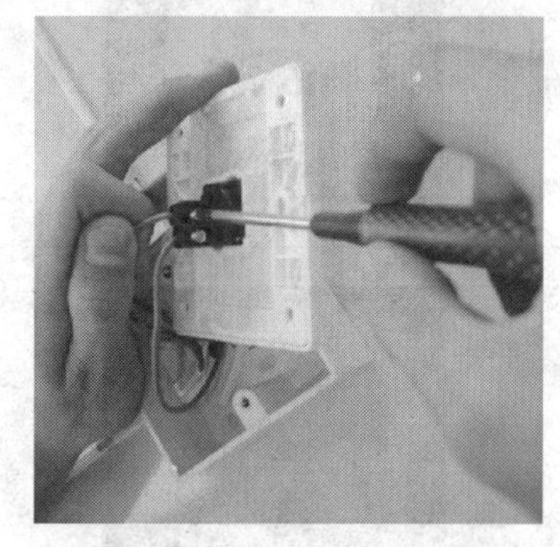	按电气原理图将导线接入开关的接线柱上
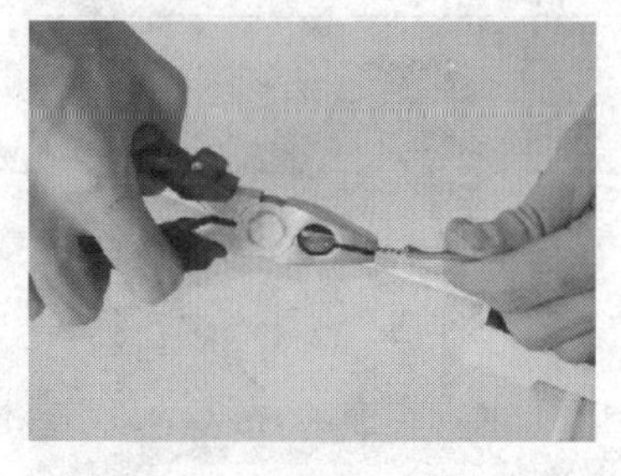	将两根零线的绝缘层各剥去 20 mm，用钢丝钳将两铜芯线相互缠绕对接在一起
最后要用绝缘胶布采用半叠包的形式恢复绝缘，应包裹两层绝缘胶布。在潮湿场所应先用塑料包布包裹两层后再用黑胶布包裹两层	

提示

暗装开关距地面高度一般为 1.3 m，距门框 0.15 ~ 0.2 m。

2）双联开关的安装。双联开关一般用于两处控制一盏灯的线路，在双联开关控制一盏灯的线路安装中，两个双联开关中连接铜片的接线柱不能接错。安装方法如图 2–3–9 所示。

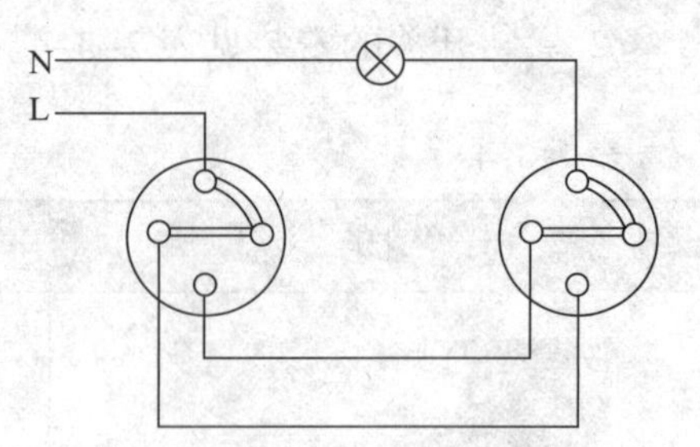

图 2–3–9　双联开关控制一盏灯接线电路

（6）插座的安装

插座根据电源电压的不同可分为三相四极插座和单相三极或单相两极插座，根据安装形式的不同又可分为明装式和暗装式两种。常见的插座见表 2–3–5。单相三极插座的接线方法如图 2–3–10 所示。

表 2–3–5　常见的插座

名称	外形	名称	外形
单相圆形两极插座		单相矩形两极插座	
带开关单相两极插座		三相四极插座	
带指示灯、开关三极插座		防溅三极插座	
单相矩形三极插座		单相两极、三极插座	

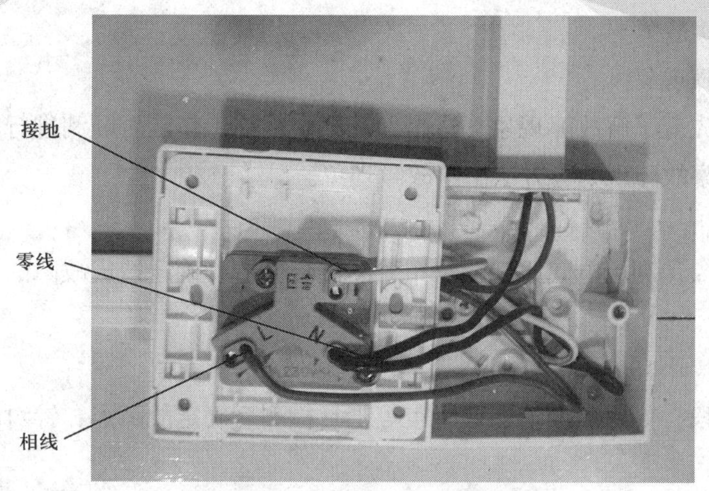

图 2–3–10　单相三极插座的接线方法

根据单相插座的接线原则：左零右相上接地，将导线分别接入插座的接线柱内。这里应注意接地线的颜色，国家标准《电线电缆识别标志方法　第 1 部分：一般规定》（GB/T 6995.1—2008）规定接地线应是黄绿双色线。

（7）通电检验

1）检查电路是否正常。方法如下：用万用表电阻 R×1 挡，将两表笔分别置于两个熔断器的出线端（下桩头）进行检测。正常情况下，开关处于闭合位置时应有阻值（阻值的大小取决于负载）；开关处于断开位置（即开路）时，电阻应为无穷大。

2）在线路正常情况下接通电源，扳动开关检查灯泡控制情况。线路正常时，接上电源，合上开关后灯亮，断开开关灯灭。

3）三极插座的检查。将万用表置于交流 250 V 挡，两表笔分别插入相线与零线两孔内，如图 2–3–11 所示。

万用表应显示 220 V，再将零线一端的表笔插入接地孔内，同样应显示 220 V。如果此时显示为零，说明接地线没有接好。

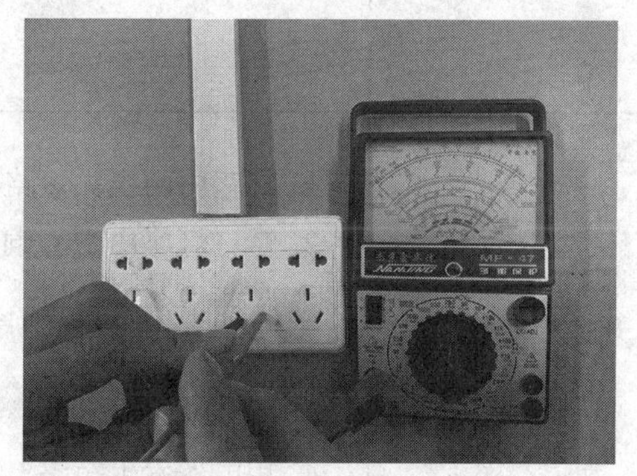

图 2–3–11　通电检验

提示

接地线是保证人们在使用电气设备时的有效安全措施，它直接与设备的外壳相连，一旦设备外壳带电，可通过接地线形成短路，使熔体立即熔断，切断电源，故一定要可靠、正确地连接接地线。

3. 节能灯照明线路的维修

照明线路在运行中，会因为各种原因而出现故障，如线路老化、电气设备（开关、灯座、灯泡、插座）故障等。

（1）了解故障现象

在维修时首先应了解故障现象，这是保证整个维修工作能否顺利进行的前提。可通过询问当事人、观察故障现场等方法了解故障现象。

（2）故障分析

根据故障现象，利用电气原理图及布置图进行分析，确定造成故障的大致范围，为维修提供方案。

（3）维修

通过检测手段，如用测电笔、万用表等工具检测后确定故障点，针对故障元件或线路进行维修或更换。

节能灯照明线路常见故障的产生原因及维修方法见表 2–3–6。

表 2–3–6　　节能灯照明线路常见故障的产生原因及维修方法

故障现象	产生原因	维修方法
灯泡不亮	1. 灯泡钨丝烧断 2. 电源熔断器的熔丝熔断 3. 灯座或开关接线松动或接触不良 4. 线路中有断路故障	1. 更换新灯泡 2. 检查熔丝熔断的原因并更换熔丝 3. 检查灯座和开关的接线并修复 4. 用测电笔检查线路的断路处并修复
开关合上后熔断器熔丝熔断	1. 灯座内两线头短路 2. 螺口灯座内中心铜片与螺旋铜圈相碰短路 3. 线路中发生短路 4. 用电器发生短路 5. 用电量超过熔丝容量	1. 检查灯座内两线头并修复 2. 检查灯座并扳正中心铜片 3. 检查导线绝缘是否老化或损坏，针对具体情况进行修复 4. 检查用电器并修复 5. 减小负载或更换熔断器
灯泡忽亮忽灭	1. 灯丝烧断，但受振动后忽接忽离 2. 灯座或开关接线松动 3. 熔断器熔丝接触不良 4. 电源电压不稳定	1. 更换灯泡 2. 检查灯座和开关并修复 3. 检查熔断器并修复 4. 检查电源电压

续表

故障现象	产生原因	维修方法
灯光暗淡	1. 灯泡内钨丝挥发后积聚在玻璃壳内，表面透光度降低，同时由于钨丝挥发后变细，电阻增大，电流减小，光通量减小 2. 电源电压过低 3. 线路因老化或绝缘损坏有漏电现象	1. 正常现象，不必修理 2. 提高电源电压 3. 检查线路，更换导线

1. 训练内容

用塑料槽板装接两地控制一盏节能灯并有一个插座的线路，然后进行通电试验。

2. 工具及材料准备

准备绝缘电线（根据灯的功率自定）15 m，塑料槽板（自定）5 m，塑料槽板配套分接盒（自定）2 个，钢钉（塑料槽板固定用钉）30 个，拉线开关（两地控制用）2 个，节能灯及灯座（~220 V、40 W、螺口）1 套，单相三极插座（~250 V、15 A）1 套，配电板［500 mm×（600 ~ 2 000 mm）×25 mm］1 块，电工工具 1 套。

3. 评分标准（见表 2–3–7）

表 2–3–7　　评分标准

序号	主要内容	评分标准	配分	扣分	得分
1	线路的安装	1. 元器件布置不合理扣 10 分 2. 木台、灯座、开关、插座和吊线盒等安装松动，每处扣 5 分 3. 电气元器件损坏，每个扣 10 分 4. 相线未进开关扣 5 分 5. 塑料槽板不平直，每根扣 5 分 6. 线芯剥削后有损伤，每处扣 5 分 7. 塑料槽板转角不符合要求，每处扣 5 分 8. 管卡安装不符合要求，每处扣 1 分	70		

续表

<table>
<tr><th>序号</th><th>主要内容</th><th colspan="2">评分标准</th><th>配分</th><th>扣分</th><th>得分</th></tr>
<tr><td>2</td><td>通电试验</td><td colspan="2">安装线路错误，造成短路、断路故障，每通电 1 次扣 10 分，扣完为止</td><td>20</td><td></td><td></td></tr>
<tr><td>3</td><td>安全文明生产</td><td colspan="2">每违反一次操作规程扣 5 分</td><td>10</td><td></td><td></td></tr>
<tr><td rowspan="2">备注</td><td rowspan="2"></td><td>时间</td><td>合计</td><td></td><td></td><td></td></tr>
<tr><td>120 min</td><td>教师签字</td><td colspan="3"></td></tr>
</table>

4. 训练步骤

（1）根据实际安装位置条件，设计并绘制如图 2-3-12 所示的塑料槽板配线电路图。

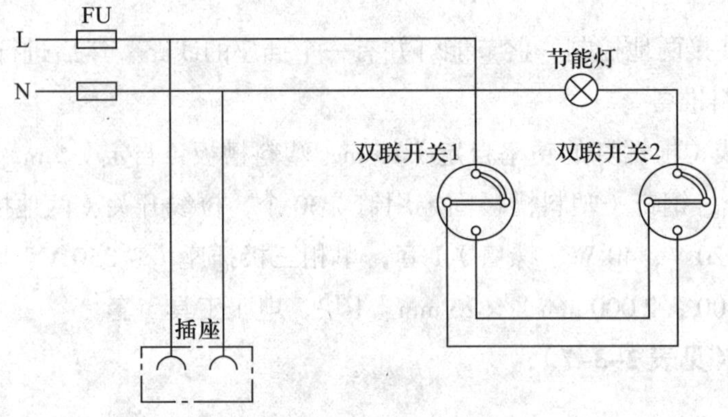

图 2-3-12　塑料槽板配线电路图

（2）依照实际安装位置，确定两地开关、插座及节能灯的安装位置并做好标记。

（3）定位画线。按照已确定好的开关及插座等的位置进行定位画线，操作时要依据横平竖直的原则。

（4）截取塑料槽板。根据实际画线的位置及尺寸，量取并切割塑料槽板，一定要做好每段槽板的相对位置标记，以免出错。

（5）打孔并固定。可先在每段槽板上间隔 500 mm 左右的距离钻直径为 4 mm 的排孔（两头均应钻孔），按每段槽板的相对放置位置，把槽板置于划线位置，用划针穿过排孔，在定位划线处与原所划线条垂直划一“十”字作为木榫的底孔圆心，然后在每一圆心处均打孔，并镶嵌木榫。

（6）固定槽板。把相对应的每段槽板安放在墙上相对应的位置处，用木螺钉把槽板固定于墙和天花板上，在拐弯处应选用合适的接头或弯角。

（7）装接开关和插座。把开关和插座分别接线后固定在事先准备好的圆木上。把灯座接线并固定在灯头盒上。

（8）装上节能灯并通电试灯。用万用表或兆欧表检测线路绝缘和通断状况，无误后接入电源，合闸试灯。

（9）试灯完毕，关掉开关和总电源。

三、荧光灯照明线路的安装与维修

1. 荧光灯的结构和工作原理

（1）荧光灯的结构

荧光灯又称日光灯，是应用较普遍的一种照明灯具，荧光灯照明线路主要由灯管、启动器、镇流器、灯架和灯座（灯脚）等组成。荧光灯的发光效率比白炽灯高得多，使用寿命也比白炽灯长得多。荧光灯的结构如图 2–3–13 所示。

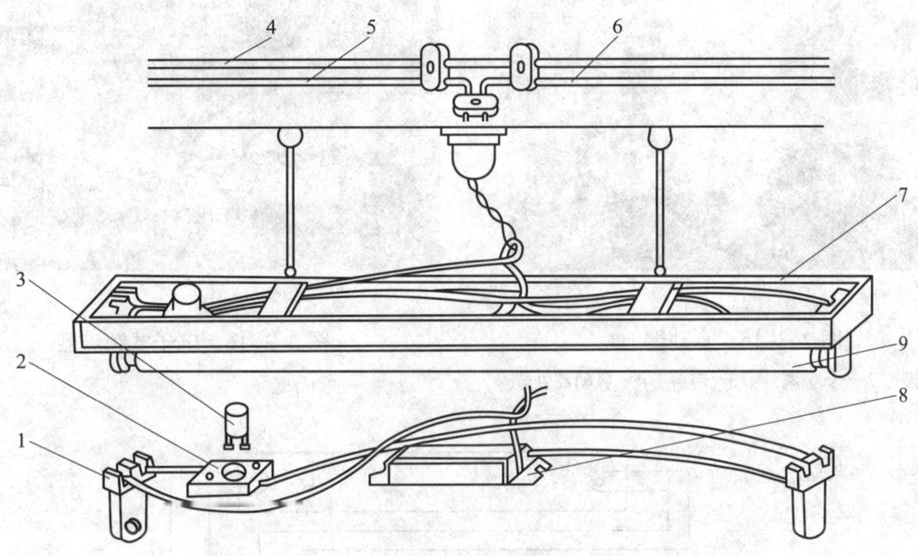

图 2–3–13　荧光灯的结构

1—灯座　2—启动器座　3—启动器　4—相线

5—中性线　6—与开关连接线　7—灯架　8—镇流器　9—灯管

1）灯管。灯管由玻璃管、灯丝和灯丝引出脚等组成，玻璃管内抽成真空后充入少量汞（水银）和氩气等惰性气体，管壁涂有荧光粉，在灯丝上涂有电子粉，如图 2–3–14 所示。灯管常用的有 6 W、8 W、12 W、20 W、30 W 和 40 W 等规格。

图 2–3–14　灯管

2）启动器。启动器如图 2–3–15 示，由氖管（又称跳泡）、纸介质电容、出线脚和外壳等组成。氖管内装有“∩”

形动触片和静触片。启动器的规格有 4 ~ 8 W、15 ~ 20 W、30 ~ 40 W 以及通用型 4 ~ 40 W 等。并联在氖管上的电容有两个作用，一是与镇流器线圈形成 LC 振荡电路，能延长灯丝的预热时间及维持感应电势；二是能吸收干扰收音机和电视机的交流杂音，若电容被击穿，剪除后，启动器仍能使用。

3）镇流器。镇流器主要由铁心和线圈等组成。镇流器有两个作用，一是在灯丝预热时限制灯丝所需的预热电流值，防止因预热温度过高而烧断，并保证灯丝的电子发射能力；二是在灯管启动后，维持灯管的工作电压及限制灯管工作电流在额定值内，以保证灯管能稳定工作。近年来已广泛使用电子式镇流器，其外形如图 2–3–16 所示，接线图如图 2–3–17 所示。

图 2–3–15　启动器

1—引脚　2—双金属片　3—电容　4—启动器外壳

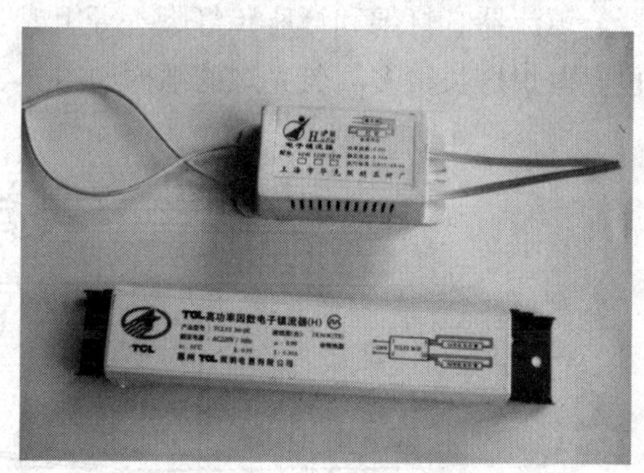

图 2–3–16　电子式镇流器

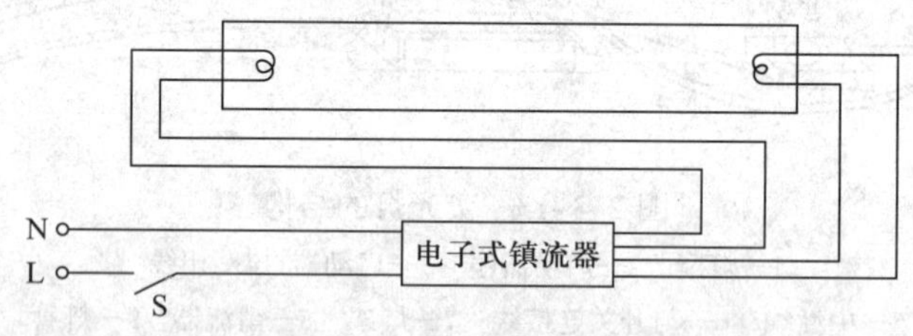

图 2–3–17　电子式镇流器接线图

4）灯架。灯架有木质和铁质两种，其规格应与灯管长度配套。

5）灯座。灯座（灯脚）有开启式和弹簧式（又称插入式）两种。灯座规格有大型和小型两种，大型灯座适用于 15 W 以上的灯管，小型灯座适用于 6 W、8 W 和 12 W 的灯管，如图 2–3–18 所示。

（2）荧光灯的工作原理

荧光灯电路图如图 2–3–19 所示。

a）

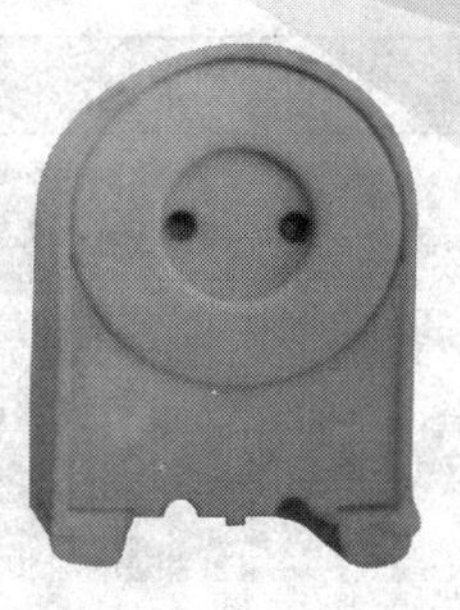

b）

图 2–3–18　灯座

a）开启式　b）弹簧式

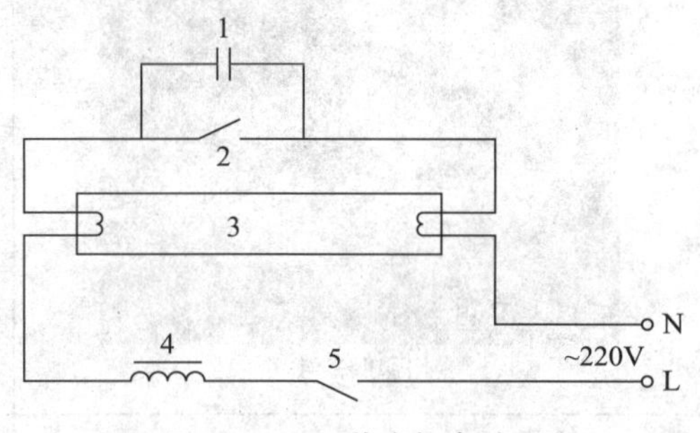

图 2–3–19　荧光灯电路图

1—电容器　2—双金属片

3—灯管　4—镇流器　5—开关

荧光灯属于气体放电光源。它利用汞蒸气在外加电压作用下产生弧光放电，发出少许可见光和大量紫外线，紫外线又激励灯管内壁涂覆的荧光粉，使之再发出大量的可见光。

当两管脚有电压时，氖管发光，双金属片短时受热而弯曲，触点闭合，使荧光灯灯管的钨丝电极加热，触点闭合时氖管熄灭，双金属片经过短时冷却，触点断开，在这一瞬间，镇流器将产生高电压脉冲使荧光灯灯管点亮。荧光灯灯管点亮后启动器立即停止工作。镇流器与荧光灯串联，在荧光灯灯管点亮后它限制流过灯管的电流。

2. 荧光灯照明线路的安装

（1）荧光灯照明线路的安装步骤和方法

荧光灯照明线路的安装操作见表 2–3–8。

表 2–3–8　荧光灯照明线路的安装操作

图示	操作步骤
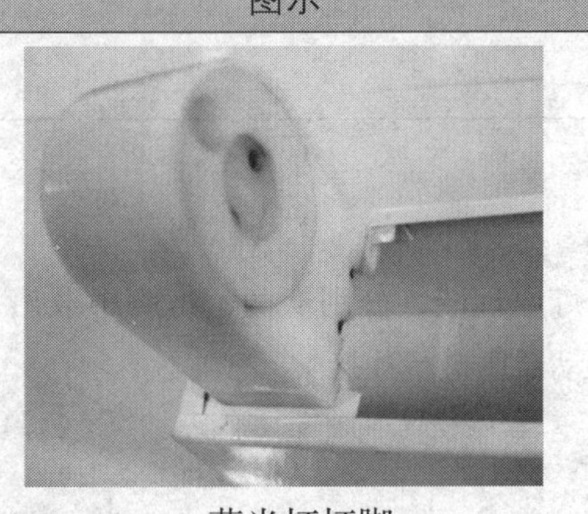 荧光灯灯脚	灯脚是用于固定荧光灯灯管的，目前整套荧光灯灯架中的灯脚都采用开启式，因为它固定方便，不需使用任何工具直接插入槽内即可，通过焊接接线

续表

图示	操作步骤
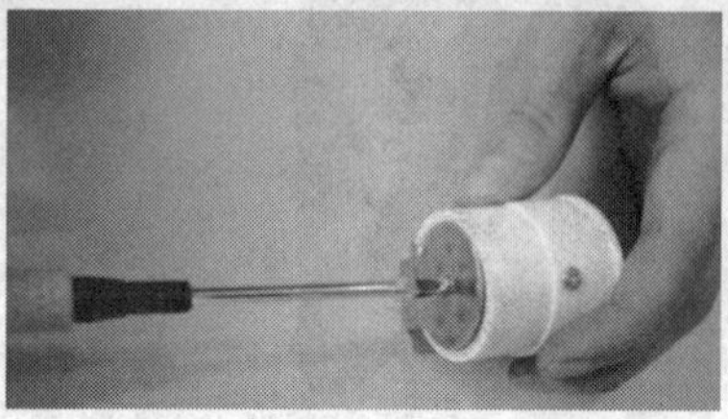 安装灯脚	1. 根据荧光灯灯管的长度画出两灯脚的固定位置 2. 旋下灯脚支架与灯脚间的紧固螺钉，使其分离 3. 用木螺钉分别固定两灯脚支架
 灯脚接线	1. 按灯管 2/3 的长度截取四根导线 2. 旋下灯脚接线端的螺钉。将导线线端的绝缘层去除，绞紧线芯，沿螺钉边缘打圈 3. 将螺钉旋入灯脚的接线端
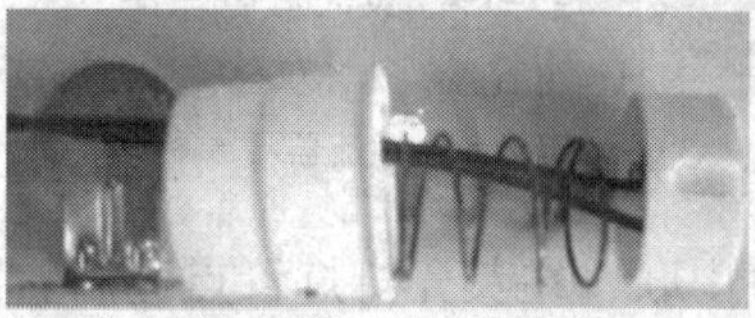 将灯脚连接到灯脚支架上	注意两灯脚中一个内有弹簧，接线时应先旋松灯脚上方的螺钉，使灯脚与外壳分离，接线完毕将其恢复原状，导线应串在弹簧内；将灯脚引线沿灯脚下端缺口引出，恢复灯脚支架与灯脚的连接，旋紧灯脚支架与灯脚的紧固螺钉
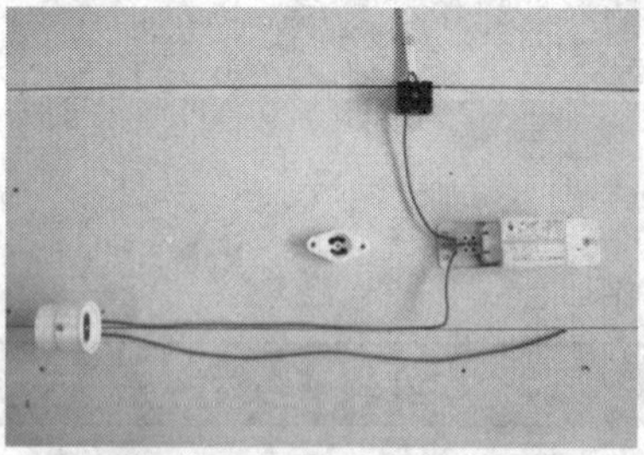 安装荧光灯镇流器并接线	根据荧光灯原理图，将一端灯脚中的一根引线接入镇流器的接线端，另一接线端与电源线相连
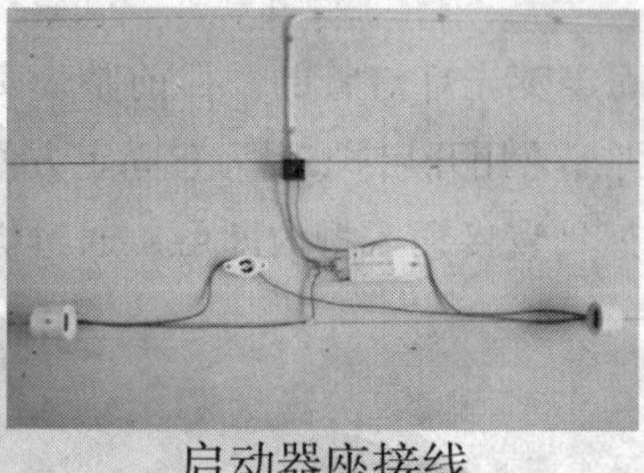 启动器座接线	根据荧光灯原理图，分别从两个灯脚中取出一根导线与启动器座进行连接

续表

图示	操作步骤
固定启动器座	用木螺钉沿启动器座的固定孔旋入，将启动器座固定
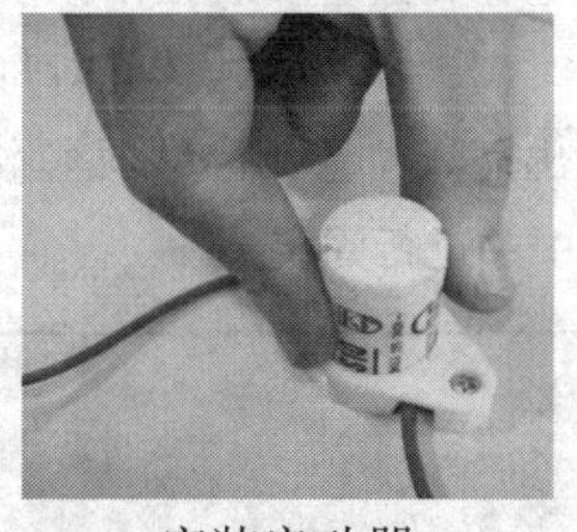 安装启动器	将启动器插入启动器座内，顺时针方向旋转约60°
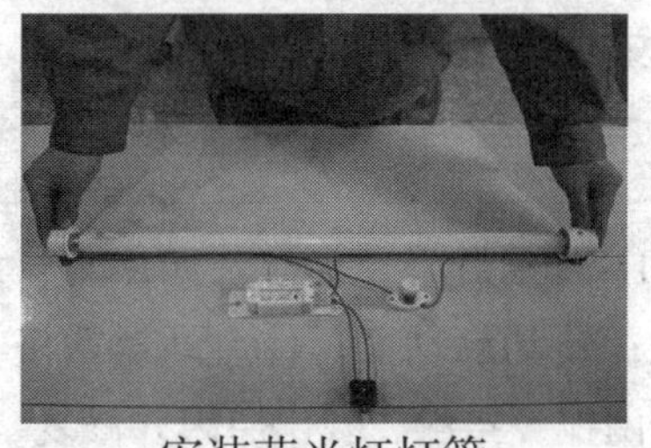 安装荧光灯灯管	先将灯管引脚插入有弹簧一端的灯脚内，然后将另一端灯管引脚对准灯脚，利用弹簧力的作用使其插入灯脚内。根据荧光灯电路图将电源线接入荧光灯线路中，通电检验

（2）荧光灯灯具的安装

荧光灯线路一般安装在灯具内。荧光灯灯具的安装形式应根据荧光灯灯具的用途来选择，一般有吊装式、吸顶式和嵌入式三种形式，见表2–3–9。

表2–3–9　荧光灯灯具的安装

图示	操作步骤
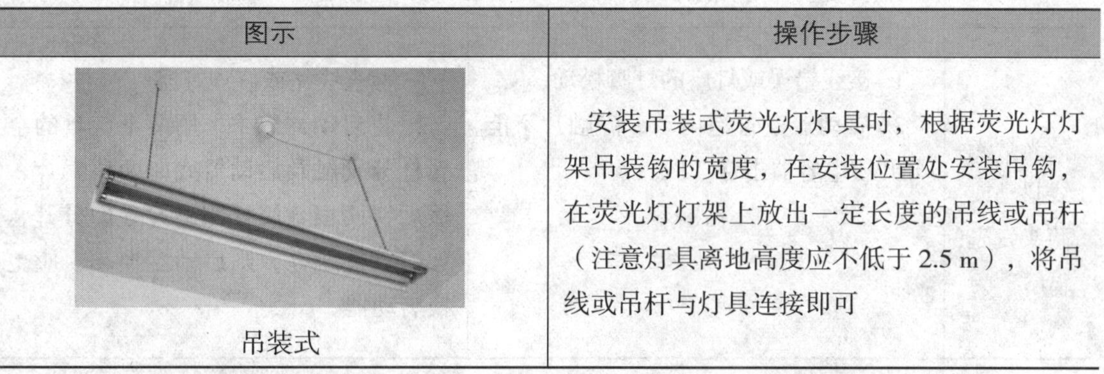 吊装式	安装吊装式荧光灯灯具时，根据荧光灯灯架吊装钩的宽度，在安装位置处安装吊钩，在荧光灯灯架上放出一定长度的吊线或吊杆（注意灯具离地高度应不低于2.5 m），将吊线或吊杆与灯具连接即可

续表

图示	操作步骤
吸顶式	将吸顶式荧光灯灯具中的灯架与灯罩分离，在安装灯具位置处将灯架吸顶放置，在灯架固定孔内画出记号，经钻孔、预设木榫后，用螺钉将灯架吸顶固定，接上电源后固定灯罩
嵌入式	嵌入式荧光灯灯具应安装在吊顶装饰的房屋内。吊顶时应根据嵌入式荧光灯灯具的安装尺寸预留出嵌入位置，待吊顶基本完工将灯具嵌入其中并进行固定

3. 荧光灯照明线路常见故障的维修

荧光灯照明线路常见故障的产生原因及维修方法见表 2–3–10。

表 2–3–10　　荧光灯照明线路常见故障的产生原因及维修方法

故障现象	产生原因	维修方法
荧光灯不能发光	1. 灯座或启动器底座接触不良	1. 转动灯管，使灯管四极与灯座接触；转动启动器，使启动器两极与底座两铜片接触，找出原因并修复
	2. 灯管漏气或灯丝断	2. 用万用表检查或观察荧光粉是否变色，如确认灯管损坏，可更换新灯管
	3. 镇流器线圈断路	3. 修理或更换镇流器
	4. 电源电压过低	4. 检查电源电压
	5. 新装荧光灯接线错误	5. 检查线路
荧光灯光线抖动或两头发光	1. 接线错误或灯座的灯脚松动	1. 检查线路或修理灯座
	2. 启动器氖管泡内动、静触片不能分开或电容器击穿	2. 将启动器取下，用两把旋具的金属杆分别触及启动器底座两块铜片，然后将两根金属杆相碰并立即分开，如灯管能跳亮，则启动器损坏，应更换启动器

续表

故障现象	产生原因	维修方法
荧光灯光线抖动或两头发光	3. 镇流器配用规格不合格或接头松动 4. 灯管陈旧，灯丝上发射的电子大量减少，放电作用降低 5. 电源电压过低或线路电压降过大 6. 气温过低	3. 更换镇流器或加固接头 4. 更换灯管 5. 如有条件，升高电源电压或加粗导线 6. 用热毛巾对灯管加热
灯管两端发黑或生黑斑	1. 灯管陈旧 2. 如果灯管是新的，可能因启动器损坏，使灯丝发射物质加速挥发 3. 灯管内汞凝结 4. 电源电压太高或镇流器配用不当	1. 更换灯管 2. 更换启动器 3. 灯管工作后汞即能蒸发或将灯管旋转 180° 4. 调整电源电压或更换镇流器
灯光闪烁或灯光在灯管内滚动	1. 新灯管暂时现象 2. 灯管质量不好 3. 镇流器配用规格不符或接线松动 4. 启动器损坏或接触不好	1. 开关几次或对调灯管两端 2. 换一根灯管，试一试有无闪烁现象 3. 更换镇流器或加固接线 4. 更换启动器或加固启动器
灯管光度减低或异常	1. 灯管陈旧 2. 灯管上积垢太多 3. 电源电压过低或线路电压降过大 4. 气温过低或有冷风直吹灯管	1. 更换灯管 2. 清除灯管上的积垢 3. 调整电源电压或加粗导线 4. 加防护罩或避开冷风
灯管使用寿命短或发光后立即熄灭	1. 镇流器配用规格不当或质量较差，镇流器内部线圈短路，致使灯管电压过高 2. 受到剧振，使灯丝振断 3. 新装灯管因接线错误将灯管烧坏	1. 更换或修理镇流器 2. 更换安装位置或更换灯管 3. 检修线路

续表

故障现象	产生原因	维修方法
镇流器有杂音或电磁声	1. 镇流器质量较差或其铁心的硅钢片未夹紧 2. 镇流器过载或其内部短路 3. 镇流器受热过度 4. 因电源电压过高而引起镇流器发出声音 5. 启动器有问题，导致开启时出现辉光杂音 6. 镇流器有微弱响声，但影响不大	1. 更换镇流器 2. 更换镇流器 3. 检查受热原因 4. 如有条件设法降压 5. 更换启动器 6. 可衬垫橡胶垫，以减少振动

1. 训练内容

安装一个双管荧光灯，选用线材并接线。

2. 工具、仪表及材料准备

准备双管荧光灯（~220 V、40 W、散件配套）1 套，胶质线（RVS−2×16/0.15，截面积为 0.3 mm^2）1 m，铜塑线（BVR0.75，导线结构为 7/0.37）1 m，护套线（每根截面积为 1.5 mm^2、双芯）10 m，塑料线卡若干，试灯用开关装置（自定）1 套，单相交流电源（~220 V、5 A）1 处，电工通用工具 1 套，万用表 1 块，黑胶布（自定）1 卷，透明胶布（自定）1 卷，绝缘鞋、工作服等。

3. 评分标准（见表 2−3−11）

表 2−3−11　　评分标准

序号	主要内容	评分标准	配分	扣分	得分
1	安装设计	绘制电路图不正确，每处扣 2 分	20		
2	线路的安装	1. 元器件布置不合理，每处扣 5 分 2. 木台、灯座、开关、插座和吊线盒等安装松动，每处扣 2 分 3. 电气元器件损坏，每个扣 5 分 4. 相线未进开关扣 10 分 5. 护套线不平直，每根扣 10 分 6. 线芯剥削有损伤，每处扣 5 分	70		

续表

<table>
<tr><th>序号</th><th>主要内容</th><th colspan="2">评分标准</th><th>配分</th><th>扣分</th><th>得分</th></tr>
<tr><td>2</td><td>线路的安装</td><td colspan="2">7. 护套线转角不符合要求，每处扣 5 分
8. 线卡安装不符合要求，每处扣 2 分</td><td></td><td></td><td></td></tr>
<tr><td>3</td><td>通电试验</td><td colspan="2">安装线路错误，造成短路、断路故障，每通电 1 次扣 5 分，扣完为止</td><td>10</td><td></td><td></td></tr>
<tr><td rowspan="2">备注</td><td rowspan="2"></td><td>时间</td><td>合计</td><td></td><td></td><td></td></tr>
<tr><td>100 min</td><td>教师签字</td><td colspan="3"></td></tr>
</table>

4. 训练步骤

（1）首先根据题目要求画出双管荧光灯电路图，如图 2-3-20 所示。

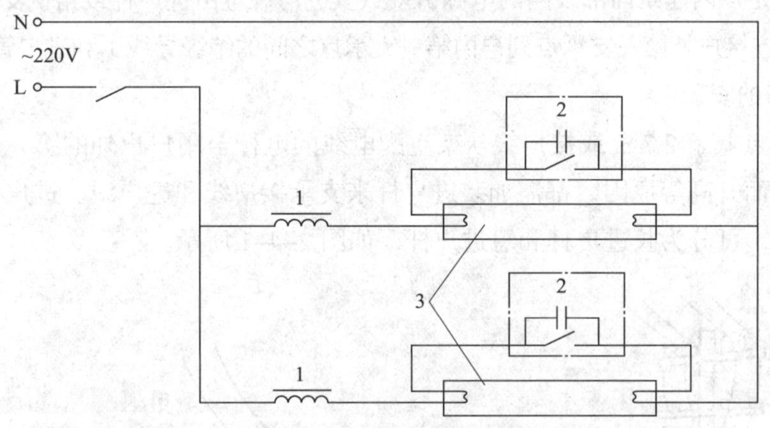

图 2-3-20 双管荧光灯电路图

1—镇流器 2—启动器 3—荧光灯灯管

（2）检查灯具。先清点工具和灯具的配件是否齐全、配套，用万用表电阻挡逐一测量灯管、镇流器、启动器的通断和绝缘电阻情况，以确保配件无明显损坏。

（3）正确选用导线组装灯具。由于是照明线路，灯头线可选用胶质线（RVS-2×16/0.15，截面积为 0.3 mm^2）。将双管荧光灯灯具的各配件固定妥当，按电路图把各线头连接完整，并把各连接处进行绝缘恢复。

（4）安装灯罩及灯管。

（5）通电前检查。把事先准备的试灯用开关装置和灯具妥善连接，并做绝缘处理，通电前一定要先检查线路两端之间的直流电阻，且在开关通断的情况下分别进行测量，保证线路无断路和短路故障。

（6）通电试灯。

（7）试灯完毕，关掉开关和总电源。

课题四　进户装置与量电装置的安装

学习目标

1. 掌握进户装置的安装方法。
2. 掌握量电装置的安装方法。
3. 掌握电流互感器及电能表的安装方法。

一、进户装置的安装

进户装置是户内建筑内部线路的电源引接点。进户装置由进户杆或角钢支架上装的绝缘子、进户线（连接户外第一支承点到户内第一支承点之间的绝缘导线）和进户管几部分组成。

1. 进户杆的安装

凡是进户点低于 2.7 m 或接户线从架空配电线的电杆至用户户外的第一支承点间的导线因安全需要而升高等原因，都需加装进户杆来支承接户线和进户线。进户杆一般采用混凝土杆或木杆，可分为长进户杆和短进户杆，如图 2-4-1 所示。

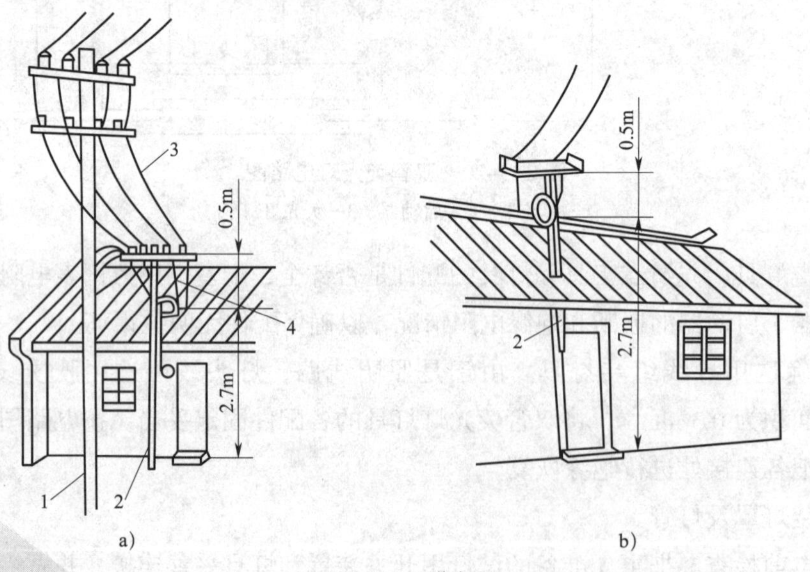

图 2-4-1　进户杆

a）长进户杆　b）短进户杆

1—接户杆　2—进户杆　3—接户线　4—进户线

（1）安装混凝土进户杆前，应检查有无弯曲、裂缝或疏松等情况。混凝土进户杆的埋设深度见表 2–4–1。

表 2–4–1　　进户杆的埋设深度　　m

杆类别	杆长										
	4	5	6	7	8	9	10	11	12	13	15
混凝土杆	—	—	—	1.4	1.5	1.6	1.7	1.8	1.9	2.0	2.5
木杆	1.0	1.0	1.1	1.2	1.4	1.5	1.7	1.8	1.9	2.0	—

（2）进户杆中的长木杆埋入地面深度按表 2–4–1 的规定，埋入地面前，应在地面以上 300 mm 和地下 500 mm 的一段采用烧根或涂柏油等方法进行防腐处理。短木杆与建筑物连接时，应用两道通墙螺栓或抱箍等紧固，两道紧固点的中心距离应不小于 500 mm。

（3）进户杆顶端应安装横担，横担上安装低压瓷绝缘子。常用的横担由镀锌角钢制成，若用来支承单相两线，一般规定角钢的规格应不小于 40 mm × 40 mm × 5 mm；若用来支承三相四线，一般规定角钢的规格应不小于 50 mm × 50 mm × 6 mm。两瓷绝缘子在角钢上的距离应不小于 150 mm。

（4）用角钢支架安装瓷绝缘子来支承接户线和进户线的安装形式如图 2–4–2 所示。

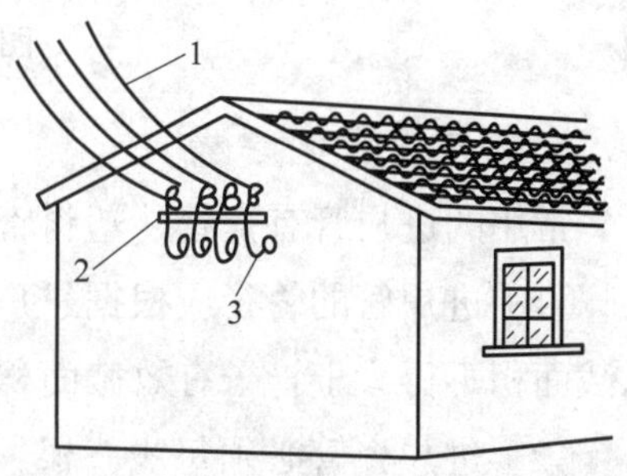

图 2–4–2　用角钢支架安装瓷绝缘子装置
1—接户线　2—角钢支架　3—进户线

2. 进户线的安装

（1）进户线必须选用绝缘良好的铝芯或铜芯绝缘导线，铝芯线截面积不得小于 2.5 mm²，铜芯线截面积不得小于 1.5 mm²，进户线中间不得有接头。进户线穿墙时，应套上瓷管、塑料管或钢管，如图 2–4–3 所示。

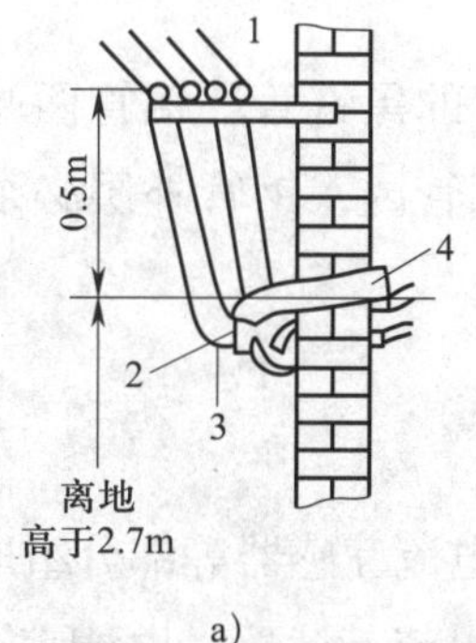

a）

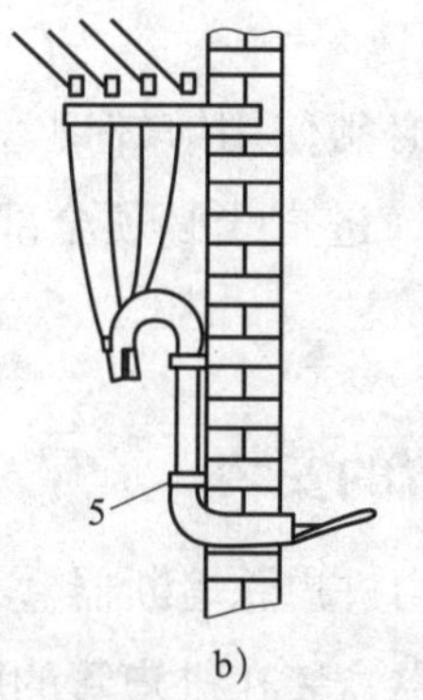

b）

图 2–4–3　进户线安装方法
a）进户线穿瓷管方法　b）进户线穿钢管方法
1—接户点　2—进户点　3—进户线　4—进户管　5—固定敷设

（2）进户线安装时应有足够的长度，户内一端一般接于总开关盒或熔断器盒内；户外一端与接户线连接后应保持 200 mm 的弧度，如图 2–4–4 所示。

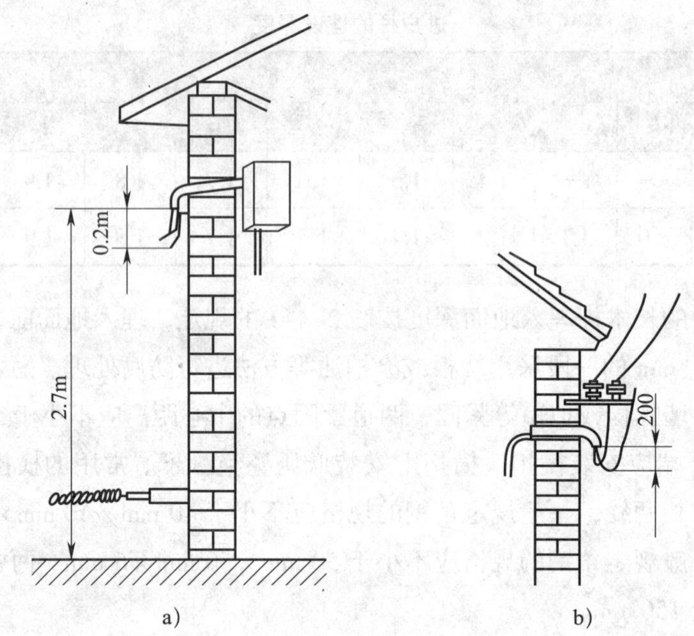

图 2–4–4　进户线两端的接法

3. 进户管的安装

常用的进户管有瓷管、塑料管和钢管三种，瓷管又分为弯口和反口两种。

（1）进户管的管径应根据进户线的根数和截面积来决定，管内导线（包括绝缘层）的总截面积不得大于管子有效截面积的 40%，最小管径应不小于 15 mm。

（2）进户瓷管必须每线一根，进户瓷管应采用弯头瓷管，户外一头弯头朝下。当进户线截面积在 50 mm^2 以上时，宜用反口瓷管。

（3）当一根瓷管的长度不能大于进户墙壁的厚度时，可用两根瓷管紧密相连，或用塑料管代替瓷管。

（4）进户钢管必须使用镀锌钢管或经过涂漆的黑铁管。钢管两端应装护圈，户外一端必须有防雨弯头，进户线必须全部穿入一根钢管内，钢管外层必须有良好的保护接零措施。

二、量电装置的安装

量电装置通常由进户总熔断器盒、电能表和电流互感器等部分组成。

一般将总熔断器盒装在进户管的墙上，而将电流互感器、电能表、控制开关、短路和过载保护电器均安装在同一块配电板上，如图 2–4–5 所示。

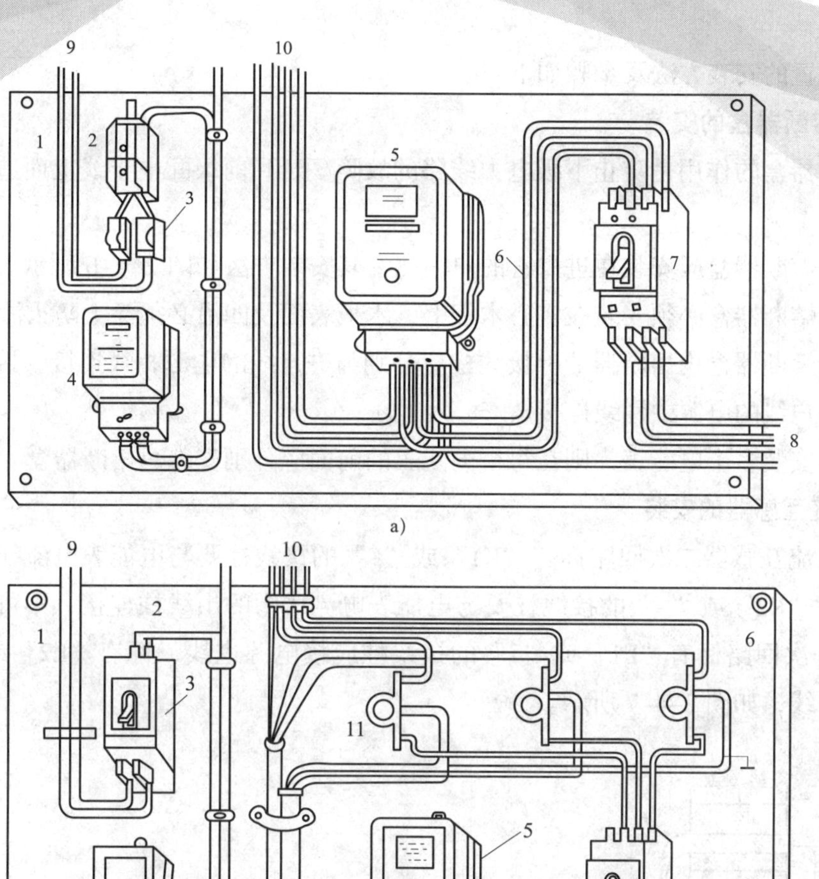

c)

图 2-4-5　配电板的安装

a）小容量配电板　b）大容量配电板　c）电气箱外形

1—照明部分　2—总开关　3—用户熔断器　4—单相电能表　5—三相电能表

6—动力部分　7—动力总开关　8—接分路开关　9—接用户　10—接总熔断器盒　11—电流互感器

量电装置的安装方法及步骤如下：

1. 总熔断器盒的安装

总熔断器盒的作用是防止下级电力线路的故障蔓延到前级配电干线上而造成更大区域的停电。

（1）总熔断器盒应安装在进户管的户内侧，其安装方法如图 2-4-6 所示。

（2）总熔断器盒必须安装在实心木板上，木板表面及四沿必须涂上防火漆。

（3）总熔断器盒内熔断器的上接线柱应分别与进户线的电源相线连接，接线桥的上接线柱应与进户线的电源中性线连接。

（4）如安装多个电能表，则在每个电能表的前面应分别安装总熔断器盒。

2. 电流互感器的安装

（1）电流互感器二次回路标有“K1”或“+”的接线柱要与电能表电流线圈的进线柱连接，标有“K2”或“-”的接线柱要与电能表电流线圈的出线柱连接，不可接反；电流互感器的一次回路标有“L1”或“+”的接线柱应接电源进线，标有“L2”或“-”的接线柱应接出线，如图 2-4-7 所示。

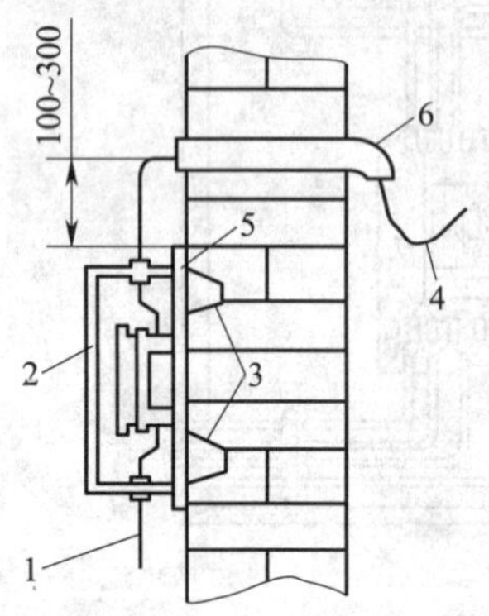

图 2-4-6　总熔断器盒的安装

1—电能表总线　2—总熔断器盒　3—木榫　4—进户线　5—实心木板　6—进户管

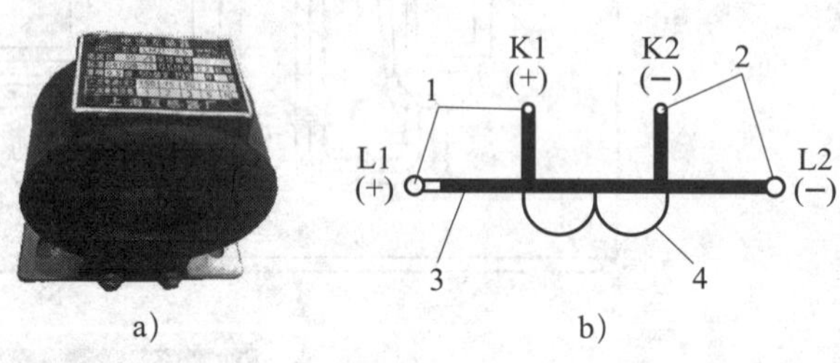

图 2-4-7　电流互感器

1—进线柱　2—出线柱　3— 一次绕组　4—二次绕组

（2）电流互感器二次回路“K2”或“-”接线柱的外壳和铁心都必须可靠接地。电流互感器的接线方式如图 2-4-8 所示。

图 2-4-8　电流互感器的接线方式

3. 电能表的安装

电能表有单相电能表和三相电能表两种，它们的接线方法各不相同。

单相电能表共有四个接线柱，从左到右以 1、2、3、4 编号。接线时一般规定号码 1、3 接电源进线，2、4 接出线，如图 2-4-9 所示。

a)

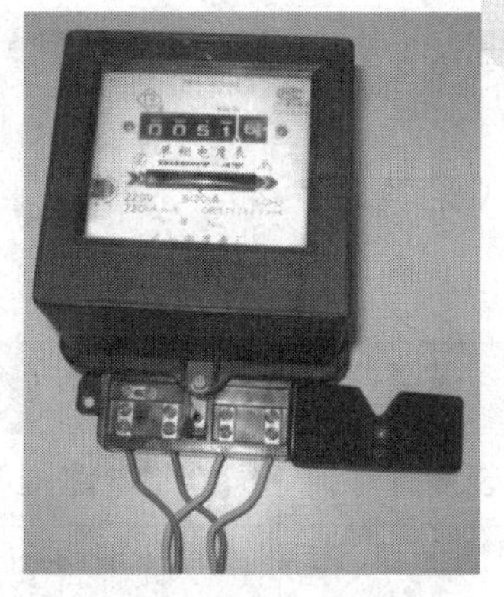

b)

图 2-4-9 单相电能表

a）电子式单相电能表 b）感应式单相电能表接线

也有些单相电能表规定号码 1、2 接电源进线，3、4 接出线，所以，具体的接线方法应参照电能表接线柱盖子上的接线图。单相电能表的配电板安装如图 2-4-10 所示。

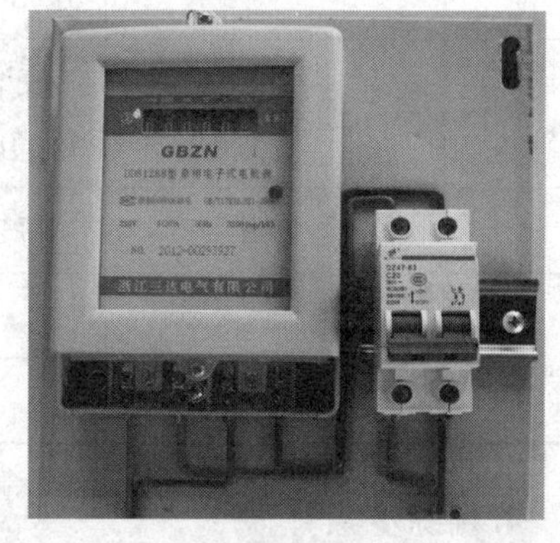

图 2-4-10 单相电能表的配电板安装

（1）电能表总线必须采用铜芯塑料硬线，其最小截面积不得小于 1.5 mm^2，中间不准有接头，自总熔断器盒至电能表之间沿线敷设长度不宜超过 10 m。

（2）电能表总线必须明线敷设，采用线管安装时，线管也必须明装，在进入电能表时，一般以“左进右出”原则接线。

（3）电能表必须垂直于地面安装，表的中心离地面高度应在 1.4 ~ 1.5 m 之间。

技能训练

1. 训练内容

安装直接式单相有功电能表组成的量电装置。

2. 工具、仪表及材料准备

准备单相电能表［DD910A 5（20）A，220 V］1 块，绝缘铝芯线（BLV10 mm^2，300/500 V）4 m，绝缘铜塑线（BV2.5 mm^2，300/500 V）4 m，单相瓷底胶盖刀开关（HK3-60/2、60 A、250 V）1 个，节能灯（220 V、200 W）及灯座 5 个，木质配电板（450 mm × 500 mm × 25 mm）1 块，木螺钉（ϕ3.5 mm × 25 mm ~ ϕ3.5 mm × 30 mm）15 个，钢

精轧片及钢钉或塑料线卡（自定）30 个，单相交流电源（~220 V、10 A）1 处，电工通用工具 1 套，万用表 1 块，黑胶布（自定）1 卷，透明胶布（自定）1 卷，绝缘鞋、工作服等。

3. 评分标准（见表 2–4–2）

表 2–4–2　　　　评分标准

<table>
<tr><th>序号</th><th>主要内容</th><th colspan="2">评分标准</th><th>配分</th><th>扣分</th><th>得分</th></tr>
<tr><td>1</td><td>安装设计</td><td colspan="2">绘制电路图不正确，每处扣 2 分</td><td>20</td><td></td><td></td></tr>
<tr><td>2</td><td>线路的安装</td><td colspan="2">1. 元器件安装不正确，每处扣 5 分
2. 操作不规范、不熟练，每处扣 5 分
3. 接线不美观，每处扣 5 分
4. 接线不牢固或线头绕向不对，每处扣 5 分</td><td>50</td><td></td><td></td></tr>
<tr><td>3</td><td>通电试验</td><td colspan="2">安装线路错误，造成短路、断路故障，每通电 1 次扣 10 分，扣完为止</td><td>20</td><td></td><td></td></tr>
<tr><td>4</td><td>安全文明生产</td><td colspan="2">每违反一次操作规程扣 5 分</td><td>10</td><td></td><td></td></tr>
<tr><td rowspan="2">备注</td><td rowspan="2"></td><td>时间</td><td colspan="2">合计</td><td></td><td></td></tr>
<tr><td>100 min</td><td colspan="2">教师签字</td><td></td><td></td></tr>
</table>

4. 训练步骤

（1）绘制电路图。

（2）元器件安装。先把总熔断器盒、电能表、刀开关安装并固定在配电板上。单相负载灯泡配套的灯座安装于另一块配电板上。

（3）连线。分别把电源配电板和负载配电板上的各电气元器件按电路图进行连接。由于配电板上配线一般要求暗装，因此，要预先把过线孔钻好，然后把刀开关和 5 个并联灯泡之间的电源线连接完好。

（4）通电试验。引入总电源线，相线接总熔断器盒，零线可直接进入电能表第 3 引脚，检查并确认无误后，通电。观察电能表，如无异常，可合上刀开关，接通灯泡进行试验。

（5）通电试验完毕，关掉刀开关和总电源。

第三单元
异步电动机的拆装与变压器的维护

学习目标

1. 正确熟练地拆装三相笼型异步电动机。
2. 能检查及排除三相笼型异步电动机的常见故障。
3. 掌握单相异步电动机的拆卸与检修方法。

课题一　三相笼型异步电动机的安装

学习目标

1. 正确熟练地安装三相异步电动机。
2. 掌握三相异步电动机安装后的调试方法。

三相笼型异步电动机具有结构简单、价格低廉、坚固耐用、检修与维护方便等优点，在工农业生产中获得了广泛的应用。

一、电动机的安装

1. 安装前的准备

（1）选择好电动机安装地点

一般电动机的安装地点应选择在干燥、通风、无腐蚀性气体侵害的地方。

（2）制作电动机的机座和座墩

电动机的座墩有两种形式，一种是直接安装座墩；另一种是利用槽轨安装座墩。座墩一般应高出地面 150 mm，具体高度要按电动机的规格、传动方式和安装条件等决定。座墩的长与宽大约等于电动机机座尺寸 +150 mm 的裕度，如图 3-1-1a 所示。

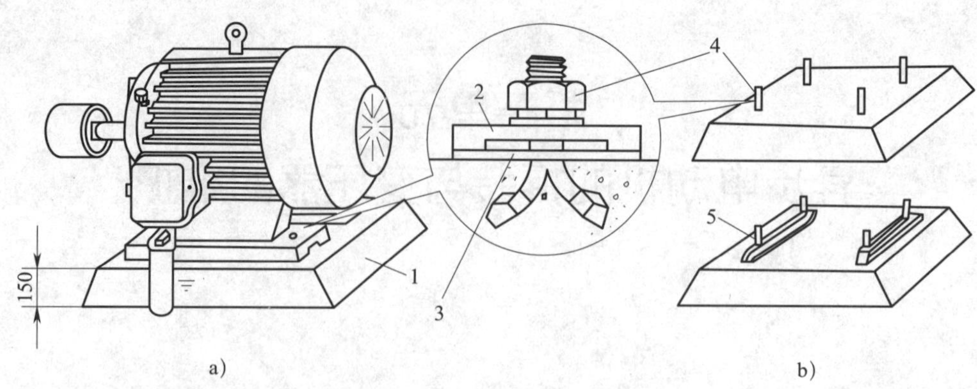

图 3–1–1　底座和座墩

a）座墩　b）地脚螺栓

1—水泥墩　2—机座　3—防振垫板　4—固定的地脚螺栓　5—活动的地脚螺栓

（3）地脚螺栓的制作

地脚螺栓用六角螺栓制作而成，首先用钢锯在六角螺栓上锯一条 25 ~ 40 mm 的缝，再用錾子把它分成人字形，依据电动机机座尺寸，将地脚螺栓埋入水泥墩里，如图 3–1–1b 所示。

2. 安装电动机

（1）将电动机搬运至现场，小型电动机用人力搬运，大、中型电动机用起重机械搬运。

（2）将电动机与座墩之间衬垫一层质地坚韧的木板或硬橡皮作为防振物。

（3）小型电动机可以用人力抬到座墩上，大型电动机需用起重设备将其吊到座墩上，如图 3–1–2 所示。

（4）在四个地脚螺栓上套上弹簧垫圈，按对角线交错依次逐步拧紧螺母。

3. 校正电动机

校正电动机的水平时，一般将水平仪放在转轴或座墩上，对电动机纵向、横向进行检查，并用 0.5 ~ 5 mm 厚的钢片垫在机座下，以调整电动机的水平，如图 3–1–3 所示。

图 3–1–2　吊运电动机到座墩上

图 3–1–3　校正电动机的水平

4. 利用槽轨作为底座安装电动机

如果电动机在使用过程中需要调整位置，电动机功率较小时，可先在基础底座上预埋槽轨，槽轨的支脚深埋在基础底座下固定，将电动机安装在槽轨上。这种安装方式便于在安装电动机时进行必要的校正或调整，如图 3–1–4 所示。

图 3–1–4　小型电动机的槽轨法安装

5. 安装电动机的传动装置

（1）带传动装置的安装与校正

1）电动机机座与座墩之间垫衬的防振物不可太厚；否则要影响两个带轮的间距，特别对 V 带轮影响更大。

2）两个带轮的直径必须配套。

3）两个带轮要装在一条直线上，两轴要装得平行。

4）塔形 V 带轮必须一正一反安装，否则不能进行调速。

5）平带的接头必须正确。带扣的正、反面不能接错；平带装上带轮时，应按照图 3–1–5 所示的方法进行安装，正、反面不能装反。

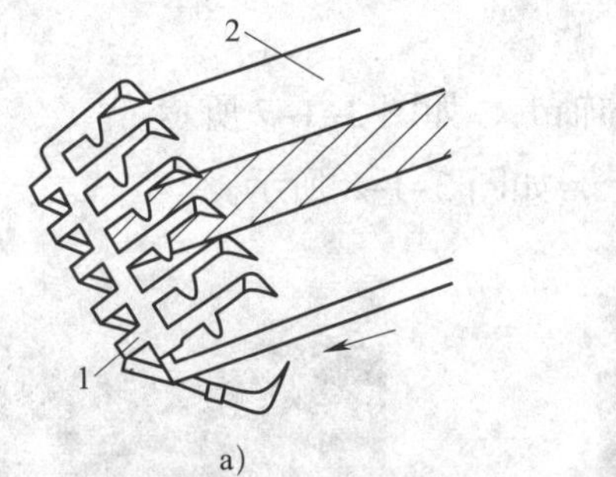

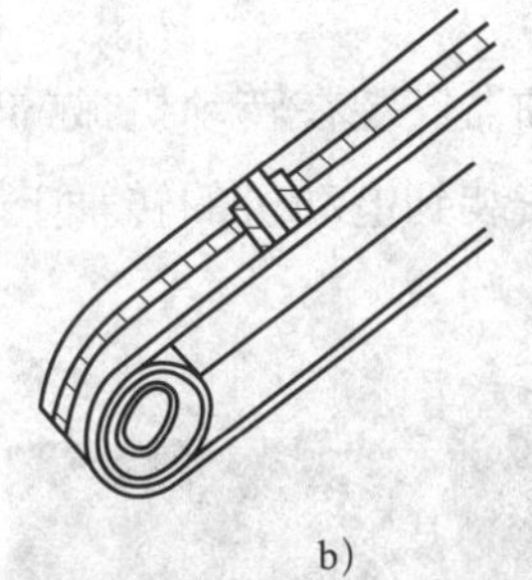

图 3–1–5　平带的安装

a）带扣必须正面安装　b）带的正面应装在外面

1—带扣的正面　2—带的正面

6）宽度中心线的调整。带轮宽度中心线的调整方法如图 3–1–6 所示。

①如两个带轮宽度相等，可按图 3–1–6a 所示的方法，用一根拉紧的弦线紧靠两个带轮的端面，弦线如均匀接触 A、B、C、D 四点，则已将带轮调整好。

②如两个带轮宽度不相等，可先用划针划出它们的中心线，然后拉直一根弦线，一端紧靠带轮 A、B 两点的轮缘上，如图 3–1–6b 中虚线所示，再在 C 和 D 点用钢直尺测量出 L_C 和 L_D，应使 $L=L_C+b_1=L_D+b_1$。

（2）联轴器传动装置的安装与校正

安装联轴器时，先把两个半片联轴器分别装在电动机和机械的轴上，不同的联轴器可以采用不同的装配方法。对于低速和小型联轴器的装配，可采用动力压入法，这种方法

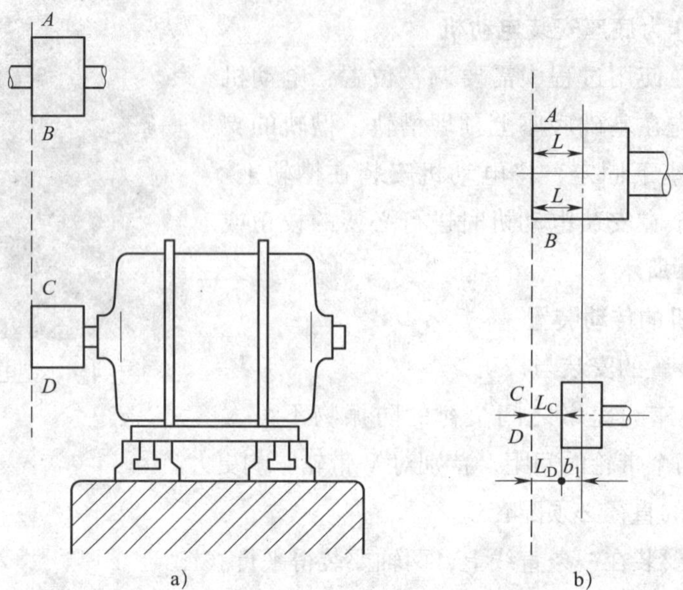

图 3–1–6　带轮宽度中心线的调整方法

a）未校正　b）已校正

通常用木锤敲打，通过垫放的木块或其他软材料作缓冲件，依靠木锤的冲击力把联轴器敲入。具体步骤如下：

1）将弹性联轴器安装在转动机械的轴上，如图 3–1–7 所示。

2）将联轴器安装到电动机的转轴上，如图 3–1–8 所示。

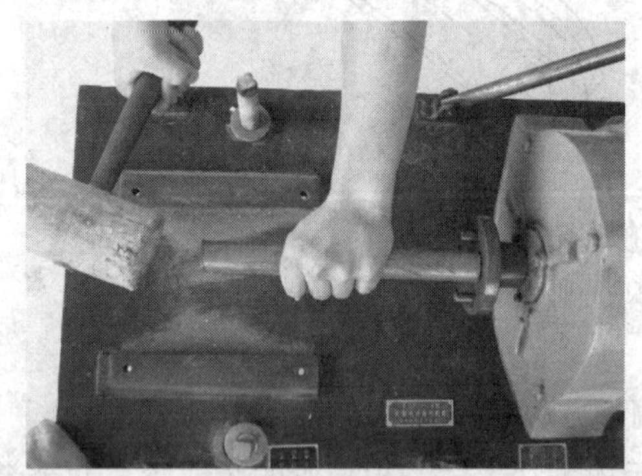

图 3–1–7　将弹性联轴器安装在转动机械的轴上

图 3–1–8　将联轴器安装到电动机的转轴上

3）安装防振圈，减小运行时的振动，如图 3–1–9 所示。

4）把电动机移近连接处，如图 3–1–10 所示。

5）进行电动机预固定，如图 3–1–11 所示。当两轴相对处于一条直线上时，先初步拧紧电动机机座的地脚螺栓，但不要拧得太紧，待传动中心线校正后再正式拧紧。

6）校正联轴器传动中心线时，先将钢直尺或直角尺放在两个半片联轴器的上侧面，查看联轴器转动时是否有高低不一致的现象，如图 3–1–12 所示。钢直尺或直角尺在两半

图 3–1–9　安装防振圈

图 3–1–10　把电动机移近连接处

图 3–1–11　电动机预固定

图 3–1–12　联轴器传动中心线的校正

片联轴器上要靠得很紧密，应观察不到钢直尺或直角尺与联轴器的外圆有缝隙。然后用手转动电动机侧的半联轴器，每转动 90° 用钢直尺靠一次，若靠 4 次结果均相同，说明两侧轴线已经重合，中心线已经校准。校正后拧紧地脚螺栓。

6. 安装电动机的控制保护装置

（1）电动机对控制保护装置的要求

1）每台电动机必须配备一套能单独进行操作的控制开关和单独进行短路及过载保护的保护电器。

2）使用的开关设备应结构完整、功能齐全，有可靠的接通和分断电动机工作电流及切断故障电流的能力。

3）开关及保护装置的标牌应参数清晰，分断标志明显，安全可靠。

4）开关设备的选用应符合要求。

（2）电动机操作开关及熔断器的安装

1）电动机的操作开关必须安装在操作时能监视到电动机的启动和被驱动机械运转情况的位置上，通常安装在电动机的右侧。

2）依据电动机容量的大小，选择适当的操作开关（如低压断路器、刀开关、封闭式负荷开关等）垂直安装在配电板上。低压断路器倾斜度应不大于 5°。

3）小型电动机在不频繁操作、不换向、不变速时，只用一个开关。

4）开关需频繁操作时，或需进行换向和变速操作的，则需装两个开关，前一级开关作控制电源用，称为控制开关，常用的有低压断路器、封闭式负荷开关和转换开关。

5）凡无明显分断点的开关必须装两个开关，即前一级装一个有明显分断点的开关（如刀开关、转换开关等）作为控制开关。凡容易产生误动作的开关，如手柄倒顺开关、按钮等，也必须在前一级加装控制开关，以防开关误动作而造成事故。

6）安装熔断器时，熔断器必须与开关装在同一控制板上或同一控制箱内。凡作为保护用的熔断器，必须装在控制开关的后级和操作开关（包括启动开关）的前级。三相回路分别安装的熔丝规格、型号应相同，并应串联在三根相线上。

7）用低压断路器作为控制开关时，应在低压断路器的前一级加装一道熔断器做双重保护。当热脱扣器失灵时，能由熔断器起保护作用，同时兼作隔离开关，以便维修时切断电源。

8）采用倒顺开关和电磁启动器操作时，前级用分断点明显的组合开关作控制开关（一般机床的电气控制常用这种形式），必须在两级开关之间安装熔断器。

（3）电压表和电流表的安装

对于大、中型和要求较高的电动机，为了便于监视，电压表和电流表的接线方法如图 3–1–13 所示。电压表通常只装一个，通过换相开关进行换相测量，量程为 400 V。要求较高的应在各相都串接一个电流表；一般要求的可在第二相串接一个电流表，其量程应大于额定电流的 3 倍，以保证启动电流通过。

电动机额定电流较大时，通常采用电流互感器进行测量，电流互感器的规格也应大于电动机额定电流的 3 倍。电流互感器和电流表的接线方法如图 3–1–14 所示。

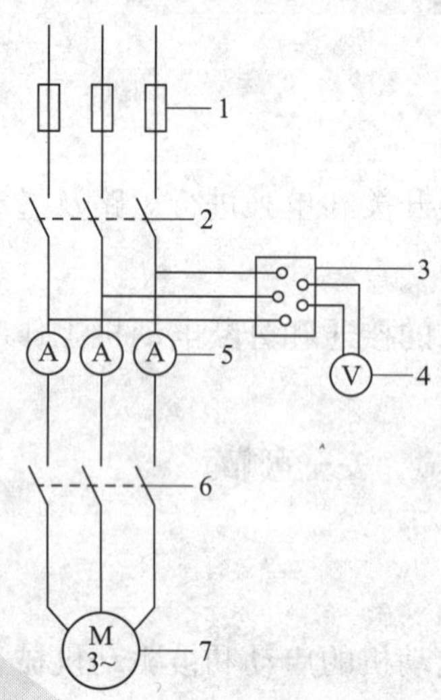

图 3–1–13 电压表和电流表的接线方法

1—隔离熔断器 2—控制开关 3—电压表换向开关 4—电压表 5—电流表 6—操作开关 7—电动机

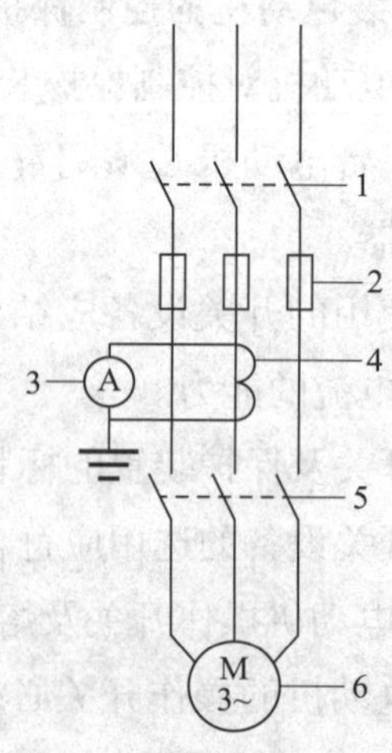

图 3–1–14 电流互感器和电流表的接线方法

1—控制开关 2—隔离熔断器 3—电流表 4—互感器 5—操作开关 6—电动机

7. 导线的敷设

（1）导线的选择

电动机连接线的截面积应满足载流量的需求，铜芯线最小截面积不得小于 1 mm^2，铝芯线最小截面积不得小于 2.5 mm^2。

（2）导线的敷设形式及要求

从电动机到低压断路器之间导线的敷设常采用以下两种形式：一种是地下管敷设；另一种是明管敷设。一般采用地下管敷设形式。采用地下管敷设时，应使连接电动机一端的管口离地不得小于 100 mm，并应使它尽量接近电动机的接线盒。另一端尽量接近电动机的操作开关，最好用软管伸入接线盒。

8. 接线

（1）检查电动机的装配质量

检查各部分螺栓是否拧紧，转子转动是否灵活，轴伸端径向有无偏摆的情况等。

（2）测量绝缘电阻

用兆欧表测量电动机绕组之间及绕组与地之间的绝缘电阻，如图 3-1-15 所示。

图 3-1-15　测量绝缘电阻

（3）根据电动机的铭牌进行接线

根据电动机的铭牌接线时，Y形联结的电动机接线盒上的出线如图 3-1-16 所示，将接线盒中三相绕组尾端 U2、V2、W2 接线端短接，再将首端 U1、V1、W1 分别接三相电源的 L1、L2、L3，即构成星形接法。

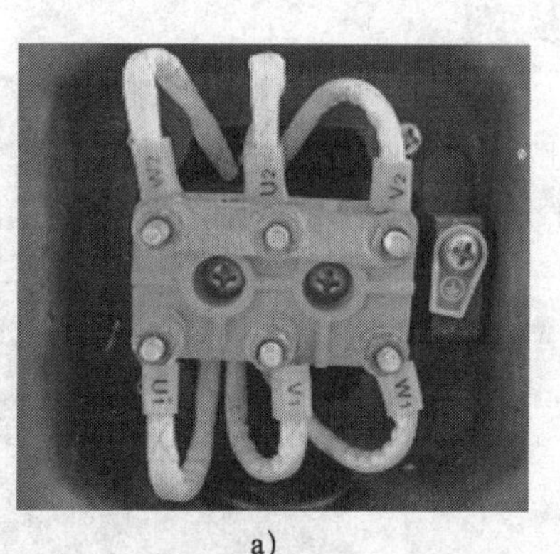

a）

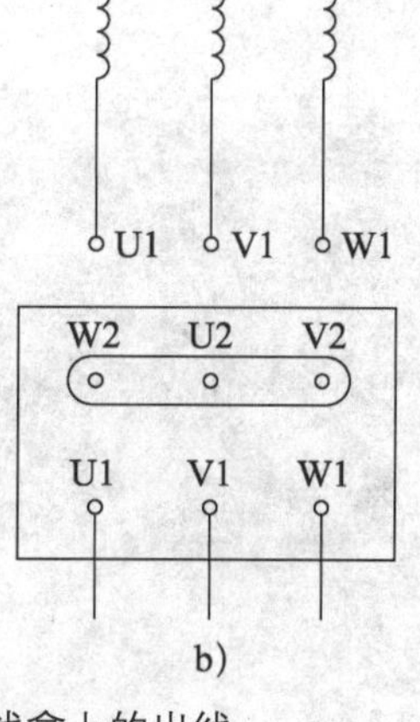

b）

图 3-1-16　Y形联结的电动机接线盒上的出线

a）实物图　b）接线图

定子绕组的三角形接法如图 3-1-17 所示。

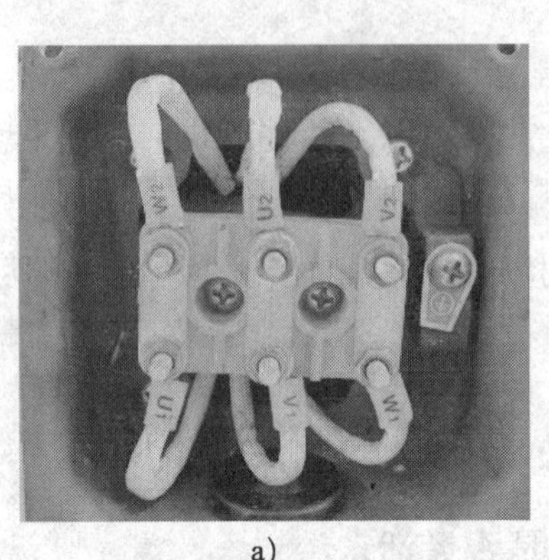

a)

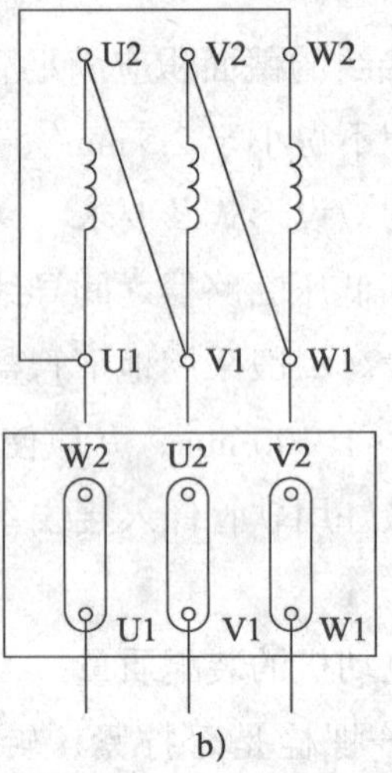

b)

图 3-1-17　定子绕组的三角形接法

a）实物图　b）接线图

将接线盒中三相绕组的 U1 与 W2、V1 与 U2、W1 与 V2 接线端短接，再将 U1、V1、W1 首端分别接三相电源的 L1、L2、L3，即构成三角形接法。这时每相绕组的电压等于线电压。

为了确保安全，一定要将电动机的接地线接好、接牢。将电源线的接地线接到电动机外壳接线柱上，如图 3-1-18 所示。

（4）测量与试车

1）测量空载电流。当交流电动机空载时，测量三相空载电流是否平衡。同时观察电动机是否有杂音、振动及其他较大的噪声，如果有应立即停车并进行检查。

2）测量电动机的转速。用转速表测量电动机的转速并与电动机的额定转速进行比较，如图 3-1-19 所示。

图 3-1-18　接地线连接

图 3-1-19　测量电动机的转速

提示

（1）人力搬运小型电动机时，不允许用绳子套在电动机的带轮或转轴上抬电动机。

（2）校正电动机的水平时，不能垫木板或竹片，以免拧紧地脚螺栓或电动机运行时将其压裂或压变形，影响安装的准确性。

（3）安装及校正齿轮传动装置时，所装齿轮要与电动机配套，齿轮安装后，电动机的轴应与被动轮的轴平行，检查两齿轮的啮合情况时可用塞尺测量两齿轮的间隙，如间隙均匀，说明两轴已平行。

（4）用转速表测量电动机的转速时一定要注意安全。

二、电动机的运行

1. 运行前的检查

电动机启动前应检查是否有电，电压是否正常；各启动装置有无损坏，触头是否良好；各传动装置的连接是否牢固，电动机转子和负载转轴的转动是否灵活。同时，搬开电动机周围的杂物，并清除电动机表面的灰尘、油污。

2. 启动电动机

同一线路上的电动机不能同时启动，应按电动机功率从大到小逐一启动，避免因启动电流过大、电压降低而造成开关设备跳闸。合闸时应先合控制开关，后合操作开关；断闸时，应先断操作开关，后断控制开关；绝不允许只断操作开关而不断控制开关。

3. 监视运行情况

若接通电源后电动机不转，应立即切断电源，不能带电检查电动机故障；否则将会烧毁电动机和发生危险。电动机运行时，出现异常声响、异味，或出现过热、颤动、熔体经常熔断、导线连接处有火花等异常现象时，应立即拉下刀开关，停电查找原因。

4. 检测电动机的有关运行参数

检测电动机的三相空载电流和工作电流、温度和转速等。

提示

（1）经常查看电动机的温度、电流、电压是否正常，随时了解电动机是否有过热、过载等现象。

（2）经常查看电动机传动装置的运转是否正常，带和传动齿轮、联轴器是否跳动；轴承有无磨损，润滑状况是否良好；采用油环润滑时，轴承中的油环是否旋转，油环是否沾油。

1. 训练内容

7.5 kW 三相异步电动机的安装、接线与试验。

2. 工具、仪表、设备及材料准备

（1）电工工具

准备测电笔、一字型旋具、十字型旋具、钢丝钳、尖嘴钳、斜口钳、剥线钳、电工刀等。

（2）仪表

准备 MF30 型或 MF47 型万用表、T301–A 型钳形电流表、兆欧表（500 V、0 ~ 2 000 MΩ）、转速表、水平尺。

（3）三相异步电动机

电动机铭牌的技术数据：型号 Y132M–4、功率 7.5 kW、额定电压 380 V、额定电流 15.4 A、定子绕组△形联结、额定转速 1 460 r/min。

（4）安装、接线及试验用的专用工具

准备扳手、起重工具、木锤或橡胶锤等。

（5）器材

1）配电板 1 块（100 mm × 200 mm × 20 mm）。

2）依据电动机容量，动力线采用 BVR16 mm^2（红色）多股软塑料铜线，接地线采用 BVR10 mm^2（黄绿色）多股软塑料铜线，其数量按需要而定。

3）低压断路器。型号和规格为 DZ10–250/330，1 个。

4）无缝钢管。型号和规格自定，长度自定。注：安装前无缝钢管根据现场情况已弯曲好。

5）其他。绝缘黑胶布、螺钉、垫圈、劳动保护用品等，按需而定。

3. 评分标准（见表 3–1–1）

表 3–1–1　　　　评分标准

序号	主要内容	评分标准	配分	扣分	得分
1	安装前的准备	1. 设备有灰尘、污垢扣 5 分 2. 工具及仪器、仪表准备不齐全扣 10 分	15		
2	安装	1. 安装不牢固，有松动现象，每处扣 5 分 2. 不符合机械传动的有关要求，每处扣 5 分	30		
3	接线	1. 接线不正确、不熟练扣 5 分 2. 电缆头金属保护层及电动机外壳接地不好扣 10 分	15		

续表

序号	主要内容	评分标准		配分	扣分	得分
4	电气测量	1. 电动机绝缘电阻不合格扣 5 分 2. 不会测量电动机的电流、转速等扣 10 分		15		
5	试车	1. 空载试验方法不正确扣 10 分 2. 根据试验结果不会判定电动机是否合格扣 15 分		25		
备注		时间	合计			
		60 min	教师签字			

4. 训练步骤

（1）准备好安装场地及摆放好各种所需工具、仪表等。

（2）安装电动机

1）将电动机与座墩之间衬垫一层质地坚韧的木板或硬橡皮的防振物。

2）用起重设备将电动机吊到基础上。

3）在四个地脚螺栓上套上弹簧垫圈，按对角线交错依次逐步拧紧螺母。

（3）调整电动机的水平

检查电动机轴转动是否灵活，轴伸端径向有无偏摆的情况等。

（4）测试

1）将电动机定子绕组的六个线头拆开，用兆欧表测量电动机定子绕组各相及相对地的绝缘电阻应大于 0.5 MΩ。

2）测量电动机空载下的三相平衡电流，三相电流应为额定电流的 20% ~ 30%。

3）测量电动机的空载转速，转速应为 1 460 r/min。

课题二　三相笼型异步电动机的拆装

学习目标

1. 正确熟练地拆装三相异步电动机。
2. 掌握三相异步电动机的接线和调试方法。

在对三相异步电动机进行检修和保养时，经常需要拆装电动机，如果拆装时操作不当，就会损坏零部件，因此，只有掌握正确的拆卸与装配技术，才能保证电动机的正常运

行和检修质量。

一、电动机的基本结构

三相笼型异步电动机的结构如图 3-2-1 所示，三相异步电动机均由定子和转子两大部分组成，定子和转子之间的气隙一般为 0.25 ~ 2 mm。

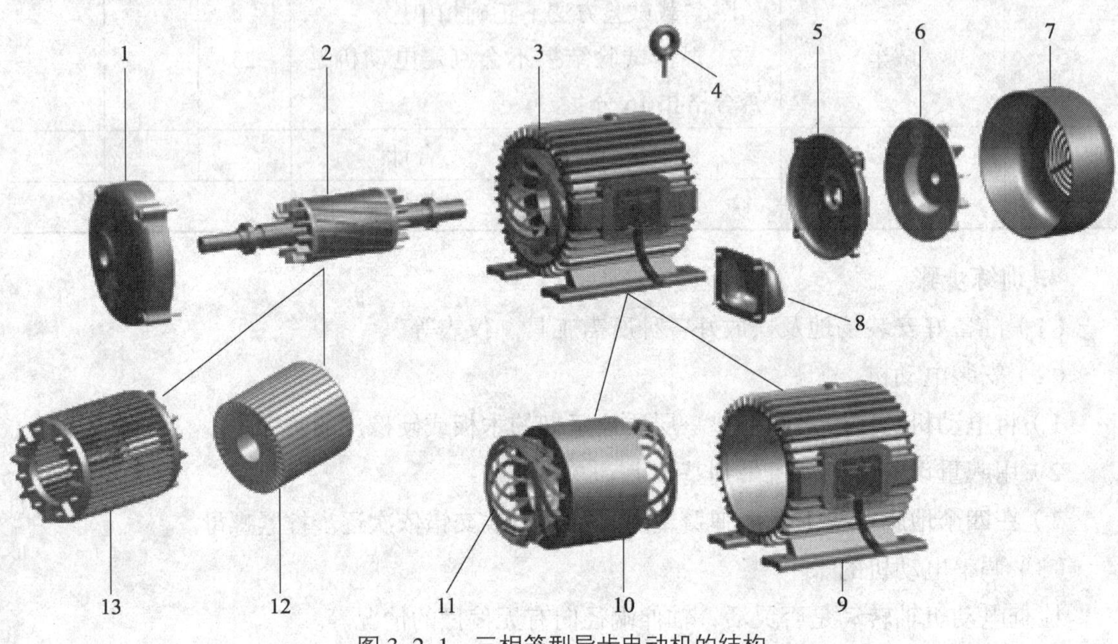

图 3-2-1　三相笼型异步电动机的结构

1—前端盖　2—转子部分　3—定子部分　4—吊环　5—后端盖　6—风扇　7—风罩　8—出线盒　9—机座　10—定子铁心　11—定子绕组　12—转子铁心　13—转子绕组

1. 定子部分

三相异步电动机的定子是用来产生旋转磁场的，是将三相电能转化为磁能的环节。定子一般由机座、定子铁心、定子绕组等部分组成。定子的结构见表 3-2-1。

表 3-2-1　　定子的结构

组成部件	图示	相关描述
机座		由铸铁或铸钢浇铸成形（一般都铸有散热片），其主要作用是保护和固定三相异步电动机的定子绕组

续表

组成部件	图示	相关描述
定子铁心	3 2 1 定子铁心 1—扣片　2—定子叠片　3—压圈 定子冲片	定子铁心是电动机磁路的一部分，由 0.35 ~ 0.5 mm 厚表面涂有绝缘漆的薄硅钢片叠压而成，由于硅钢片较薄且片与片之间是绝缘的，因此减少了由于交变磁通通过而引起的铁心涡流损耗。铁心内孔有均匀分布的槽口，用来嵌放定子绕组
定子绕组		定子绕组是三相异步电动机的电路部分，三相异步电动机有三相绕组，通入三相对称电流时，就会产生旋转磁场。线圈由绝缘铜导线或绝缘铝导线绕制而成。中、小型三相异步电动机多采用圆漆包线，大、中型三相异步电动机的定子绕组则用较大截面积的绝缘扁铜线或扁铝线绕制而成

2. 转子部分

三相异步电动机的转子是将旋转磁能转化为转子导体上电势能而最终转化为机械能的环节。转子主要由转子铁心、转子绕组和转轴等组成。转子的结构见表 3–2–2。

表 3–2–2　　转子的结构

组成部件	图示	相关描述
转子铁心	转子冲片　转子铁心	转子铁心一方面作为电动机磁路的一部分，另一方面用来安放转子绕组，用 0.5 mm 厚的硅钢片叠压而成，套在转轴上

续表

组成部件	图示	相关描述
绕线型转子绕组	 绕线型转子实物图 1—风叶　2—铁心　3—绕组　4—滑环  电刷支架 　滑环	转子绕组与定子绕组一样，也是一个三相绕组，一般接成星形，三相引出线分别接到转轴上三个与转轴绝缘的滑环上，通过电刷装置与外电路相连接。其作用如下：一方面转子回路通过滑环才能闭合，使得转子切割旋转磁场相互作用时在绕组中产生电动势，该闭合回路形成电流，从而使转子产生电磁转矩；另一方面是可在转子电路中串接电阻或电动势，以改善电动机的运行性能
笼型转子绕组	 轴 笼型转子实物图  铸铝转子绕组的结构 　铜条转子绕组的结构	转子上的铝条或铜条导体的作用是当转子切割旋转磁场相互作用时产生电磁转矩 笼型绕组是在转子铁心的每一个槽中插入一根铜条，在铜条两端各用一个铜环（称为端环）把导条连接起来，称为铜排转子。也可用铸铝的方法，把转子导条和端环风扇叶片用铝液一次浇铸而成。100 kW 以下异步电动机一般采用铸铝转子

3. 附件部分

三相异步电动机的附件部分包括端盖、轴承与轴承盖、风扇与风罩、接线盒、吊环等。附件部分的结构见表 3–2–3。

表 3-2-3　附件部分的结构

附件	图示	相关描述
端盖		端盖除了起防护作用外，在端盖上还装有轴承，用以支承转子轴。端盖用铸铁或铸钢浇铸成形
轴承盖与轴承	轴承盖　轴承	轴承盖用来固定转子，使转子不能轴向移动，另外起存放润滑油和保护轴承的作用。轴承盖采用铸铁或铸钢浇铸成形。轴承用以支承转轴转动，采用铸钢浇铸成形，轴承内注有润滑油
风罩与风扇	风罩　风扇	风罩用铸铁制成，安装在风扇的外端，用来保护风扇。风扇用塑料制造，安装在转轴上，用来冷却电动机
接线盒		接线盒用来保护和固定绕组的引出线端子，采用铸铁浇铸而成
吊环		吊环用铸钢制造，安装在机座的上端，用来起吊、搬抬三相异步电动机

二、三相异步电动机的拆装

拆装前准备好拆卸电动机的场地和专用工具、材料、仪器、仪表，如图 3-2-2 所示。

图 3–2–2　仪器、仪表及拆装工具

三相异步电动机的拆装步骤如下：

切断电源→拆卸带轮→拆卸风扇→拆卸轴伸端轴承盖和端盖→拆卸后轴承盖和端盖→抽出转子→拆卸轴承→重新装配→检查绝缘电阻→检查接线→通电试车。

图 3–2–3　主要零部件的拆卸

1. 主要零部件的拆卸

主要零部件的拆卸如图 3–2–3 所示，具体拆卸步骤见表 3–2–4。

表 3–2–4　　主要零部件的拆卸步骤

<table>
<tr><th>内容</th><th>图示</th><th>操作步骤及要点</th></tr>
<tr><td rowspan="2">拆卸带轮或联轴器</td><td>带轮</td><td>在带轮或联轴器的轴伸端上做好尺寸标记</td></tr>
<tr><td></td><td>将带轮或联轴器上的定位螺钉或销子松脱后取下，装上拉具，其丝杆顶端要对准电动机轴伸端的中心，使其受力均匀，转动丝杆，把带轮或联轴器慢慢拉出。如拉不出，不要硬卸，可在定位螺钉内注入煤油，过一段时间再拉。注意，此过程中不能用锤子直接敲出带轮或联轴器；否则，会使带轮或联轴器碎裂、转轴变形或端盖受损等</td></tr>
</table>

续表

内容	图示	操作步骤及要点
拆下键、销		用木锤敲击旋具，取下键、销
拆卸风罩	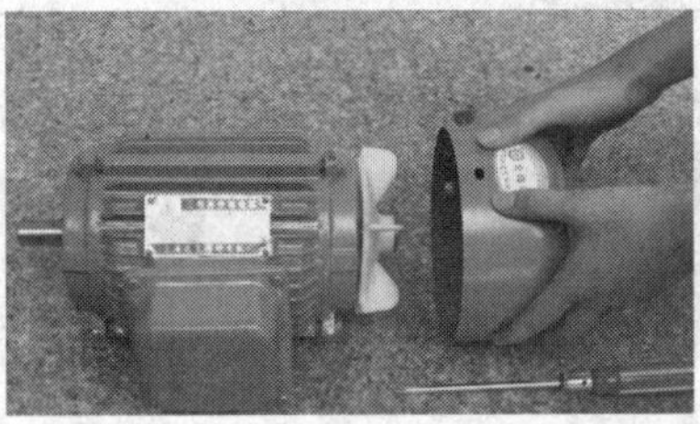	拧下风罩螺钉，取下风罩
拆卸风扇	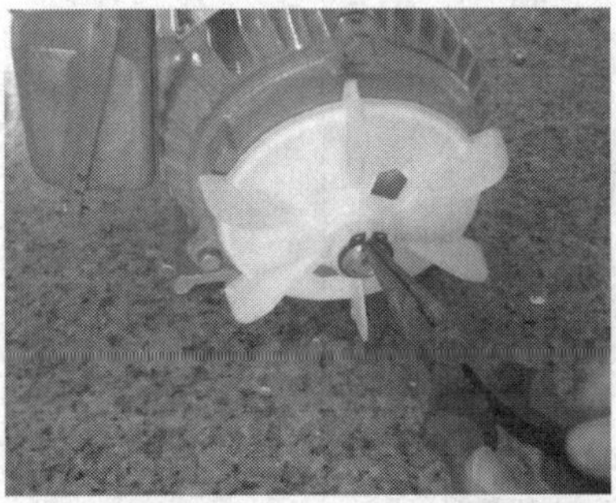	把转轴尾部风扇上的定位螺钉或销子松脱后取下，用金属棒或锤子在风扇四周均匀地轻敲，拆下风扇。小型异步电动机的风扇一般不用卸下，可随转子一起抽出。但如果后端盖内的轴承需要加油或更换时，就必须拆下风扇。对于采用塑料风扇的电动机，可用热水加热使塑料风扇膨胀后卸下
拆卸轴承盖和端盖		先拆下轴承的外盖螺栓，卸下轴承外盖。为便于装配时复位，可在端盖与机座接缝处的任意位置做好标记，然后松开端盖的螺栓，随后用锤子均匀地敲打端盖四周（需衬上垫木），把端盖取下

续表

内容	图示	操作步骤及要点
拆卸轴承盖和端盖	 后端盖	对于小型电动机，可先把轴伸端的轴承外盖卸下，再松开后端盖的固定螺栓（如风扇装在轴伸端，则须先把后端盖外面的轴承外盖取下），然后用木锤敲打轴伸端，这样可把转子连同后端盖一起取下
抽出转子		抽出转子时应小心谨慎，动作缓慢，不可歪斜，以免碰伤定子绕组
拆卸后端盖		用木锤击打卸下后端盖
拆卸轴承	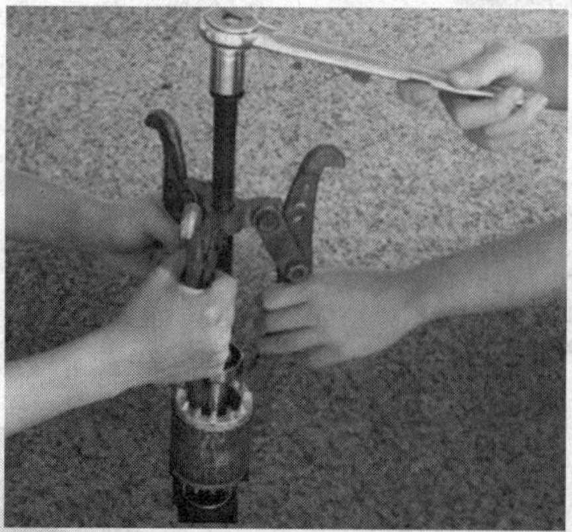	轴承的拆卸目前采用拉具拆卸、用铜棒拆卸、放在圆筒上拆卸、加热拆卸、轴承在端盖内的拆卸五种方法。用拉具拆卸轴承的方法如下：根据轴承的规格及型号选用适宜的拉具，拉具的脚爪应扣在轴承的内圈上，切勿放在外圈上，以免拉坏轴承。拉具的丝杆顶点要对准转子轴端中心，动作要慢，用力要均匀，然后慢慢将轴承拉出

续表

内容	图示	操作步骤及要点
拆卸轴承		放在圆筒上拆卸轴承的方法如下：在轴的下面用两块钢板夹住，放在一个内径略大于转子直径的圆筒上面，在轴的端面垫上铜块，用锤子轻轻敲打，着力点对准轴的中心。在圆筒内放一些棉纱，以防轴承脱落时摔坏转子，当轴承松动时，用力要减弱
		轴承在端盖内的拆卸方法如下：在拆卸时若遇轴承留在轴承室内，则把端盖止口面向上，平稳地放在一块铁板上，垫上一段直径小于轴承外径的金属棒，用锤子沿轴承外圈敲打金属棒，将轴承敲出

2. 主要零部件的安装

主要零部件的安装步骤见表 3–2–5。

表 3–2–5　　主要零部件的安装步骤

项目	图示	操作步骤及要点
检查轴承		先用煤油将轴承和轴承盖清洗干净，清洗后应检查轴承内、外圈有无裂纹等。用手转动轴承外圈，观察其转动是否灵活、均匀。如遇到卡住或松动现象，要用塞尺检查轴承磨损情况，再决定是否更换
清洗轴承		如果不需要更换轴承，可将轴承用汽油洗干净，用干净的抹布擦干。如果需要更换轴承，应将其放置在 70 ~ 80 ℃的变压器

续表

项目	图示	操作步骤及要点
清洗轴承	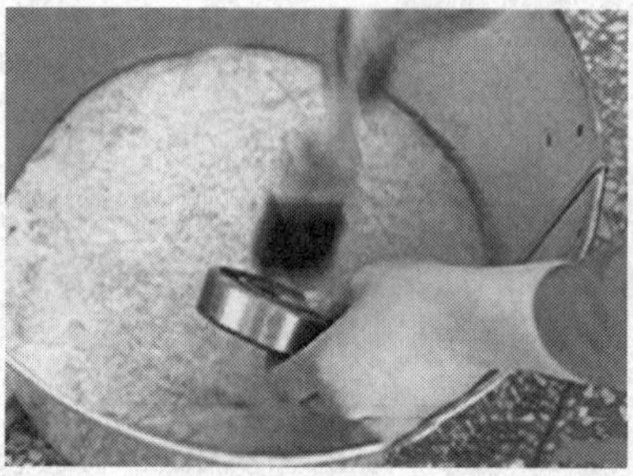	油中加热 5 min 左右，待润滑脂熔化后，再用汽油洗干净，用干净的抹布擦干。对于两极电动机，加入新的润滑脂应为轴承空腔容积的 1/3 ~ 1/2；对于四极或四极以上电动机，加入新的润滑脂应为轴承空腔容积的 2/3，轴承内、外盖加入新的润滑脂应为盖内容积的 1/3 ~ 1/2。新的润滑脂要求洁净、无杂质、无水分。加入时，要求填入均匀，同时防止外界的灰尘、水和切屑等异物落入
安装轴承		将轴承套到轴颈上的方法有冷套法和热套法两种，一般情况下用冷套法。冷套法是把轴承套到轴上，对准轴颈，用一段铁管（内径略大于轴的直径，外径略小于轴承内圈的外径）的一端顶在轴承内圈上，用木锤敲打铁管的另一端，缓慢地将轴承敲入
	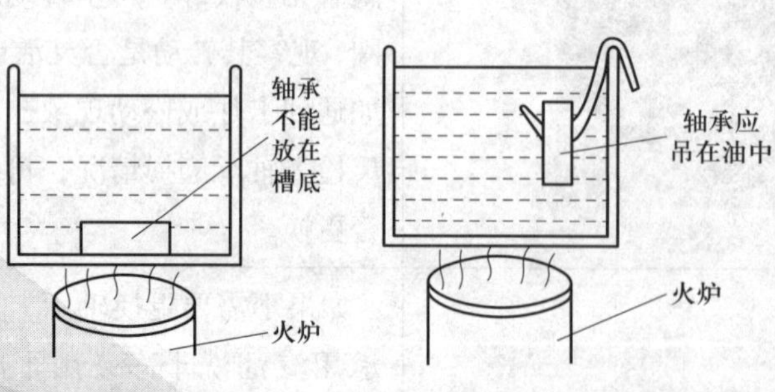	热套法用于配合较紧的轴承，为了避免把轴承内圈胀裂或损伤配合面，可采用此法。将轴承放在油锅（或油槽）里加热，油的温度保持在 100 ℃左右，轴承必须浸在油中，且不能与锅底（或槽底）接触，可用铁丝将轴承吊起架空，加热时要均匀，浸泡 30 ~ 40 min 后，把轴承取出，趁热迅速将轴承一直推到轴颈上

续表

项目	图示	操作步骤及要点
安装后端盖		将轴伸端朝下垂直放置，将后端盖套在后轴承上，用木锤敲打后端盖四周，把后端盖敲进去后，装轴承外盖。紧固内、外轴承盖的螺栓时要依次逐步拧紧
安装转子		把转子对准定子内圈中心，小心地往里放，后端盖要对准与机座的标记，旋上后端盖螺栓，但不要拧紧
安装前端盖		将前端盖对准与机座的标记，用木锤均匀敲击端盖四周。不可单边用力，并拧上前端盖的紧固螺栓
安装风扇	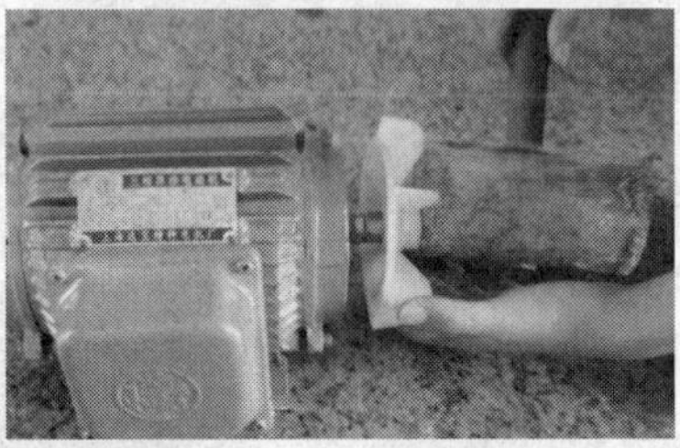	风扇和风罩安装完毕，用手转动转轴，转子应转动灵活、均匀，无停滞或偏重现象
安装风罩		将风罩上的螺钉孔与机座上的螺母对准并将螺钉拧紧即可

续表

项目	图示	操作步骤及要点
安装键		安装时，要注意对准键槽
安装带轮或联轴器	a) b)	对于小型电动机，应在带轮或联轴器的端面垫上木块，用锤子将其打入（见图 a）；也可直接用木锤将其打入（见图 b）。若打入困难时，应在轴的另一端垫上木块并顶在墙上，再打入带轮或联轴器

3. 接线和调试

（1）调试前应进一步检查电动机的装配质量。如各部分螺栓是否拧紧，引出线的标记是否正确，转子转动是否灵活，轴伸端径向有无偏摆的情况等。

（2）用兆欧表测量电动机定子绕组之间和定子绕组与地之间的绝缘电阻，应符合技术要求，如图 3–2–4 所示。

图 3–2–4　用兆欧表测量电动机绝缘电阻

（3）根据电动机铭牌的技术数据（如电压、电流和接线方式等）进行接线，为保证安全，一定要将电动机的接地线接好、接牢。

（4）空载时，测量三相异步电动机三相空载电流是否平衡，如图 3–2–5 所示。同时观察电动机是否有杂音、振动及其他较大噪声，如有应立即停车并进行检修。

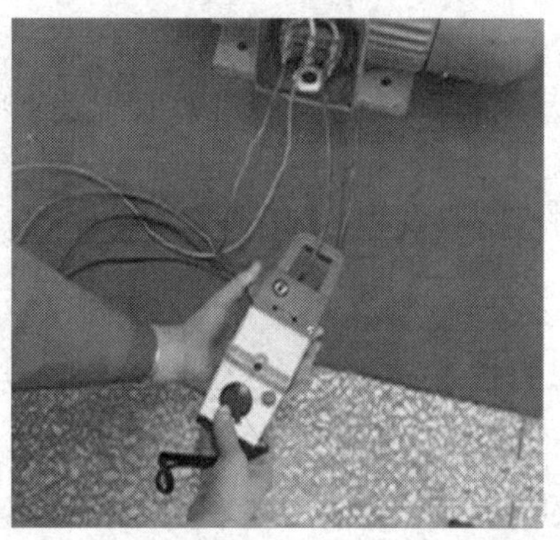

图 3-2-5　测量三相异步电动机的空载电流

（5）用转速表测量电动机转速，并与电动机的额定转速进行比较。

提示

（1）容量及质量较大电动机的拆卸要点

1）先用起重设备将电动机的端盖吊住，然后选择适当的扳手，逐步松开紧固的对角螺栓，用纯铜棒均匀敲打端盖有凸起的部分。注意，拆卸时要防止端盖跌碎或碰伤绕组。

2）抽出转子，用钢丝绳套住转子两端的轴颈，在钢丝绳与轴颈间衬一层纸板或棉纱；当转子的重心已移出定子时，在定子与转子的间隙塞入纸板进行垫衬，并在转子移出的轴端垫上支架或木块；然后改用钢丝绳吊住转子，慢慢将转子抽出。注意，不要将钢丝绳吊在铁心风道中，同时在钢丝绳和转子间垫衬纸板。

3）装配时按拆卸时的相反顺序进行。

（2）绕线型转子电动机的拆卸要点

1）对于绕线型转子电动机，通常是先拆前端盖，后拆后端盖。这是因为前端盖装有电刷装置和短路装置。

2）在拆除前，先把电刷提起并绑扎好，标示好刷架的位置，以防拆卸端盖时碰坏电刷和电刷装置。

3）对于负载端是滚柱轴承的电动机，应先拆卸非负载端。

技能训练

1. 训练内容

4 kW 三相异步电动机的拆卸、接线与调试。

2. 工具、仪表、设备及材料准备

（1）电工工具

准备测电笔、一字型旋具、十字型旋具、钢丝钳、尖嘴钳、斜口钳、剥线钳、电工刀等。

（2）仪表

准备 MF30 型或 MF47 型万用表，T301–A 型钳形电流表，兆欧表 500 V、0 ~ 2 000 MΩ，转速表。

（3）三相异步电动机

1）按实际情况将电动机安装在现场，电动机轴带联轴器。

2）三相异步电动机铭牌的技术数据：型号 Y112M–4、功率 4 kW、额定电压 380 V、额定电流 8.8 A、定子绕组△形联结、额定转速 1 440 r/min。

（4）拆装、接线、调试的专用工具

准备木锤或橡胶锤、锤子、扳手、拉具（三爪或四爪）、铜棒及套管等。

（5）配助手 1 名。

（6）其他

汽油、刷子、干净的抹布、绝缘黑胶布、劳动保护用品等，按需而定。

3. 评分标准（见表 3–2–6）

表 3–2–6　评分标准

序号	主要内容	评分标准	配分	扣分	得分
1	拆装前的准备	1. 操作前未准备好所需的工具、仪表及材料扣 5 分 2. 拆除电动机电源电缆头及电动机外壳保护接地线工艺不正确，电缆头没有安全保护措施扣 5 分 3. 拉联轴器方法不正确扣 5 分	15		
2	拆卸	1. 拆卸方法和步骤不正确，每次扣 2 分 2. 碰伤绕组扣 10 分 3. 损坏零部件，每次扣 2 分 4. 装配标记不清楚，每处扣 2 分	15		
3	装配	1. 装配步骤和方法错误，每次扣 2 分 2. 碰伤绕组扣 5 分 3. 损伤零部件，每次扣 5 分 4. 轴承清洗不干净，加润滑油不适量，每个扣 5 分 5. 紧固螺栓未拧紧，每个扣 2 分 6. 装配后转动不灵活扣 5 分	25		

续表

<table>
<tr><th>序号</th><th>主要内容</th><th colspan="2">评分标准</th><th>配分</th><th>扣分</th><th>得分</th></tr>
<tr><td>4</td><td>接线</td><td colspan="2">1. 接线不正确扣 5 分
2. 接线不熟练扣 5 分
3. 电动机外壳接地不良扣 5 分</td><td>15</td><td></td><td></td></tr>
<tr><td>5</td><td>电气测量</td><td colspan="2">1. 测量电动机绝缘电阻不合格扣 5 分
2. 不会测量电动机的电流、转速等扣 10 分</td><td>15</td><td></td><td></td></tr>
<tr><td>6</td><td>试车</td><td colspan="2">1. 空载试验方法不正确扣 5 分
2. 根据试验结果不会判定电动机是否合格扣 10 分</td><td>15</td><td></td><td></td></tr>
<tr><td rowspan="2">备注</td><td rowspan="2"></td><td>时间</td><td>合计</td><td></td><td></td><td></td></tr>
<tr><td>180 min</td><td>教师签字</td><td colspan="3"></td></tr>
</table>

4. 训练步骤

（1）拆卸前准备

1）准备好拆卸场地及摆放好各种拆卸、安装、接线与调试使用的各种工具；断开电源，拆卸电动机与电源线的连接线，并对电源线头做好绝缘处理。

2）卸下联轴器、地脚螺栓，将各种零部件放入小盒中，以免丢失。

3）做好记录或标记，记录联轴器与端盖之间的距离，以便选择合适的拉具。

（2）拆卸

1）逐步松开紧固的对角螺栓，拆卸下风罩、风扇。

2）在前端盖与机座之间做好记号，以便装配时复位。

3）选择适当的扳手，逐步松开紧固的对角螺栓，用纯铜棒均匀敲打端盖有凸起的部分。注意，拆卸时要防止端盖跌碎或碰伤绕组。

4）在后端盖与机座之间做好记号后，拆卸后端盖。

5）抽出转子。

6）拆卸轴承。根据轴承的规格和型号选择适当的拉具。拉具的脚爪应紧扣轴承内圈，拉具的丝杆顶点要对准转子的中心，缓慢匀速地扳动丝杆，将轴承慢慢拉出。

（3）清洗及装配轴承

1）清洗轴承，检查轴承质量，如果质量不好，按规格和型号更换；反之继续使用。

2）将轴承孔腔内按标注加入润滑脂，用敲打法将轴承装到轴上。

（4）装配

1）按取出转子的相反步骤装入转子。注意，转子一定不要碰伤定子绕组。

2）按拆卸前端盖、后端盖、风扇、风罩和联轴器的方法，依照前端盖→后端盖→风扇→风罩→联轴器的顺序，安装前端盖、后端盖、风扇、风罩和联轴器。

3）检查电动机机械部分的灵活性，不合格要重装。

（5）接线与测试

1）将电动机定子绕组的六个线头拆开，用兆欧表测量电动机定子绕组各相及相与地之间的绝缘电阻。

2）测量电动机空载下三相平衡电流和转速。

提示

（1）拆卸带轮或轴承时要正确使用拉具。

（2）电动机解体前要做好标记，以便组装。

（3）端盖螺栓的松动与紧固必须按对角线交错依次逐步旋动。

（4）不能用锤子直接敲打电动机的任何部位，只能用铜棒在垫好木块后再敲击。

（5）抽出转子或安装转子时要小心谨慎，不可碰伤绕组。

课题三　单相异步电动机的维护

学习目标

1. 熟练拆装单相异步电动机。
2. 掌握单相异步电动机的维护技能。
3. 掌握单相异步电动机常见故障的排除方法。

一、单相异步电动机的结构形式

单相异步电动机的结构特点与三相异步电动机类似，即由产生旋转磁场的定子铁心和绕组与产生感应电动势、感应电流并形成电磁转矩的转子铁心和绕组两大部分组成，普通单相异步电动机的外形与内部结构如图 3–3–1 和图 3–3–2 所示。但因电动机使用场合的不同，其结构形式也各异，大体上可以分为以下几种：

1. 内转子式电动机

内转子式单相异步电动机与三相异步电动机的结构类似，即转子部分位于电动机内部，主要由转子铁心、转子绕组和转轴组成。定子部分位于电动机外部，主要由定子铁心、定子绕组、机座、前端盖和后端盖（有的电动机前端盖和后端盖可代替机座的功能）、轴承等组成。如图 3–3–3 所示的电容运行台扇电动机即为此种结构形式。

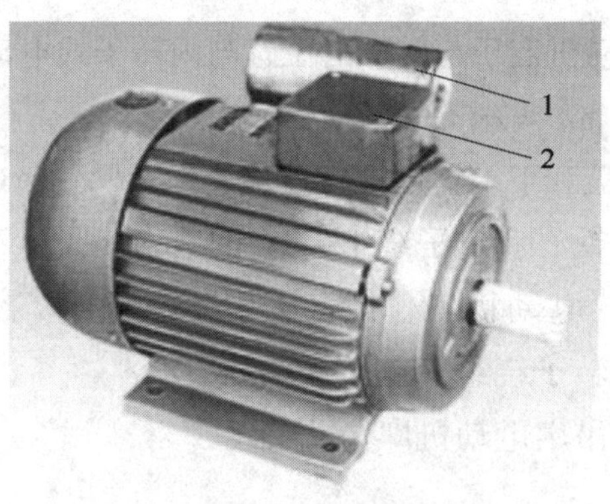

图 3–3–1　单相异步电动机的外形

1—电容器　2—启动开关

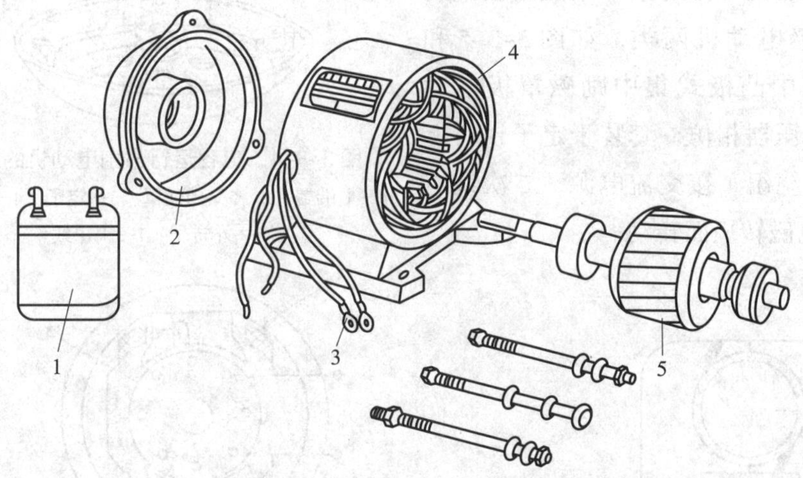

图 3–3–2　单相异步电动机的内部结构

1—电容器　2—端盖　3—电源接线　4—定子　5—转子　6—端盖

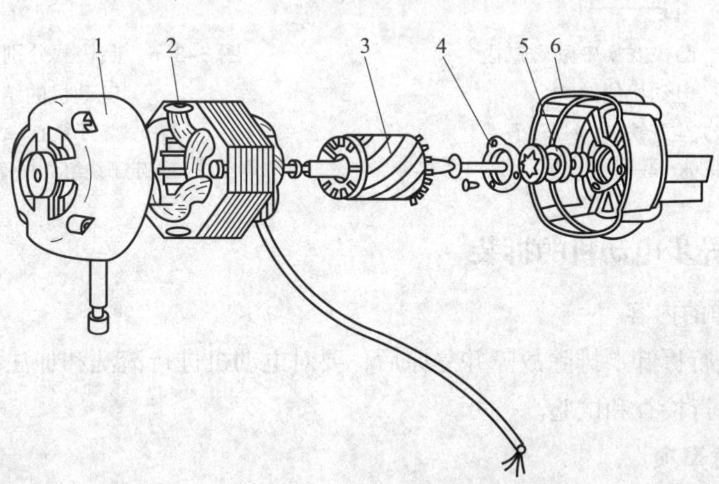

图 3–3–3　电容运行台扇电动机的结构

1—前端盖　2—定子　3—转子　4—轴承盖　5—油毡圈　6—后端盖

2. 外转子式电动机

外转子式单相异步电动机定子与转子的位置与内转子式电动机正好相反。即定子铁心及定子绕组置于电动机内部，转子铁心、转子绕组压装在下端盖内。上端盖和下端盖用螺钉连接，并借助于滚动轴承与定子铁心和定子绕组一起组合成一台完整的电动机。电动机工作时，上端盖、下端盖及转子铁心、转子绕组一起转动。如图 3–3–4 所示的电容运行吊扇电动机即为此种结构形式。

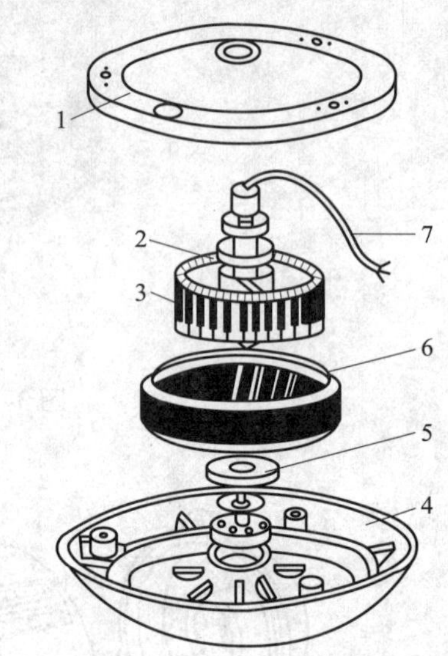

图 3–3–4　电容运行吊扇电动机的结构

1—上端盖　2、5—挡油罩　3—定子　4—下端盖　6—外转子　7—引出线

3. 凸极式罩极电动机

凸极式罩极电动机可分为集中励磁罩极电动机和分别励磁罩极电动机两类，如图 3–3–5 和图 3–3–6 所示。其中凸极式集中励磁罩极电动机的外形与单相变压器相仿，套装于定子铁心上的一次绕组（定子绕组）接交流电源，二次绕组（转子绕组）产生电磁转矩而转动。

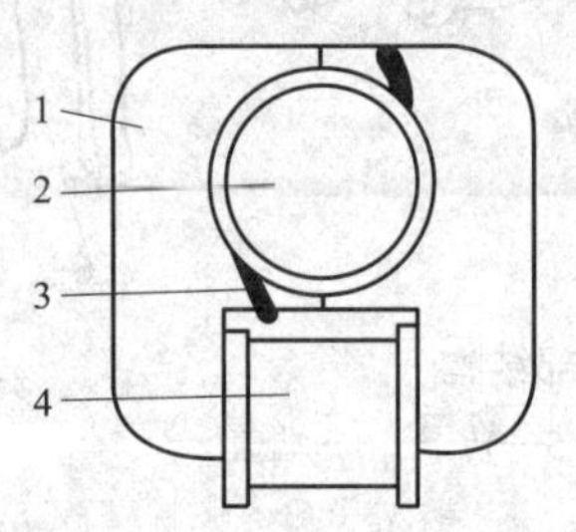

图 3–3–5　凸极式集中励磁罩极电动机的结构

1—凸极式定子铁心　2—转子　3—罩极　4—定子绕组

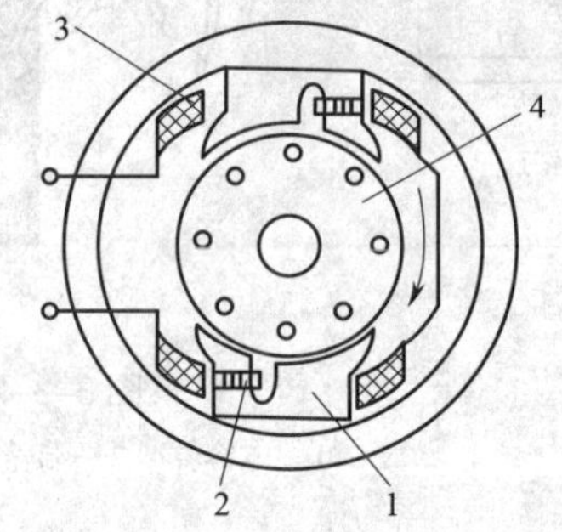

图 3–3–6　凸极式分别励磁罩极电动机的结构

1—凸极式定子铁心　2—罩极　3—定子绕组　4—转子

二、单相异步电动机的拆装

1. 拆卸工作的内容

对电动机进行拆卸、排除故障并复原后，要对电动机进行清洗和加注润滑脂，随后进行装配，最后进行检查和试验。

2. 拆卸注意事项

（1）牢记拆卸步骤

在拆卸时，必须考虑到以后的装配，通常两者顺序正好相反，即先拆的后装，后拆的

先装。对初次拆卸者来说，可以边拆边记录拆卸的顺序。

（2）电动机的零部件集中放置

由于单相异步电动机的许多零部件体积都较小，电动机拆卸后如要进行绕组修换时，间隔时间较长。为保证零部件不损坏，不丢失，必须将所有零部件集中放置在盒子或袋子内，妥善保管。

（3）保证电动机各零部件完好

由于单相异步电动机一般功率都很小，体积小，各零部件的强度比一般的三相异步电动机要低得多。因此，在拆装时应特别注意轻敲、轻打，不允许用与电动机铁心及端盖等硬度相近的金属物敲击电动机，必须借助于纯铜棒、纯铜板、木板等才能敲击电动机。由于电动机定子绕组的线径很细，因此不允许直接碰撞电动机定子绕组，要注意在拆卸电动机时防止各零部件直接跌落在地上或钳台上，造成零部件的变形或破损。

3. 转叶式电风扇的拆装

单相异步电动机的拆装一般比较简单，通常不需要专用工具，在拆卸前先仔细观察被拆电动机的外部结构，以确定拆卸的顺序。下面以转叶式电风扇为例进行介绍，各类排风扇（换风扇）的拆卸与此类同。

（1）转叶式电风扇的结构

转叶式电风扇如图 3–3–7 所示，其风力比较均匀、柔和。它由一台主电动机（风扇电动机）和一台转叶电动机构成。风的方向由转叶电动机驱动转叶轮进行自动控制（也有转叶不用电动机驱动而利用风力推动的自动转动结构），其中主电动机为电容运行单相异步电动机，转叶电动机则为只有一组定子绕组的单相异步电动机，本身没有启动转矩，它必须在主电动机转动后才能工作。此时主电动机的风力吹动转叶轮时产生作用力，即为转叶电动机的启动外力，使转叶电动机启动旋转。由于每次转叶电动机启动时转叶轮所处的位置不同，因此该启动外力的方向也不相同，所以转叶轮有时顺时针转，有时逆时针转，但这不影响整台转叶式电风扇的工作效果。如需将风的方向固定不动，则只需断开转叶电动机的电源开关即可。

a）

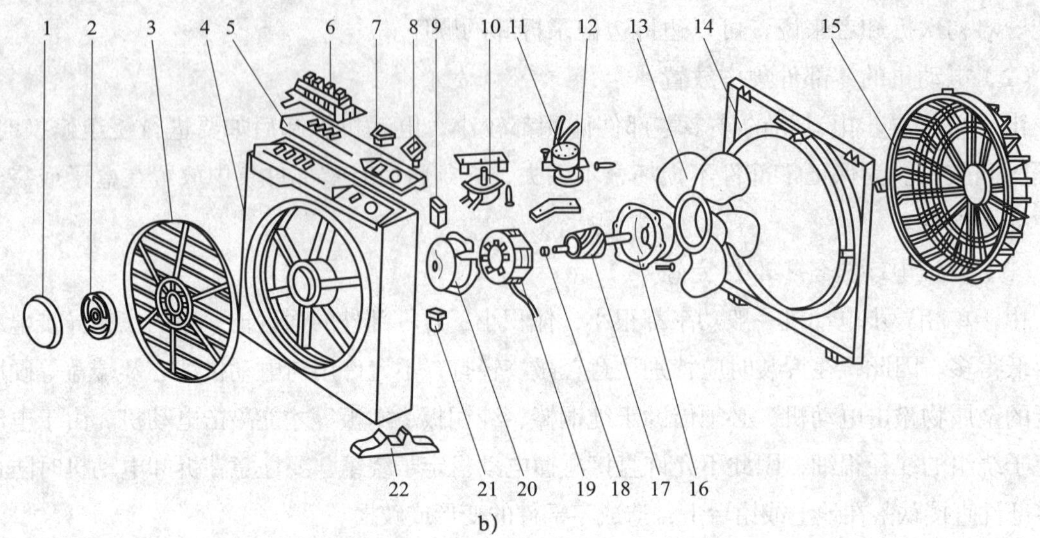

b）

图 3–3–7　转叶式电风扇

a）外形图　b）拆解图

1—装饰件　2—转叶衬圈　3—转叶轮　4—前框架　5—开关罩　6—琴键开关　7—转叶电动机开关　8—定时开关钮　9—电容器　10—定时开关　11—转叶微电动机　12—橡皮轮　13—风扇　14—风扇前盖　15—网罩　16—电动机后端盖　17—转子　18—轴承构件　19—定子　20—电动机前端盖　21—跌倒开关　22—底脚

（2）转叶式电风扇的拆卸步骤

1）拧下风扇网罩 15 的紧固螺钉，将网罩取下。

2）拧下风扇 13 的紧固螺母，将风扇从主电动机的转轴上取下。

3）取下装饰件 1，转动转叶衬圈 2 并将该衬圈取下。

4）取出转叶轮 3。

5）拧下风扇前盖 14 与前框架 4 之间的紧固螺钉，将风扇前盖 14 取下。

6）拧下风扇电动机与前框架 4 之间的紧固螺钉，将风扇电动机取下。

4. 内转子式单相异步电动机的拆卸步骤

该风扇电动机为电容运行单相异步电动机，与排风扇、电容运行台扇的单相异步电动机结构相似，即为内转子式结构。

（1）松开风扇电动机前、后端盖的紧固螺钉，即可将电动机后端盖 16 拉出。

（2）用手拿住转子轴，向外拉出转子 17，如无法拉出时，可用台虎钳将转子或转子轴夹住（注意：必须在钳口处垫上木板），用铜棒或木块均匀敲击定子 19 或电动机前端盖 20，使转子与电动机前端盖 20 分离。

（3）取出压入电动机前端盖中的定子铁心及定子绕组

1）敲打定子铁心法。如端盖正面有孔，则可用此法拆卸，即把定子铁心与前端盖组件一起放在一个钢套筒上，如图 3–3–8 所示。钢套筒内径应稍大于定子铁心外径，用一根铜棒插入电动机后端盖的孔内，与定子铁心端面接触（注意：千万不能触及定子绕

组），在定子铁心四周用锤子敲打铜棒，直到定子铁心及定子绕组脱离电动机前端盖。用此法拆卸时，钢套筒下面要多垫些棉纱等软物，以防止定子铁心掉下时损伤定子绕组。

2）撞击法。如端盖正面无孔，则可用此法拆卸，即将定子铁心及前端盖组件倒放在一个圆筒上，圆筒底部要多垫些棉纱等软物，如图 3–3–9 所示。用双手将该组件与圆筒抱在一起进行撞击，依靠定子铁心和定子绕组的质量，使其与前端盖脱离。

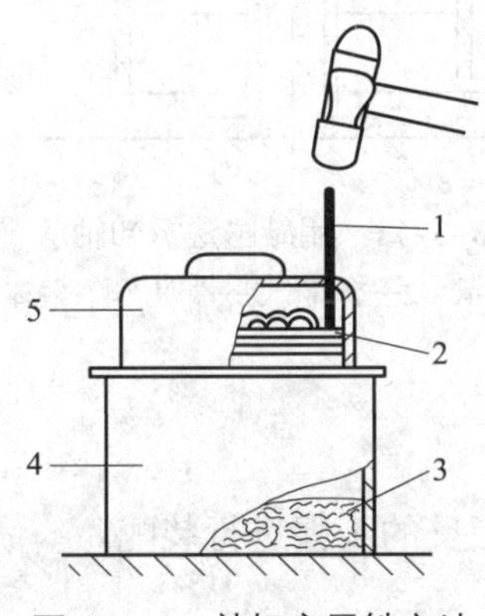

图 3–3–8　敲打定子铁心法
1—铜棒　2—定子　3—棉纱
4—钢套筒　5—前端盖

图 3–3–9　撞击法

3）敲打端盖法。将定子铁心伸出端盖的部分用台虎钳夹紧（注意：不能触及定子绕组），随后用铜棒敲击端盖边沿，使端盖与定子铁心脱离，注意不能损伤端盖。此法不需任何专用工具，最为简单，如有可能应优先考虑采用。

（4）轴承的拆装

外转子式单相异步电动机（吊扇电动机）的轴承一般均为滚动轴承，其拆装方法与三相异步电动机轴承的拆装方法相同。内转子式单相异步电动机的轴承一般均为圆柱形滑动轴承，其拆卸方法一般有以下两种：

1）用轴承拉具拆卸。按图 3–3–10 所示将拉具定位后，只需旋动轴承拉杆上部的螺母，拉杆下面的凸台即能把轴承慢慢拉出。

2）用敲击法拆卸。如图 3–3–11 所示，用锤子敲击铜棒，该铜棒直径较小部分的尺寸应比轴承内孔稍小，铜棒直径较大部分的尺寸应小于端盖上的轴承孔径，用锤子敲击铜棒时用力应垂直、均匀，轻敲慢打，以免导致端盖变形。

安装圆柱形滑动轴承时，首先应将轴承内外和端盖上的轴承孔清洗干净，然后将浸透机油的油毡放入端盖轴承孔的油毡槽内，在滑动轴承的内、外涂上机油，再将轴承均匀地压入或打入端盖的轴承孔内，要注意保证轴承与端盖轴承孔之间的同轴度，不能偏斜。

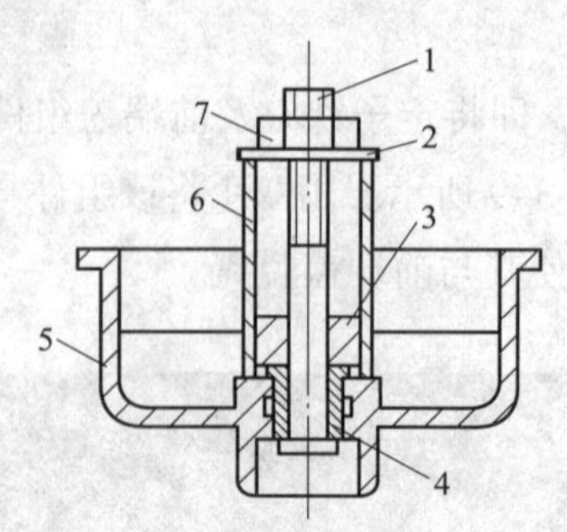

图 3–3–10　用轴承拉具拆卸轴承

1—轴承拉杆　2—垫圈　3—滑块　4—轴承
5—端盖　6—套筒　7—螺母

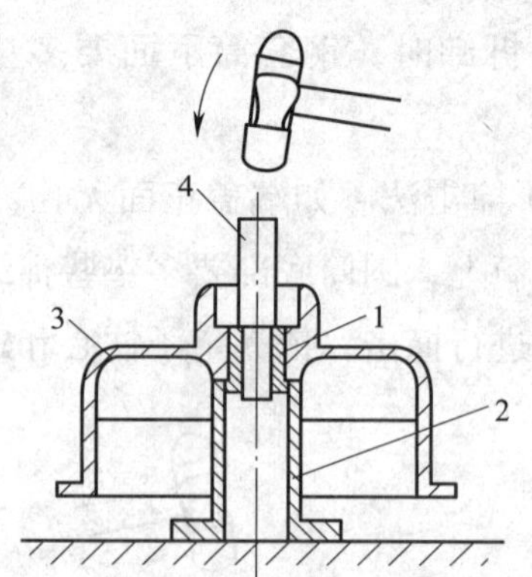

图 3–3–11　用敲击法拆卸轴承

1—轴承　2—套筒　3—端盖　4—铜棒

5. 装配步骤

将各零部件清洗干净，检查并确认完好后，按与拆卸相反的步骤进行装配。

三、单相异步电动机使用和维护方法

单相异步电动机的使用和维护与三相异步电动机相同，但要注意以下几点：

1. 单相异步电动机接线时，需正确区分工作绕组与启动绕组，并注意它们的首端和尾端。如果标识脱落，则电阻大的为启动绕组。

2. 更换电容器时，电容器的容量与工作电压必须与原规格相同。启动用的电容器应选用专用的电解电容器，其通电时间一般不得超过 3 s。

3. 对于单相启动式电动机，只有在电动机静止或转速降低到使离心开关闭合时，才能改变其接线方向。

4. 额定频率为 60 Hz 的电动机不得用于 50 Hz 电源；否则，将引起电流增大，造成电动机过热甚至烧毁。

四、单相异步电动机常见故障及处理

单相异步电动机的许多故障，如机械构件故障和绕组断线、短路、接地等故障，在故障现象和处理方法上都与三相异步电动机相同。但由于单相异步电动机结构上的特殊性，有些故障也与三相异步电动机不同，如启动装置故障、启动绕组故障、电容器故障等。单相异步电动机常见故障现象及产生原因见表 3–3–1。

表 3–3–1　　单相异步电动机常见故障现象及产生原因

故障现象	产生原因
无法启动	1. 电源电压不正常 2. 电动机定子绕组断路 3. 电容器损坏或引线松脱 4. 离心开关触点闭合不上 5. 转子卡住 6. 过载
启动转矩很小或启动迟缓且转向不定	1. 启动绕组断路 2. 电容器开路 3. 离心开关触点闭合不上
电动机转速低于正常转速	1. 电源电压偏低 2. 绕组匝间短路 3. 离心开关触点无法断开，启动绕组未切除 4. 电容器损坏（击穿或容量减小） 5. 电动机负载过重
电动机过热	1. 工作绕组或启动绕组（电容运行式）短路或接地 2. 电容启动式电动机工作绕组与启动绕组相互接错 3. 电容启动式电动机离心开关触点无法断开，使启动绕组长期运行
电动机转动时噪声大或振动大	1. 绕组短路或接地 2. 轴承损坏或缺少润滑油 3. 定子与转子空隙中有杂物 4. 风扇变形、不平衡

1. 训练内容

单相吊扇的检修。

2. 仪表、工具及设备准备

准备吊扇、万用表、兆欧表和常用电工工具。

3. 评分标准（见表 3–3–2）

表 3–3–2　　评分标准

序号	主要内容	评分标准		配分	扣分	得分
1	检查电源电压	工艺要点________ 工艺要点回答不出来扣 10 分		10		
2	检查接线	工艺要点________ 工艺要点回答不出来扣 10 分		10		
3	检查开关、熔断器、启动装置、传动装置等	工艺要点________ 工艺要点回答不出来扣 10 分		10		
4	检查电容器	工艺要点________ 工艺要点回答不出来扣 10 分		10		
5	检查定子绕组	1. 定子绕组断路故障检查工艺要点________ 2. 定子绕组短路故障检查工艺要点________ 3. 定子绕组接地故障检查工艺要点________ 4. 定子绕组接错或嵌反故障检查工艺要点________ 工艺要点回答不出来，每项扣 10 分		40		
6	检查笼型转子	笼型转子断条故障检查工艺要点________ 工艺要点回答不出来扣 20 分		20		
备注		时间	合计			
		120 min	教师签字			

4. 训练步骤

（1）拆卸吊扇

吊扇外形如图 3–3–12 所示，吊扇电路图如图 3–3–13 所示。

1）切断交流电源。

2）拆下扇叶。

3）取下吊扇。

4）拆除启动电容器、接线端子及风扇电动机以外的其他附件。此时，必须记录下启动电容器的接线方法及电源接线方法。

图 3–3–12　吊扇外形

（2）吊扇电动机的拆卸

1）拆除上、下端盖之间的紧固螺钉。

2）取出上端盖。

3）取出内定子铁心和定子绕组组件。

4）使外转子与下端盖脱离。

5）取出滚动轴承。

吊扇电动机的结构如图 3-3-14 所示。

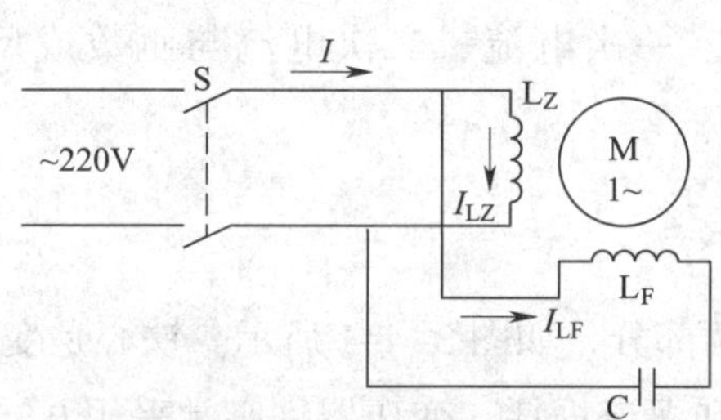

图 3-3-13　吊扇电路图

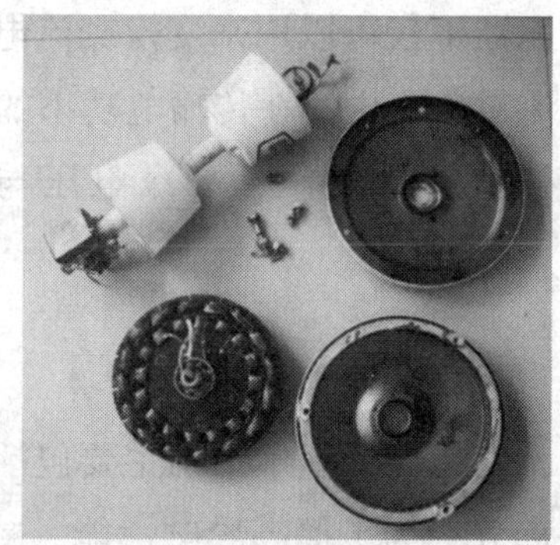

图 3-3-14　吊扇电动机的结构

（3）检查启动电容器的好坏。

（4）测量并记录定子绕组绝缘电阻的阻值。

（5）清洗滚动轴承并加注润滑油。

（6）在确认吊扇装配及接线无误后可通电试运转，观察电动机的启动情况、转向与转速。如有调速器，可接入调速器，观察调速情况。

提示

（1）在拆除吊扇电源线及电容器时，必须注意记录接线方法，以免出错。

（2）拆装吊扇时不可用力过猛，以免损坏零部件。

（3）装配好的吊扇在试运转时，必须密切注意其启动情况、转向及转速。同时应观察吊扇的运转情况是否正常，如发现不正常应立即停电检查。

课题四　小型变压器的绕制与检修

学习目标

1. 掌握小型变压器的绕制方法。
2. 能够检修小型变压器的常见故障。

变压器是一种静止的电气设备，它利用电磁感应原理，把输入的交流电压升高或降低为同频率的交流输出电压，以满足高压输电、低压供电及其他用途的需要。变压器的种类有很多，按用途分为电力变压器、整流变压器、电焊变压器和特殊变压器。变压器对电能的经济传输、分配和安全使用具有重要意义。为保证变压器能长期、安全、可靠地运行，必须十分重视变压器的维护工作。

一、小型变压器的工作原理

变压器不仅可以用来变换交流电压，还能变换交流电流、阻抗和相位，但不能变换频率和直流量。变压器在传输电功率的过程中遵守能量守恒定律。

变压器一次电压、二次电压与匝数成正比，一次电流、二次电流与匝数成反比。即：

$$k=\frac{N_1}{N_2}=\frac{U_1}{U_2}=\frac{I_2}{I_1}$$

单相变压器的基本结构主要包括铁心和绕组两部分，如图 3–4–1 所示。铁心是变压器的磁路部分，为了提高导磁性能，减少磁滞损耗和涡流损耗，变压器铁心常采用 0.35 mm 厚的硅钢片叠装而成，片间彼此绝缘。

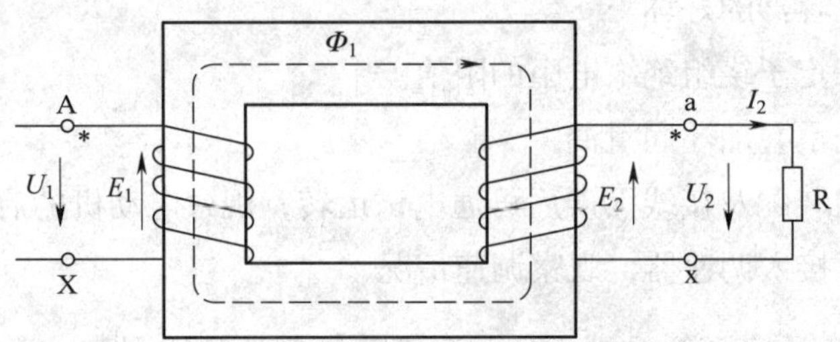

图 3–4–1　小型变压器的结构及原理

二、小型变压器的绕制

1. 绕制前的准备工作

（1）准备工具

拆装与重绕工具见表 3–4–1。

（2）绝缘材料的选择

绝缘材料的选用必须考虑耐压要求和允许厚度，层间绝缘厚度应按两倍层间电压的绝缘强度选用。对于 1 000 V 以下要求不高的变压器也可用电压的峰值，即两倍层间电压为选用标准。对铁心绝缘及绕组间的绝缘，按对地电压的两倍来选用。

（3）标准变压器参数的测量

标准变压器参数的测量步骤见表 3–4–2。

表 3-4-1　　拆装与重绕工具

材料、仪表或工具名称	图示	描述
标准变压器及漆包线		通过拆卸标准变压器可知，应确定相应的一次绕组和二次绕组漆包线的线径
绝缘材料	牛皮纸 　青壳纸	绝缘材料的选择应从两个方面考虑，一方面是耐压要求，另一方面是允许的厚度，对于层间绝缘应选用厚度为 0.08 mm 的牛皮纸，线包外层绝缘使用厚度为 0.25 mm 的青壳纸
仪表和量具	 万用表 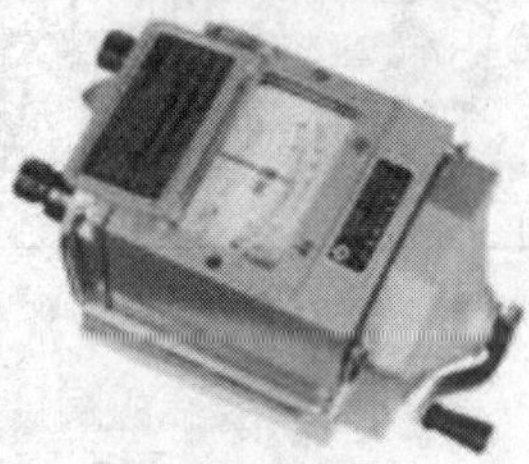　兆欧表 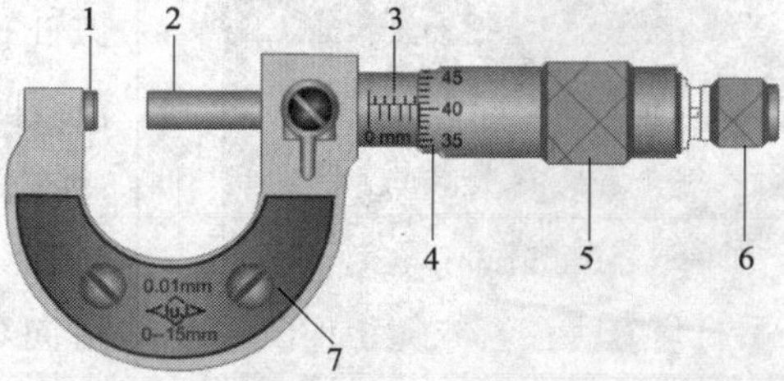 千分尺 1—砧座　2—测微螺杆　3—固定套管　4—微分筒 5—旋钮　6—测力装置　7—尺架	分别用于测量变压器绕组的直流电阻、绝缘电阻和线径

续表

材料、仪表或工具名称	图示	描述
工具	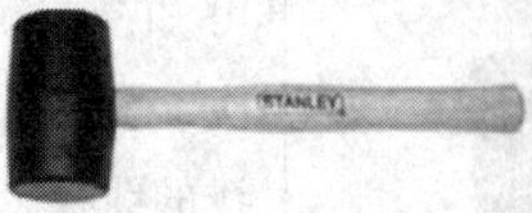 胶锤（或木锤） 　绕线机	用于拆卸变压器的铁心、绕组及用于绕线

表 3-4-2　　标准变压器参数的测量步骤

序号	步骤	图示	步骤描述
1	兆欧表的开路试验	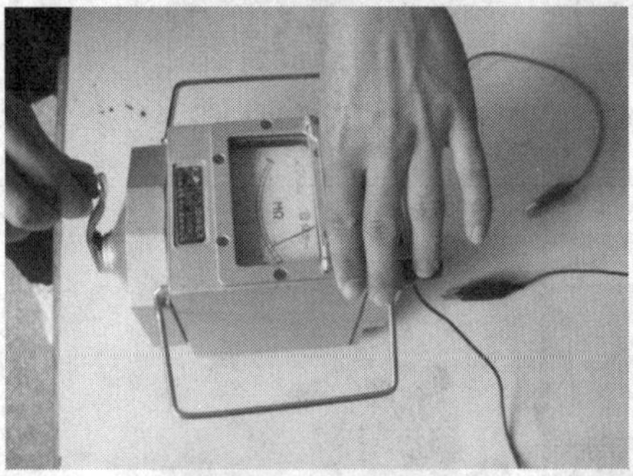	将兆欧表 L 线与 E 线自然分开，以 120 r/min 的速度摇动兆欧表。正常情况下兆欧表的指针应指向无穷大，以此也能证明兆欧表电压线圈正常
2	兆欧表的短路试验	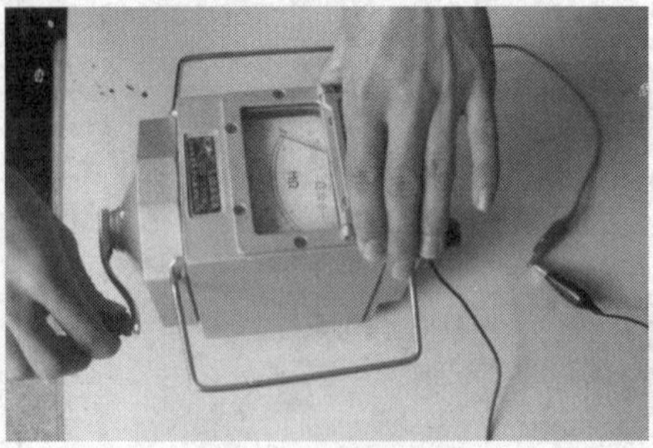	将兆欧表 L 线与 E 线短接，轻轻摇动兆欧表。正常情况下兆欧表的指针应很快指向刻度 0，以此也能证明兆欧表电流线圈正常 注意：兆欧表短接后轻摇一下即可，当指针指向刻度 0 后就不允许继续摇动；否则，此时的短路电流可能会将兆欧表的电流线圈烧毁

续表

序号	步骤	图示	步骤描述
3	一次绕组和二次绕组间绝缘电阻的测试		用兆欧表测量一次绕组和二次绕组间的绝缘电阻，阻值接近“∞” （用兆欧表测量各绕组间和各绕组对铁心的绝缘电阻。400 V 以下的变压器绝缘电阻阻值应不低于 90 MΩ）
4	一次绕组与铁心间绝缘电阻的测试		用兆欧表测量一次绕组对铁心（外壳）的绝缘电阻，阻值接近“∞”
5	二次绕组与铁心间绝缘电阻的测试		用兆欧表测量二次绕组对铁心（外壳）的绝缘电阻，阻值接近“∞”
6	兆欧表读数情况		测量阻值接近“∞”时的表面读数情况
7	空载电压的测试		当一次电压为额定值 220 V 时，二次绕组的空载电压允许误差为 ±5%，现测得二次电压为 16.5 V，误差为 3%，在允许范围内（二次电压应为多少？是 16 V 还是 17 V？）

（4）导线的选择

根据计算的匝数和导线的截面积选用相应规格的漆包线。对于 500 V 以下的变压器，当一次绕组、二次绕组裸导线的截面积乘以对应的匝数所得总截面积占铁心窗口面积的 50% 左右时，一般绕不下。若导线总截面积超过铁心窗口面积的 30% 时，即可考虑把匝数多的那个绕组改用小一号的导线，或都改用性能较好的绝缘材料，这样线包（绕好的全部绕组）不会因装不下铁心而返工。对于重新绕制的变压器，应利用千分尺分别测出其一次绕组和二次绕组的线径，如图 3-4-2 所示。

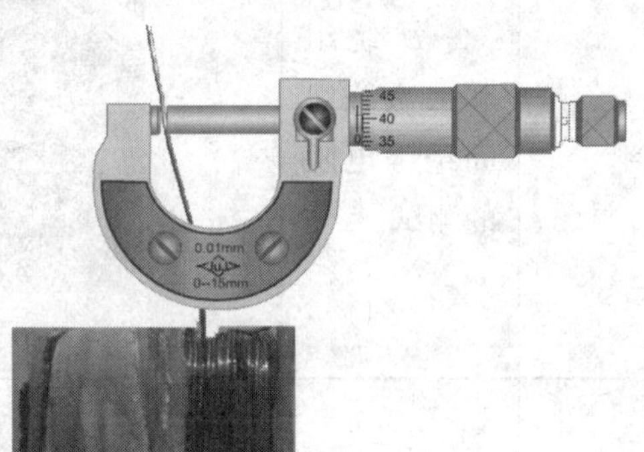

图 3-4-2　用千分尺分别测出一次绕组和二次绕组的线径

（5）单相变压器的拆卸

1）对小型变压器的铁心和绕组进行拆卸。

2）记录骨架尺寸参数、绕组的线径和匝数。

单相变压器拆卸步骤见表 3-4-3。

表 3-4-3　单相变压器拆卸步骤

序号	步骤	步骤描述	
1	外壳的拆卸	1. 用一字型旋具将卡住小型变压器底板的四个卡脚撬起	2. 取出外壳底板
		3. 将整个外壳拆卸下来，并取出铁心	4. 拆卸后实物照片

续表

<table>
<tr><th>序号</th><th>步骤</th><th colspan="2">步骤描述</th></tr>
<tr><td rowspan="2">2</td><td rowspan="2">铁心的拆卸</td><td>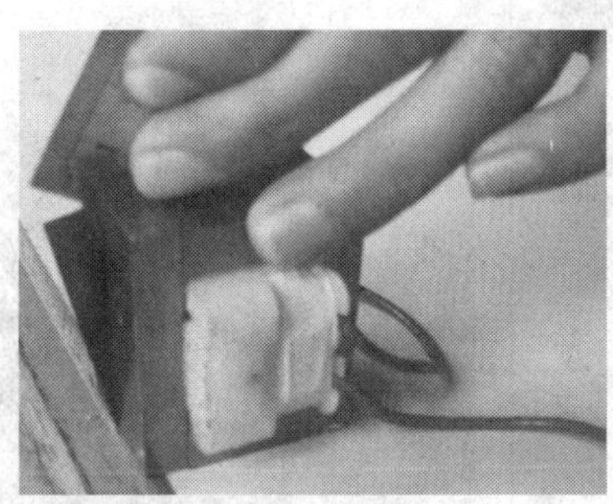
1. 将变压器置于 80 ~ 100 ℃的温度下烘烤 2 h 左右，使绝缘软化，减小绝缘漆黏合力，并用锯条或刀片清除铁心表面的绝缘漆膜。在变压器下方垫一木块，外边缘留几片不垫在木块上，在上方用磨制的断锯条或薄铁片对准最外面一层硅钢片的舌片</td><td>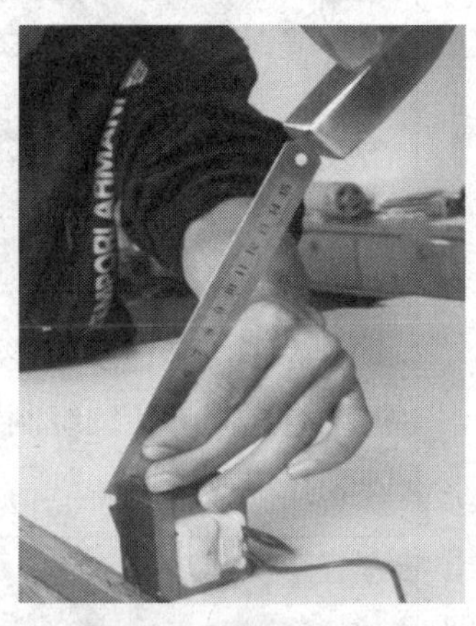
2. 用锤子轻敲薄铁片（图中为钢直尺），将硅钢片先冲出几片</td></tr>
<tr><td>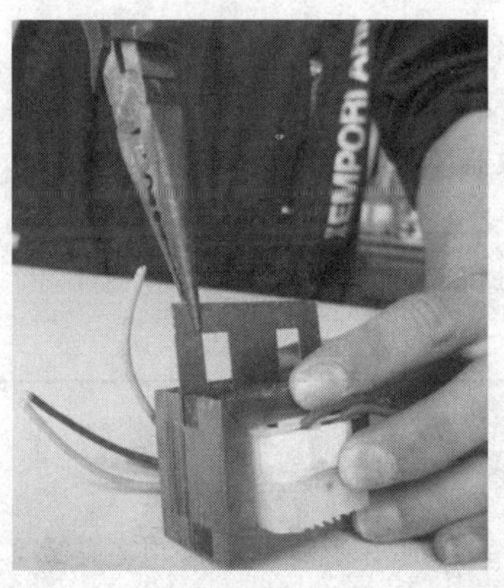
3. 将冲出的那几片硅钢片向两侧摇动，使硅钢片松动，同时将铁心边摇动边往上提，直到将这片硅钢片取出为止</td><td>
4. 重复上述过程，逐步取出最外面插得较紧的硅钢片。外层硅钢片取出后，铁心已不太紧固，其余硅钢片可直接用手取出</td></tr>
</table>

续表

<table>
<tr><th>序号</th><th>步骤</th><th colspan="2">步骤描述</th></tr>
<tr><td rowspan="2">3</td><td rowspan="2">绕组的拆卸</td><td>
1. 为了便于记录原绕组的匝数，将待拆绕组连同骨架按绕制线圈的相反方向安装在绕线机上</td><td>
2. 将绕线机的计数器清零</td></tr>
<tr><td>
3. 用手拖动绕组的线头并将拉出来的线绕在另一空骨架上。在骨架的带动下，绕线机也被动转动，同时带动计数器计数。用此方法分别将一次绕组和二次绕组拆卸下来，并分别记录一次绕组和二次绕组的匝数</td><td></td></tr>
</table>

提示

对有卷边和弯曲的硅钢片，可用木锤将其敲直展平后继续使用。注意，不可用铁锤敲打，以免造成延展变形。若硅钢片表面有锈蚀，应用煤油浸泡掉锈斑和旧的绝缘漆膜，重新刷绝缘漆。

如果整个线包需要重新绕制，原有的漆包线和骨架均不再用时，可采用破坏性拆法：将变压器铁心夹紧在台虎钳上，用钢锯沿着铁心舌宽面将线包连同骨架一起锯开，即可轻易拆开铁心。

2. 制作木芯

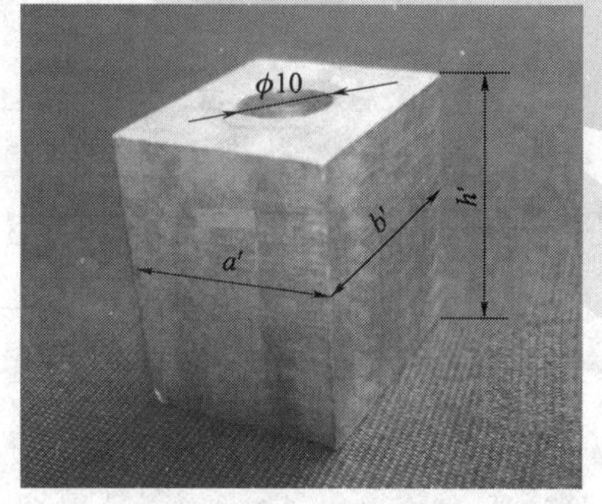

图 3–4–3　木芯

木芯是用来套在绕线机转轴上支承绕组骨架的，以便于进行绕线。通常用杨木或杉木按比铁心中心柱截面 $a\times b$ 稍大的尺寸 $a'\times b'$ 制成，如图 3–4–3 所示。木芯的长度 h' 应比铁心窗口高度 h 大一些，木芯的中心孔径为 10 mm，孔必须钻得平直，木芯的四边必须相互垂直；否则绕线时会发生晃动，绕组不易平齐。木芯的边角用砂纸略磨出圆角，以便于套进或抽出绕组骨架。

绕线芯子除起支承作用外，还对铁心起绝缘作用。用料应具有一定的强度与绝缘性能。小型变压器可选用绝缘纸板制成无框纸质骨架，如图 3–4–4 所示。无框纸质绕线芯子一般用弹性纸制成。弹性纸的厚度根据变压器的容量选用，纸板的宽度等于木芯的长度 h'，弹性纸的长度 L 为：

$$L=2(b'+t)+a'+2(a'+t)=3a'+2b'+4t$$

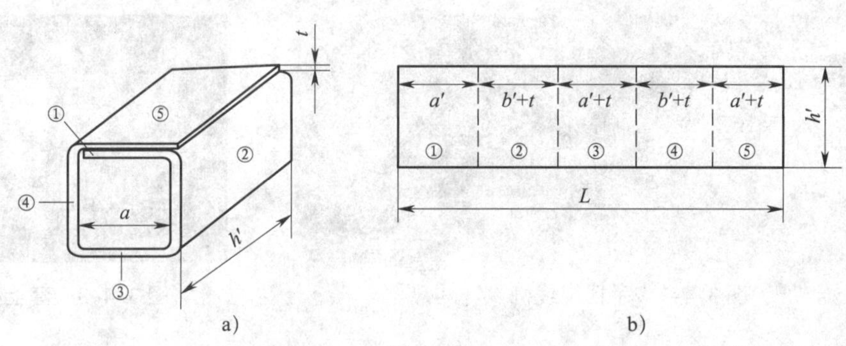

图 3–4–4　无框纸质绕线转子

a）绕线转子外形　b）展开图

按照图 3–4–4b 中虚线用裁纸刀划出浅沟，沿沟痕把弹性纸折成方形。第⑤面与第①面重叠，用胶水粘住。

要求较高的变压器都采用有框骨架。框架可用钢纸（又称反白）或玻璃纤维等材料制成，骨架实物图如图 3–4–5 所示。活络框架的结构如图 3–4–6 所示。框架的两端用两块框板支住，四侧采用两种形状的夹板，拼合成一个完整的框架，如图 3–4–6d 所示。

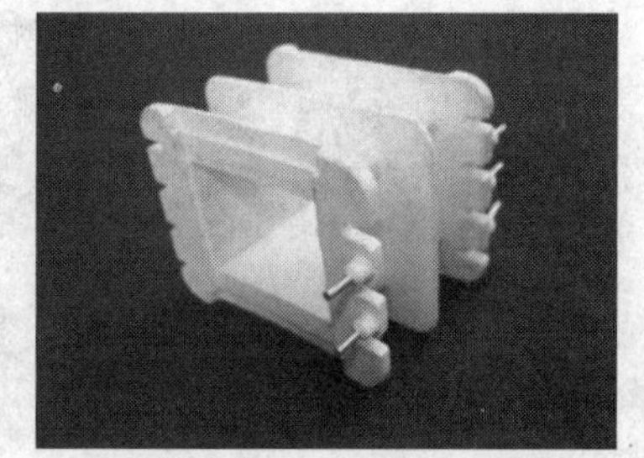
图 3–4–5　骨架实物图

3. 绕线

（1）裁剪好各种绝缘纸（布）

绝缘纸的宽度应稍长于骨架或绕线芯子长度；而绝缘纸的长度应稍大于骨架或绕线芯子的周长，还应考虑到绕组绕大后所需的裕量。

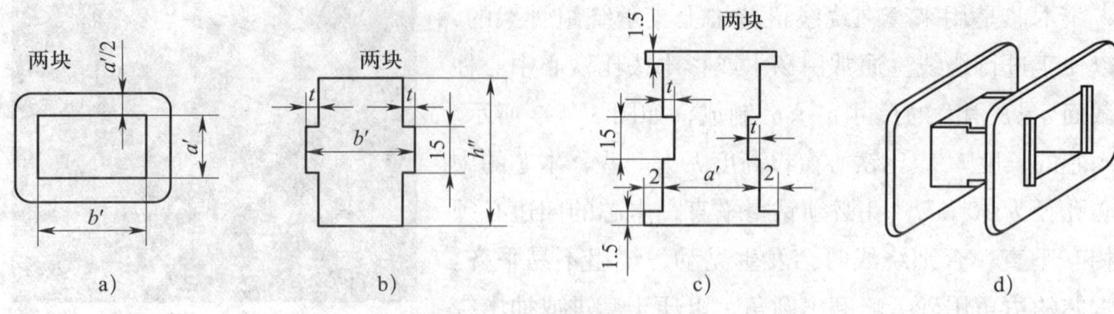

图 3–4–6　活络框架的结构

a）框板　b）、c）夹板　d）活络框架的组成

（2）起绕

小型变压器的绕组一般都采用手摇绕线机（见图 3–4–7）绕制而成。一般绕线前先套上芯子，如图 3–4–8 所示。在套好木芯的骨架或绕线芯子上垫好对铁心的绝缘层，然后将木芯中心孔穿入绕线机轴后紧固，如图 3–4–9 所示。

图 3–4–7　手摇绕线机

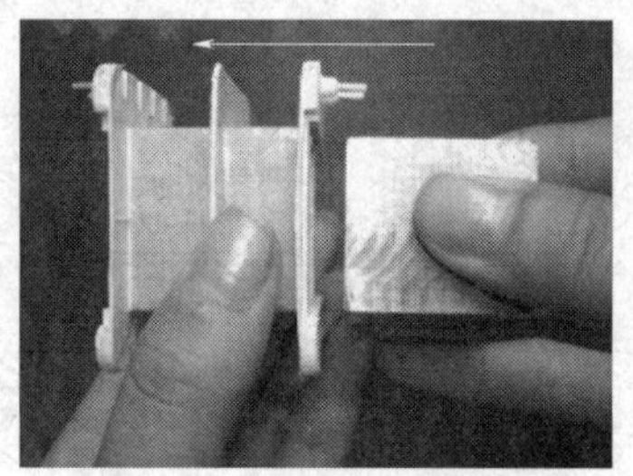

图 3–4–8　套上芯子

若采用的是绕线芯子，起绕时在导线引线头压入一条绝缘带的折条，以便抽紧起始线头，如图 3–4–10 所示。起绕时，在骨架上垫好绝缘层，然后导线一端固定在骨架的引脚上，如图 3–4–11 所示。引线需紧贴骨架，用透明胶带将其贴牢，如图 3–4–12 所示。导线起绕点不可过于靠近绕线芯子的边缘，以免在绕线时漆包线滑出，并可防止在插硅钢片时碰伤导线的绝缘层。若采用有框骨架，导线要紧靠边框板，不必留出空间。绕线时从引线的反方向开始绕起，以便压紧起始线头，如图 3–4–13 所示。

图 3–4–9　将骨架与绕线机轴紧固

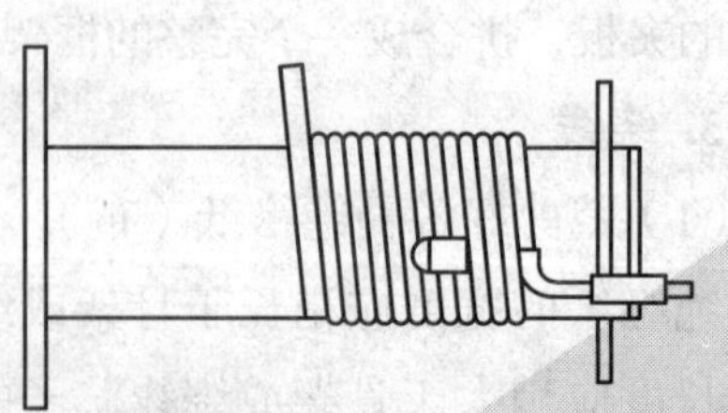

图 3–4–10　绕组线头的紧固

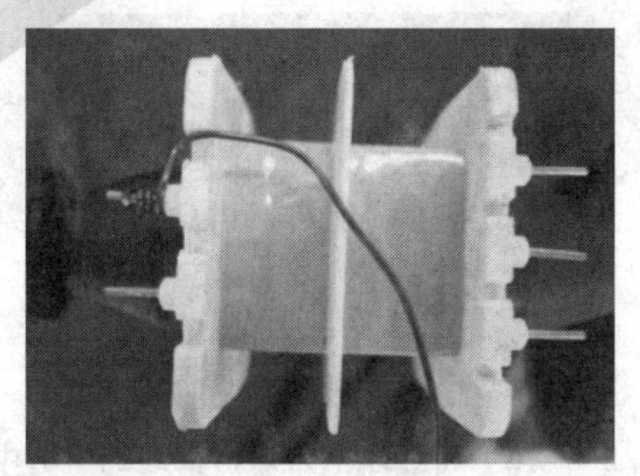

图 3–4–11　将导线固定在骨架的引脚上

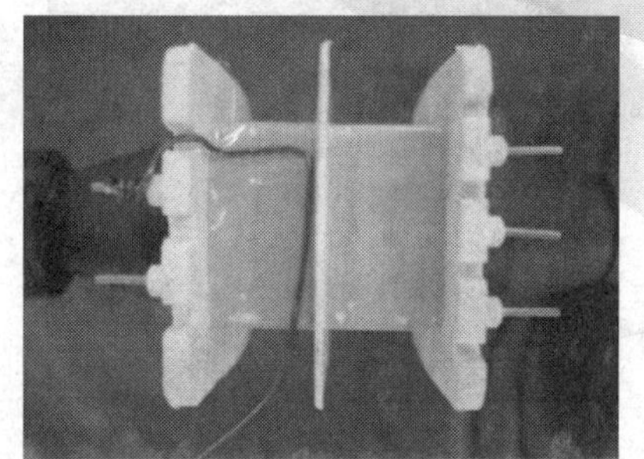

图 3–4–12　引线紧贴骨架

（3）绕线方法

导线要求绕得紧密、整齐，不允许有叠线现象。绕线时将导线稍微拉向绕线前进的相反方向 5° 左右，如图 3–4–14 所示，拉线的手顺绕线前进方向而移动，拉力大小应根据导线粗细而掌握适当，导线就容易排列整齐。每绕完一层要垫层间绝缘。

图 3–4–13　从反方向开始绕起

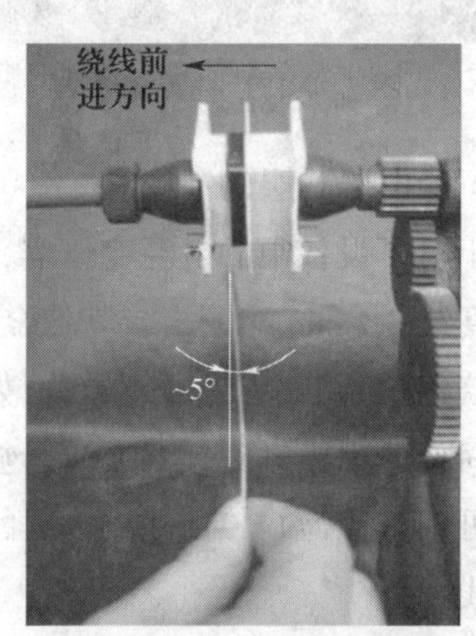

图 3–4–14　绕制过程中的持线方法

（4）线包的层次

绕线的顺序按一次绕组、静电屏蔽、二次高压绕组、二次低压绕组依次叠绕。每绕完一组绕组后，要衬垫绕组间绝缘。当二次绕组数较多时，每绕好一组后用万用表检查是否为通路。

（5）线尾的紧固

1）当一组绕组绕制到最后一层开始时，要垫上一条对折的棉线，以防止在导线转弯处产生的棱角与顺绕导线产生摩擦而损伤，如图 3–4–15 所示。

2）继续绕线到结束，将线尾插入对折棉线的折缝中，如图 3–4–16 所示。

3）抽紧棉线，线尾便固定了，如图 3–4–17 所示。

4）将线尾绕在引脚上，剪掉多余的漆包线，如图 3–4–18 所示。

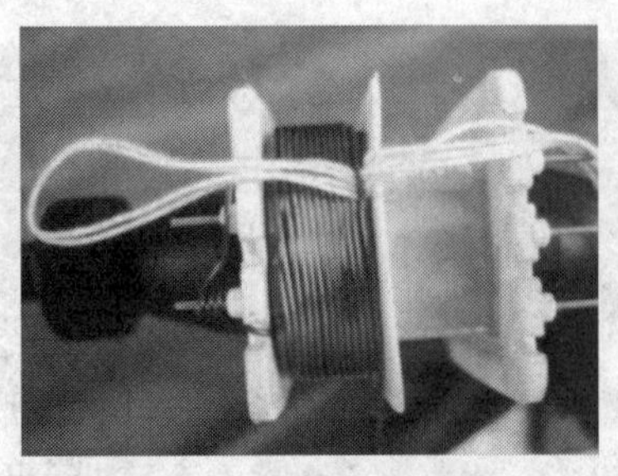
图 3-4-15　垫棉线

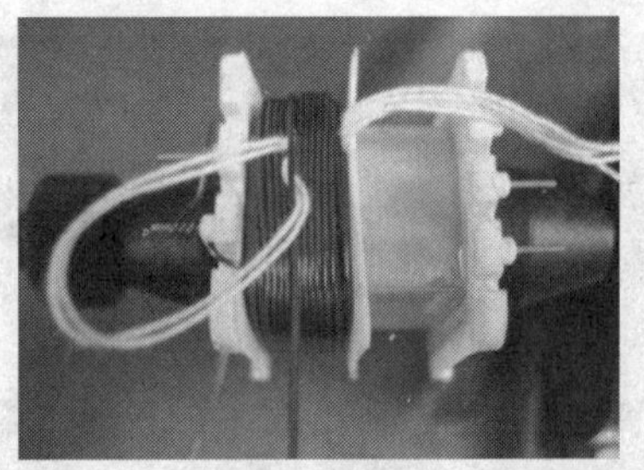
图 3-4-16　将线尾插入对折棉线的折缝中

图 3-4-17　抽紧棉线

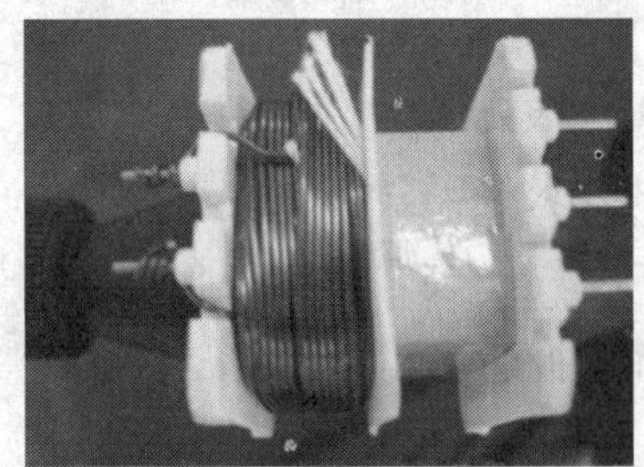
图 3-4-18　剪掉多余的漆包线

（6）静电屏蔽层的制作

对于电子设备中的电源变压器，需在一次绕组、二次绕组间放置静电屏蔽层，屏蔽层可用厚度约 0.1 mm 的铜箔或其他金属箔制成，其宽度比骨架长度 h' 稍短 1 ~ 3 mm，长度比一次绕组的周长短 5 mm 左右，如图 3-4-19 所示。铜箔夹在一次绕组、二次绕组的绝缘垫层间，但不能碰到导线或自行短路，铜箔上焊接一根多股软线作为引出接地线。如无铜箔，可用直径为 0.12 ~ 0.15 mm 的漆包线密绕一层，一端埋在绝缘层内，另一端引出作为接地线。

（7）引出线的处理

当线径大于 0.2 mm 时，绕组的引出线可利用原线绞合后，将表面的绝缘漆刮掉并引出焊在引角上即可，如图 3-4-20 所示。当线径小于 0.2 mm 时，应采用多股软线焊接后引出，焊接时应采用松香焊剂。引出线的套管应按耐压等级选用。

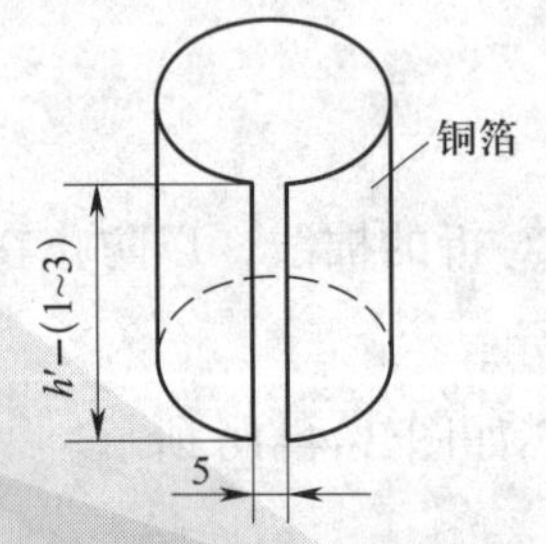

图 3-4-19　静电屏蔽层的形状

图 3-4-20　引出线的处理

（8）外层绝缘

线包绕制好后，外层绝缘用铆好焊片的青壳纸缠绕 2 ~ 3 层，用胶水粘牢，如图 3–4–21 所示。

4. 铁心镶片

（1）镶片要求

铁心镶片要求紧密、整齐。

（2）镶片操作方法

1）做好硅钢片安装准备，镶片前先装上夹板，如图 3–4–22 所示。

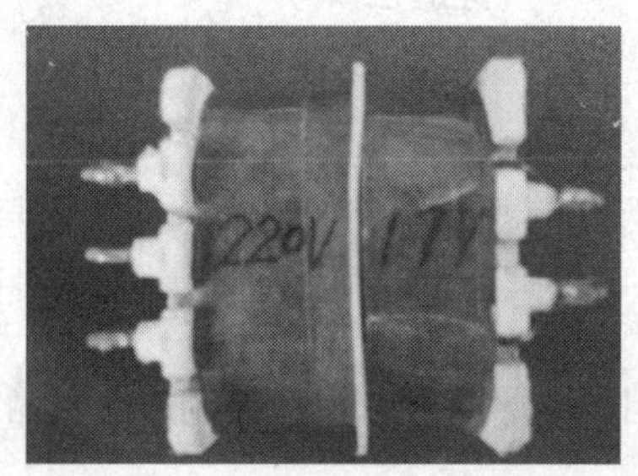

图 3–4–21　外层绝缘

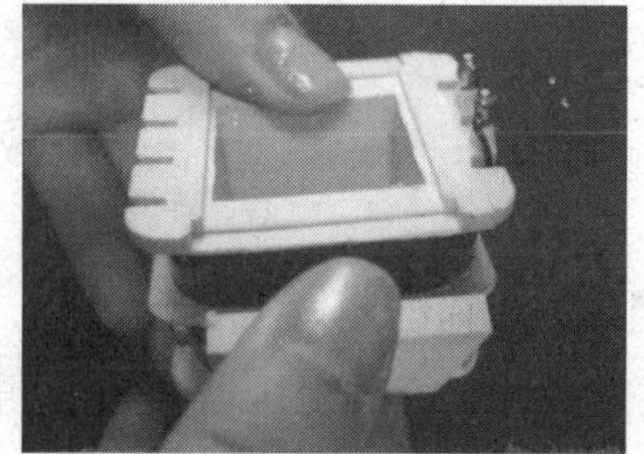

图 3–4–22　镶片前先装上夹板

2）镶片时应从线包两边一片一片地交叉对镶，如图 3–4–23 所示，镶到中部时则要两片两片地对镶。镶紧片时要用旋具撬开夹缝才能插入，插入后，用木锤轻轻敲入。在插条形片时，不可直向插片，以免擦伤线包。当骨架较小而线包较大时，切不可强行插片，可将铁心中心柱或两边锉小些；也可将线包套在木芯上，用两块木板夹住线包两侧，在台虎钳上缓慢地将它压扁一些。

3）当余下最后几片硅钢片时比较难镶，俗称紧片。紧片需要用旋具撬开两片硅钢片的夹缝才能插入，同时用木榧轻轻敲入，切不可强行将硅钢片插入，以免损伤框架和线包，如图 3–4–24 所示。

图 3–4–23　铁心镶片

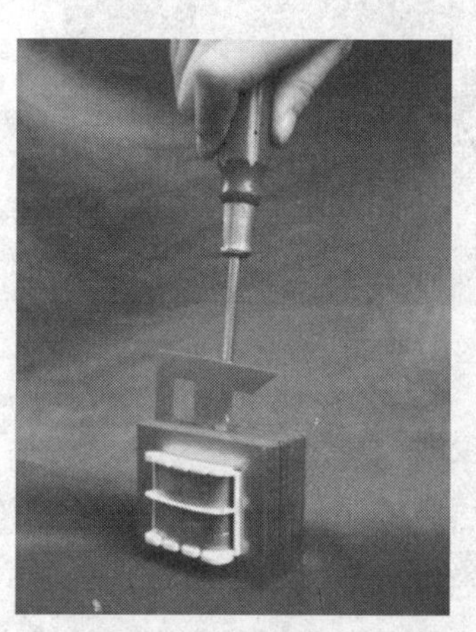

图 3–4–24　镶紧片

4）镶片完毕，把变压器放在平板上，用木锤将硅钢片敲打平整，E 形硅钢片接口间不能留有空隙。最后用螺栓或夹板紧固铁心。

5）参照图 3–4–25 所示把引出线焊到焊片上。

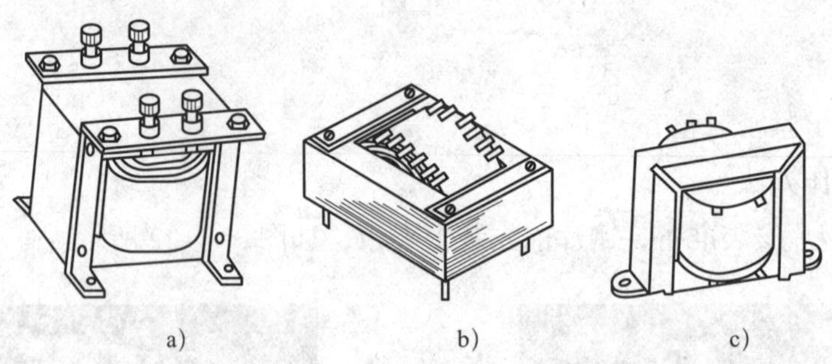

图 3–4–25　变压器引出线的布置

a）立式变压器　b）卧式变压器　c）夹式变压器

5. 绝缘处理前的测试

测试方法同“标准变压器参数的测量”。测试目的是检验制作出来的变压器的电气性能是否达到要求。

6. 绝缘处理

（1）绝缘处理准备

将线包用导线扎好，如图 3–4–26 所示。

（2）加热线包

将线包放在烘箱内加热到 70 ~ 80 ℃，保温 3 ~ 5 h 取出，以利于绝缘漆的渗透，如图 3–4–27 所示。

图 3–4–26　绝缘处理准备

图 3–4–27　加热线包

（3）浸漆

将加热后的线包立即浸入绝缘清漆中约 0.5 h，如图 3–4–28 所示。

（4）绝缘风干或烘干

取出线包后在通风处滴干，然后在 80 ℃烘箱内烘干 8 h 左右即可，如图 3–4–29 所示。

图 3-4-28 浸漆

图 3-4-29 绝缘风干或烘干

7. 测试

（1）绝缘电阻的测试

用兆欧表测量各绕组间和其对铁心的绝缘电阻，对于 400 V 以下的变压器，其绝缘电阻阻值应不低于 90 MΩ。

（2）空载电压的测试

当一次电压加到额定值时，各二次绕组的空载电压允许误差为 ±5%，中心抽头电压误差为 ±2%。

（3）空载电流的测试

当一次电压输入额定值时，其空载电流为 5% ~ 8% 的额定电流值。如空载电流大于额定电流的 10% 时，变压器损耗较大；当空载电流超过额定电流的 20% 时，它的温升将超过允许值，就不能使用。

三、变压器同名端的判别

变压器铁心中的交变主磁通在一次绕组、二次绕组中产生的感应交变电动势没有固定的极性。这里所说的变压器绕组的极性是指一次绕组、二次绕组的相对极性，也就是当一次绕组的某一端在某个瞬间电位为正时，二次绕组也一定在同一瞬时有一个电位为正的对应端，这两个对应端称为变压器的同名端，或者称为变压器的同极性端，通常用符号“*”来表示。

变压器同名端的判别方法有以下三种：

1. 观察法

观察变压器一次绕组、二次绕组的实际绕向，应用楞次定律、安培定则进行判别。例如，变压器一次绕组、二次绕组的实际绕向如图 3-4-30 所示。当合上电源开关的瞬间，一次绕组电流 I_1 产生主磁通 Φ_1，在一次绕组产生自感电动势 E_1，在二次绕组产生互感电动势 E_2 和感应电流 I_2，用楞次定律可以确定 E_1、E_2 和 I_1 的实际方向，同时可以确定 U_1、U_2 的实际方向。这样可以判别出一次绕组 A 端与二次绕组 a 端电位都为正，即 A、a 是同名端；一次绕组 X 端与二次绕组 x 端电位为负，即 X、x 是同名端。

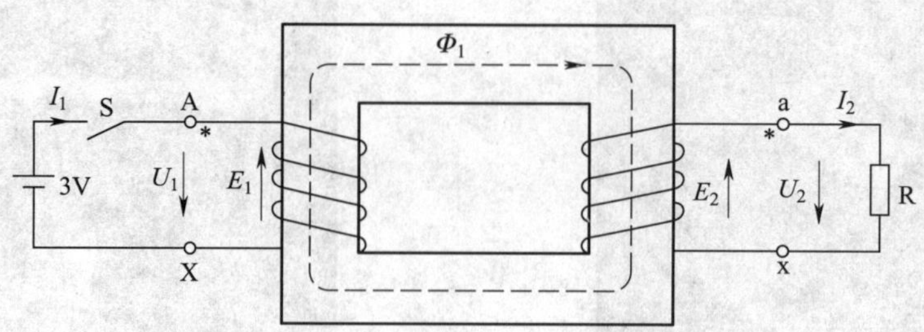

图 3-4-30　通过绕组实际绕向判定变压器同名端

2. 直流法

当无法分辨清绕组方向时，可以用直流法判别变压器同名端。用 1.5 V 或 3 V 的直流电源，按图 3-4-31 所示连接，直流电源接入一次绕组，直流毫伏表接入二次绕组。在合上开关的瞬间，如毫伏表指针向正方向摆动，则接直流电源正极的端子与接直流毫伏表正极的端子是同名端。

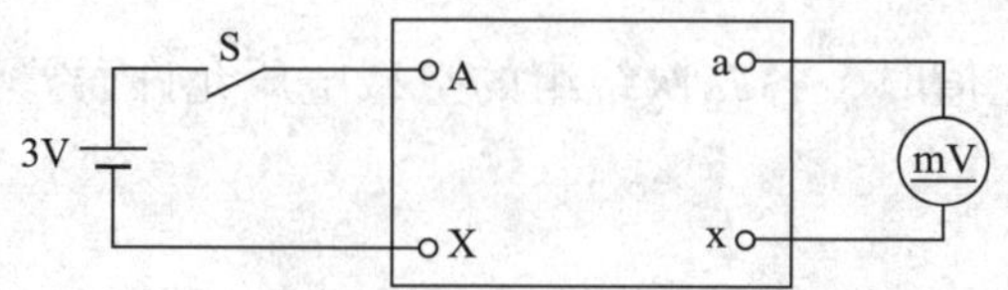

图 3-4-31　用直流法判别变压器的同名端

3. 交流法

将一次绕组一端用导线与二次绕组一端相连接，同时将一次绕组及二次绕组的另一端接交流电压表，如图 3-4-32 所示。在一次绕组两端接入低压交流电源，测量 U_1 和 U_2 值，若 $U_1>U_2$，则 A、a 为同名端；若 $U_1<U_2$，则 A、a 为异名端。

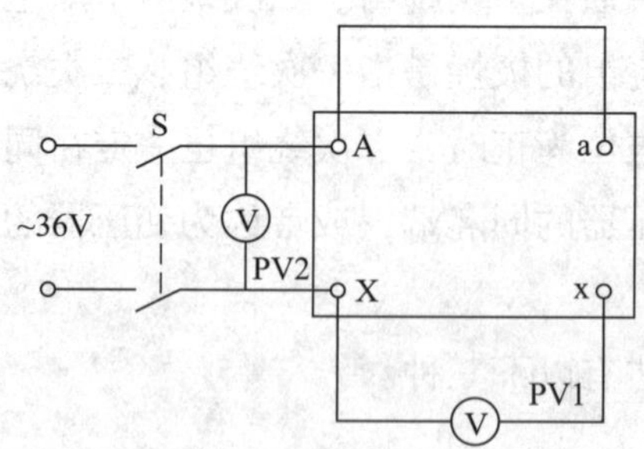

图 3-4-32　用交流法判别变压器的同名端

四、小型变压器的检修

1. 检查步骤

（1）外观检查

检查引线有无断线、脱焊，绝缘材料有无烧焦，有无机械损伤，通电后检查是否冒烟

或有无焦煳味。如果有，则应排除故障后再做其他检查。

（2）绕组开路、短路的检查

用万用表电阻挡检查绕组的通断，以判断绕组是否开路。检查绕组是否短路时，可将绕组与一个灯泡串联后接在电源上，通过观察灯泡的亮暗程度，检查绕组内部有无短路。灯泡的额定电压和功率可根据电源电压和变压器容量确定。

（3）测量绝缘电阻

用绝缘电阻表测试各绕组之间、各绕组与铁心之间的绝缘电阻，冷态时应在 50 MΩ 以上。

（4）测量额定工作电压

在待测变压器一次绕组接上额定电压时（如 220 V），测定二次绕组输出的空载电压。一般误差要求为 ±（3% ~ 5%）。

（5）测量变压器的温度

在变压器上接入额定负载，通电 1 h，温度不得超过变压器绝缘材料所允许的温度。

2. 小型变压器常见故障的修理

（1）接通电源无电压输出

1）如果一次回路有电压而无电流，一般是一次绕组出线端头断裂。如果断裂的线头处在绕组的外层，可剥开绝缘层，找出绕组上的断头，焊上新的引出线，包扎好绝缘层即可。如果断裂的线头在绕组内层，一般无法修复，只能拆除后重绕。

2）若一次回路有较小的电流，而二次回路既无电压也无电流，则一般是二次绕组的出线端头断裂，处理方法同上。

3）如果接上电源后，一次回路既无电压又无电流，则是由于电源线开路所致，应检查电源接线，并进行修复或更换。

（2）温升过高甚至冒烟

1）首先断开负载，看变压器是否还发热。如果此时不发热，空载电流也不大，则可认为发热是由于负载过重或负载电路有局部短路造成的，应减轻负载或排除负载电路的故障。

2）若发热最严重的地方是铁心内部，则多数情况是由于铁心片之间绝缘太差，产生涡流致使铁心发热。处理方法：拆下铁心，重新对硅钢片做绝缘处理后再进行装配。

3）如果绕组因遭受外力撞击、漆包线绝缘老化等原因造成匝间短路，短路处的温度会急剧上升。如果短路发生在同层排列相邻两匝或多匝之间，过热现象就较轻；若发生上、下层之间的两匝或多匝短路，过热现象就很严重。

4）如果短路发生在绕组的外层，可剥开绝缘层，如果是浸过漆的绕组，可用小型电烘箱或电吹风加热。待漆膜软化后，用薄竹片轻轻挑起绝缘已破坏的导线，刮掉断线端的绝缘层。再用一段导线将其两头与断头焊接在一起，垫上绝缘纸包好，然后涂上绝缘漆，

吹干，外面再包上两层绝缘层。如果芯线已损伤，则在损伤部位剪断，去掉一匝或多匝导线，再将导线两端焊接好，然后按上述方法进行绝缘处理。如果短路故障点发生在无骨架绕组两边沿口的上、下层之间，一般也可按上述方法修理。如果故障发生在绕组内部，一般无法修理，只能拆掉重新绕制。

5）剥开外层绝缘，发现绝缘老化的，应重新浸漆。如果老化严重的，则应重新绕制。

（3）空载电流偏大

1）一次绕组匝数不足。解决的方法是增加一次绕组的匝数，同时按比例增加二次绕组的匝数，以保持变压比不变。这种情况下一般需要拆除后重新绕制，若铁心窗口不够，还要换大一号的铁心。另外一种方法就是不增加变压器绕组，而是更换质量更高的铁心硅钢片。

2）铁心叠厚不足。解决的方法是在可能的情况下增大铁心厚度，无法增大时则要重新设计及制作，也可以更换质量更高的硅钢片。

3）铁心质量太差。解决的方法是更换质量高的硅钢片，或对铁心做加厚处理。

（4）运行中有响声

1）硅钢片未插紧。如果判断出属于机械噪声，则是由于铁心没有压紧，在运行时硅钢片产生机械振动所致，应采取措施压紧铁心。

2）负载过重或短路引起振动。如果出现的是电磁噪声，则通常是由于设计时铁心磁通密度选得过高，或变压器过载、短路，或存在漏电现象。如果属于设计原因，可更换质量更高的同等规格的硅钢片。属于其他原因的，则应减轻负载或排除短路及漏电故障。

3）电源电压过高。变压器的电磁噪声还可能由电源电压过高所引起，可检查电源电压并做相应的处理。

（5）铁心带电

1）一次绕组或二次绕组对地短路。这种故障多发生在无骨架绕组两边沿处、绕组最内层的四角处，绕组最外层也会发生。通常由于绕组外形尺寸过大而与铁心窗口配合过紧，或内绝缘层裹得不好，或机械碰撞等造成，修理方法可参照匝间或层间短路的有关内容。

2）引出线头触碰铁心。仔细检查各引出线头对铁心的绝缘情况，排除引出线头与铁心的短路点。

3）长期运行的绕组对铁心绝缘老化。绝缘严重老化会造成绕组对铁心之间出现漏电现象，应重新浸漆或更换绕组。

4）绕组受潮或环境湿度过高。由绕组受潮引起的漏电可使铁心带电。应烘烤绕组，加强绝缘，或将变压器置于通风干燥的环境中使用。

1. 训练内容

绕制稳压电源变压器。

2. 工具、仪表、设备及材料准备

（1）选用 a=38 mm、c=19 mm、h=57 mm、A=114 mm、H=95 mm 的 E 形通用硅钢片，叠厚 48 mm，一次绕组（220 V、0.6 A）用最大外径为 0.67 mm 的 Q 型漆包线绕 534 匝。

（2）二次绕组（17 V、6 A）用最大外径为 1.64 mm 的 Q 型漆包线绕 41 匝。

（3）二次绕组［30 V×2（中心抽头）、0.2 A］用最大外径为 0.33 mm 的 Q 型漆包线绕 146 匝。

（4）绕线芯子用厚 1 mm 的弹性纸制作；对铁心绝缘用两层电缆纸（0.07 mm）、一层黄蜡布（0.14 mm）；绕组间绝缘与对铁心绝缘相同。

（5）17 V 层间绝缘用两层电缆纸（0.12 mm）；其他绕组层间绝缘用一层电缆纸（0.07 mm）。

（6）电工工具 1 套，绕线机 1 台，万用表 1 块，其他专用工具。

3. 评分标准（见表 3–4–4）

表 3–4–4　　　　　　　　　评分标准

<table>
<tr><th>序号</th><th>主要内容</th><th colspan="2">评分标准</th><th>配分</th><th>扣分</th><th>得分</th></tr>
<tr><td>1</td><td>绕组质量</td><td colspan="2">1. 二次电压误差为 ±3%，每超过 1% 扣 10 分
2. 中心抽头电压误差为 ±1%，每超过 0.5% 扣 10 分
3. 绕组间短路扣 30 分
4. 绕组接地（碰铁心）扣 30 分</td><td>50</td><td></td><td></td></tr>
<tr><td>2</td><td>外形</td><td colspan="2">1. 线包不紧实扣 10 分
2. 镶片不整齐，有空隙扣 5 ~ 20 分
3. 引出线端未做电压值标记扣 20 分
4. 焊片与青壳纸铆接不牢，每处扣 5 分</td><td>30</td><td></td><td></td></tr>
<tr><td>3</td><td>引出线</td><td colspan="2">1. 有虚焊，每处扣 5 分
2. 引出线未套绝缘套管，每个扣 5 分</td><td>10</td><td></td><td></td></tr>
<tr><td>4</td><td>安全文明生产</td><td colspan="2">每违反一次操作规程扣 5 分</td><td>10</td><td></td><td></td></tr>
<tr><td colspan="2" rowspan="2">备注</td><td>时间</td><td>合计</td><td></td><td></td><td></td></tr>
<tr><td>6 h</td><td colspan="4">教师签字</td></tr>
</table>

4. 训练步骤

按小型变压器绕制工艺绕制绕组，绕制结束后，先镶片，紧固铁心，焊接引出线，交教师检验，待评分后再进行烘干、浸漆。

提示

（1）木芯和绕线芯子做好后，送教师检验，合格后方可绕线。

（2）绕制绕组时不要弄错线径。

（3）一次绕组引出线放在左侧，二次绕组引出线放在右侧。

（4）导线排列要紧密、整齐，不可有叠线现象，匝数要准确。

（5）不可损伤导线绝缘层，若发现导线绝缘层受损，要及时修复。

（6）绕制 30 V×2 绕组时，绕到 73 匝时要引出中心抽头引出线。

（7）各绕组的头、尾、中心抽头都要套绝缘套管，并做好头、尾标记。

（8）铁心镶片时不要损伤线包，硅钢片接口不可有空隙。

（9）铁心用夹板紧固。

1. 训练内容

采用交流法判别一次绕组与二次绕组的同名端。

2. 工具、仪表、设备及材料准备

一次电压为 380 V，二次电压为 127 V、24 V，变压器容量为 100 ~ 150 V· A，出线头未做电压值标记。准备交流电压表两块，其量程均为 0 ~ 500 V。单相开启式负荷开关一个，容量为 15 A，万用表 1 块，电工工具 1 套。

3. 评分标准（见表 3–4–5）

表 3–4–5　评分标准

序号	主要内容	评分标准	配分	扣分	得分
1	一次绕组、二次绕组的判定	一次绕组、二次绕组判定错一组扣 10 分	10		
2	连接电路	连接电路（共两次连接），每错一次扣 20 分	40		
3	选择量程	电压表量程选择错误扣 10 分	10		
4	判定结果	判定结果错误扣 30 分	30		

续表

<table>
<tr><th>序号</th><th>主要内容</th><th colspan="2">评分标准</th><th>配分</th><th>扣分</th><th>得分</th></tr>
<tr><td>5</td><td>安全文明生产</td><td colspan="2">每违反一次操作规程扣 5 分</td><td>10</td><td></td><td></td></tr>
<tr><td rowspan="2">备注</td><td rowspan="2"></td><td>时间</td><td>合计</td><td></td><td></td><td></td></tr>
<tr><td>20 min</td><td>教师签字</td><td colspan="3"></td></tr>
</table>

4. 训练步骤

（1）先用万用表判定一次绕组、二次绕组的两个出线头。

（2）按照交流法判别变压器同名端的方法进行电路连接，根据被测电压选择电压表的量程，读出电压表实测电压读数。

（3）根据读数判定一次绕组和两个二次绕组共三个绕组的同名端。

提示

（1）电源应接在高压侧，即一次绕组上。

（2）电源电压可以选择 380 V 或 220 V，但电压表量程要在对应位置上。

（3）通电时应注意安全。

第四单元
三相异步电动机基本控制线路的安装与维修

学习目标

1. 掌握常用低压电器的结构、原理及安装技能。
2. 掌握三相异步电动机正转控制线路的安装与维修技能。
3. 掌握三相异步电动机正反转控制线路的安装与维修技能。
4. 掌握三相异步电动机位置控制线路的安装与维修技能。
5. 掌握顺序控制与多地控制线路的安装与维修技能。
6. 掌握三相异步电动机Y—△降压启动控制线路的安装技能。
7. 掌握三相笼型双速异步电动机控制线路的安装技能。
8. 掌握三相异步电动机制动控制线路的安装技能。

课题一　三相异步电动机正转控制线路的安装与维修

学习目标

1. 掌握三相异步电动机手动正转控制线路的安装与维修技能。
2. 掌握三相异步电动机点动正转控制线路的安装与维修技能。
3. 掌握三相异步电动机接触器自锁控制线路的安装与维修技能。

三相笼型异步电动机正转控制线路包括手动、点动、接触器自锁及具有过载保护的接触器自锁正转控制线路。

一、三相异步电动机基本控制线路的安装步骤

1. 识读电路图，明确线路所用电气元器件及其作用，熟悉线路的工作原理。

2. 根据电路图或元器件明细表配齐电气元器件并进行检验。

3. 根据电气元器件选配安装工具和控制板。

4. 根据电路图绘制布置图和接线图，然后根据布置图按要求在控制板上固定电气元器件（电动机、按钮、行程开关等除外），并贴上醒目的文字符号。

5. 根据电动机容量选配主电路导线的截面积。控制电路导线一般采用截面积为 1 mm^2 的铜芯线（BVR 或 BV）；按钮线一般采用截面积为 0.75 mm^2 的铜芯线（BVR）；接地线一般采用截面积不小于 1.5 mm^2 的黄绿双色铜芯线（BVR）。

6. 根据接线图配线，同时将剥去绝缘层的两端线头套上标有与电路图编号一致的编码套管。

7. 安装电动机。

8. 连接电动机和所有电气元器件金属外壳的保护接地线。

9. 连接电动机、电源等控制板外部的导线。

10. 自检。

11. 交验。

12. 通电试车。

二、电气图的识读

用电气图形符号绘制的图称为电气图，这种图通常又称简图或略图。电气图是电工领域中最主要的提供信息的方式，它提供的信息内容可以是功能、位置、设置、设备制造及接线等。

电气图主要由系统图与框图、电路图与接线表、功能表图、逻辑图、位置图等构成。各种图的命名主要是根据其所表达信息的类型和表达方式而确定的。

1. 电路图及其主要用途

（1）电路图

电路图是根据生产机械运动形式对电气控制系统的要求，采用国家统一规定的电气图形符号和文字符号，按照电气设备的工作顺序，详细表示电路、设备或成套装置的全部基本组成的连接关系，而不考虑其实际位置的一种简图。

（2）电路图的主要用途

1）电路图可用来详细表达电气设备的用途与工作原理，分析及计算电路的特性。

2）电路图是设计编制接线图和研究产品的基础资料，是电气线路安装、调试和维修的理论依据。

3）在安装及检查、试验、调整、维修时与框图、接线图、位置图、印制电路板装配图等配合一起使用。

2. 电路图的识读

（1）识读电路图时应遵循的原则

1）电路图一般分电源电路、主电路和辅助电路三部分绘制。

①电源电路。电源电路画成水平线，三相交流电源相序 L1、L2、L3 自上而下依次画出，中性线 N 和保护地线 PE 依次画在相线之下。直流电源的“+”端画在上边，“−”端在下边画出。电源开关要水平画出。

②主电路。主电路是指受电的动力装置及控制、保护电器的支路等，它由主熔断器、接触器的主触点、热继电器的热元件以及电动机等组成。主电路通过的电流是电动机的工作电流，其电流较大。主电路图要画在电路图的左侧并垂直于电源电路。

③辅助电路。辅助电路一般包括控制主电路工作状态的控制电路；显示主电路工作状态的指示电路；提供机床设备局部照明的照明电路等。它由主令电器的触点、接触器线圈及辅助触点、继电器线圈及触点、指示灯和照明灯等组成。辅助电路通过的电流都较小，一般不超过 5 A。画辅助电路图时，应画在电路图的右侧，且电路中与下边电源线相连的耗能元器件（如接触器和继电器的线圈、指示灯、照明灯等）要画在电路图的下方，而电气元器件的触点要画在耗能元器件与上边电源线之间。为读图方便，一般应按照自左至右、自上而下的排列来表示操作顺序。

2）在电路图中，各电气元器件的触点位置都按电路未通电或电器未受外力作用时的常态位置画出。分析原理时，应从触点的常态位置出发。

3）在电路图中，不画各电气元器件实际的外形图，而采用国家统一规定的电气图形符号画出。

4）在电路图中，同一电器的各元器件不按它们的实际位置画在一起，而是按其在线路中所起的作用分画在不同电路中，但它们的动作却是相互关联的，因此，必须标注相同的文字符号。若图中相同的电气元器件较多时，需要在电气元器件文字符号后面加注不同的数字以示区别，如 KM1、KM2 等。

5）画电路图时，应尽可能减少线条及避免导线交叉。对有直接电联系的交叉导线连接点，要用小黑圆点表示；无直接电联系的交叉跨越导线则不画小黑点，如图 4–1–1 所示。

6）电路图采用电路编号法，即对电路中各接点用字母或数字编号。

①主电路在采用电源开关的出线端按相序依次编号为 U11、V11、W11。然后按从上至下、从左至右的顺序，每经过一个电气元器件后，编号要递增，如 U12、V12、W12；U13、V13、W13 等。单台三相异步电动机（或设备）的三根引出线按相序依次编号为 U、V、W。对于多台电动机引出线的编

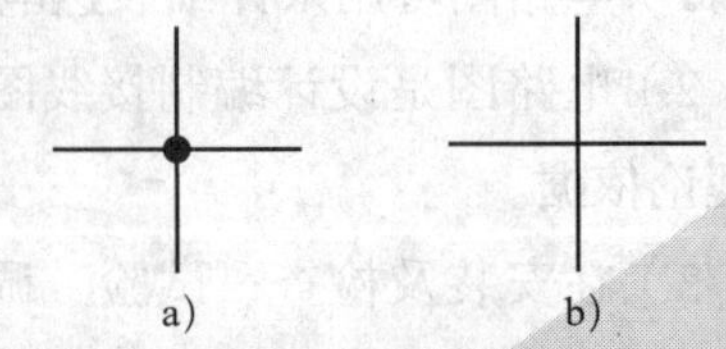

图 4–1–1　连接线的交叉连接与交叉跨越

a）交叉连接　b）交叉跨越

号，为了不至于引起误解和混淆，可在字母前用不同的数字加以区别，如 1U、1V、1W；2U、2V、2W 等。

②辅助电路按“等电位”原则采取从上至下、从左至右的顺序用数字依次编号，每经过一个电气元器件后，编号要依次递增。控制电路编号的起始数字必须是 1，其他辅助电路编号的起始数字依次递增 100，如照明电路编号从 101 开始，指示电路编号从 201 开始等。

（2）识读电路图的一般方法和步骤

1）一般方法

①看主标题栏。了解电路图的名称及标题栏中有关内容，对电路图的内容有一个大致的轮廓印象。

②看电路图图形。看电路图的图形主要是了解电路图内的组成形式，分析各组成部分的作用、信息流向及连接关系等，从而对整个电路的工作原理、性能要求等有一个全面的了解。

2）具体步骤

①根据绘制电路图的有关规定，概括了解电路简图的布局、图形符号的配置、项目代号及图线的连接等。

②采用正确的分析方法。如按信息流向逐级分析；按布局顺序从左到右、自上而下逐级分析；按主电路、辅助电路等单元进行分析。

③了解项目的组成单元及各单元之间的连接关系或耦合方式。

④分析整个电路的工作原理、功能关系。

⑤结合元器件目录表及元器件在电路中的项目代号、位号，了解所用元器件的种类、数量、型号及主要参数等。

⑥了解附加电路、机械结构与电路的连接形式及在电路中的作用。

（3）电力驱动电路图的识读步骤

1）主电路的识读步骤。第一步看用电器，弄清楚用电器的数量，它们的类别、用途、接线方式及一些不同要求等。第二步弄清楚用什么电气元器件控制用电器。第三步看主电路上还接有哪种电器。第四步看电源，了解电源等级。

2）辅助电路的识读步骤。第一步看电源。首先弄清楚电源的种类，其次看清辅助电路的电源来自何处。第二步弄清楚辅助电路如何控制主电路。第三步寻找电气元器件之间的相互关系。第四步再看其他电气元器件。

三、刀开关正转控制线路

1. 低压熔断器

低压熔断器是在线路中用作短路保护的电器，简称熔断器。熔断器应串联在被保护的电路中，以电流产生的热量使熔体熔断，从而自动切断电路，起到保护线路和电气设备的作用。如图 4–1–2 所示为几款熔断器的外形。

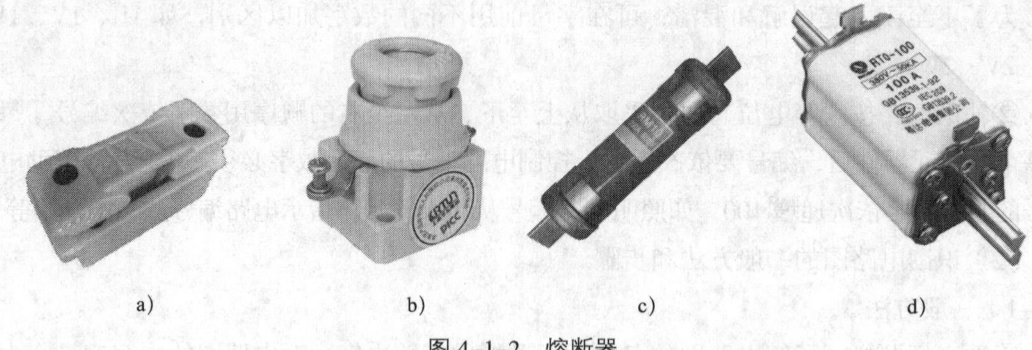

a)　　b)　　c)　　d)

图 4-1-2　熔断器

a）RC1A 系列　b）RL1 系列　c）RM10 系列　d）RT0 系列

（1）熔断器的结构与图形符号

熔断器主要由熔体、安装熔体的熔管和熔座三部分组成，螺旋式熔断器的结构与图形符号如图 4-1-3 所示。

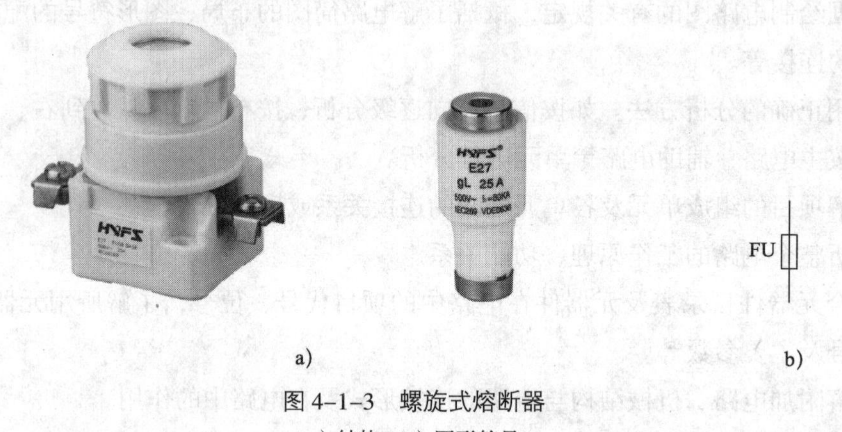

a)　　b)

图 4-1-3　螺旋式熔断器

a）结构　b）图形符号

（2）熔断器型号的含义

熔断器型号的含义如下：

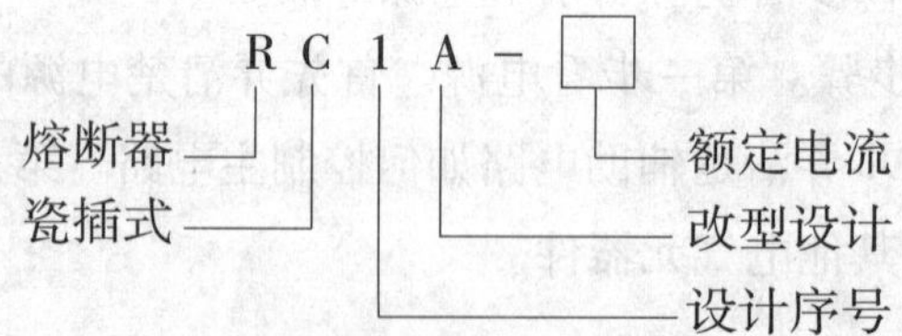

如型号 RC1A–15/10 中，R 表示熔断器，C 表示瓷插式，设计序号为 1，A 表示改型设计，熔断器额定电流为 15 A，熔体额定电流为 10 A。

（3）熔断器的选用

在电气设备正常运行时，熔断器应不熔断；在出现短路故障时，熔断器应立即熔断。在电流发生正常变动（如电动机启动过程）时，熔断器应不熔断；在用电设备持续过载

时，应延时熔断。由此可见，熔断器和熔体只有经过正确的选择，才能起到应有的保护作用。

对熔断器的选用主要包括熔断器的类型、额定电压、额定电流和熔体额定电流等。

1）熔断器类型的选用。根据使用环境、负载性质和短路电流的大小选择适当类型的熔断器。例如，用于容量较小的照明线路时，可选用 RT 系列圆筒帽形熔断器或 RC1A 系列瓷插式熔断器；对于短路电流相当大的电路或有易燃气体的环境，应选用 RT0 系列有填料封闭管式熔断器；在机床控制线路中，多选用 RL1 系列螺旋式熔断器；用于半导体功率元件及晶闸管的保护时，应选用 RLS 或 RS 系列快速熔断器。

2）熔断器额定电压和额定电流的选用。熔断器的额定电压必须大于等于线路的额定电压，额定电流必须大于等于所装熔体的额定电流。熔断器的分断能力应大于电路中可能出现的最大短路电流。

3）熔体额定电流的选用

①对照明、电热等负载，熔体额定电流应等于或稍大于负载的额定电流。

②对一台不经常启动且启动时间较短的电动机，熔体的额定电流应按下式选用：

$$I_{RN} \geqslant (1.5 \sim 2.5) I_N$$

式中　I_{RN}——熔体额定电流，A；

I_N——电动机额定电流，A。

对于频繁启动或启动时间较长的电动机，上式的系数应增加到 3 ~ 3.5。

③对多台电动机，熔体的额定电流应按下式选用：

$$I_{RN} \geqslant (1.5 \sim 2.5) I_{Nmax} + \sum I_N$$

式中　I_{Nmax}——最大容量电动机的额定电流，A；

$\sum I_N$——其余电动机额定电流的总和，A。

在电动机的功率较大而实际负载较小时，熔体额定电流可适当小些，小到电动机启动时熔体不熔断为准。

2. 低压开关

低压开关一般为手动切换电器，主要用于隔离、转换、接通和分断电路。常用的低压开关有低压断路器、负荷开关和组合开关等。

在电力驱动中，低压开关多用于机床电路的电源开关和局部照明电路的控制开关，有时也可用来直接控制小容量电动机的启动、停止和正反转。

（1）低压断路器

低压断路器又称自动空气开关，简称断路器。它集控制和多种保护功能于一体，在线路工作正常时，它作为电源开关接通和分断电路；当电路中发生短路、过载和失压等故障时，它能自动切断故障电路，从而保护线路和电气设备。几种断路器的外形如图 4-1-4 所示。

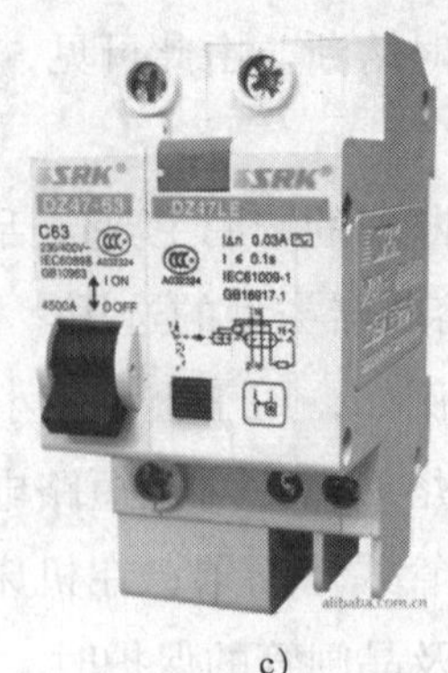

a） b） c）

图 4-1-4 断路器

a）DZ5 系列 b）DZ10 系列 c）DZ47 系列

1）断路器的结构与图形符号。DZ5 系列断路器的结构与图形符号如图 4-1-5 所示。它由触点系统、灭弧装置、操作机构、热脱扣器、电磁脱扣器、绝缘外壳等部分组成。

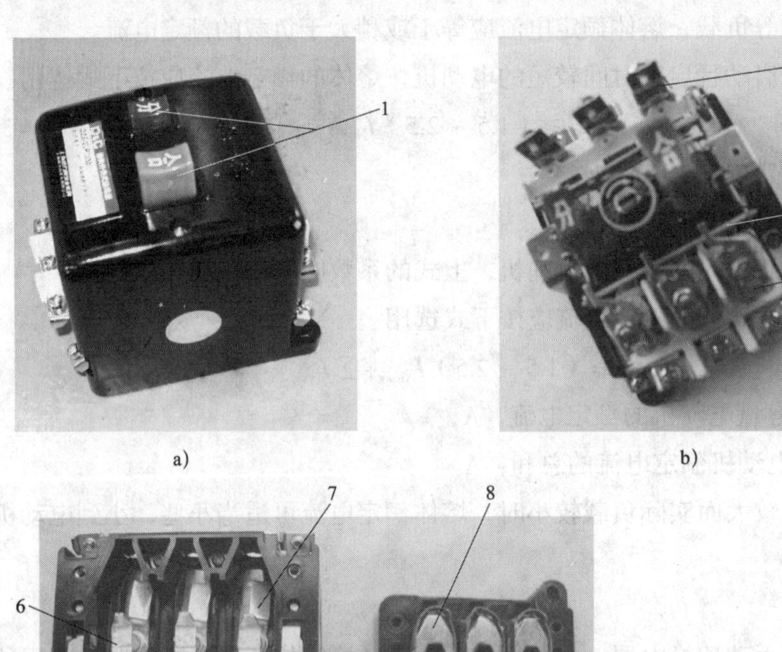

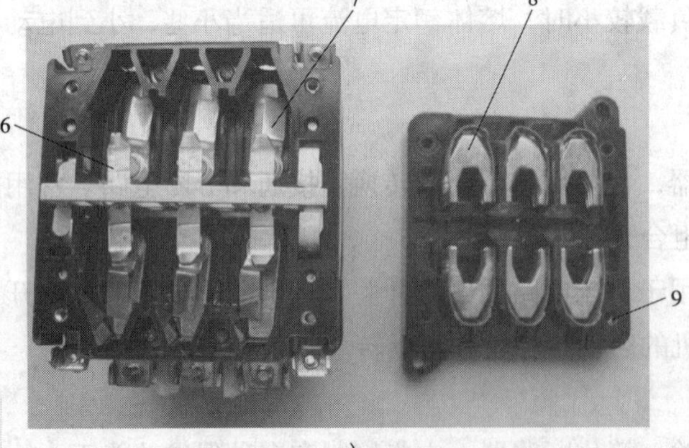

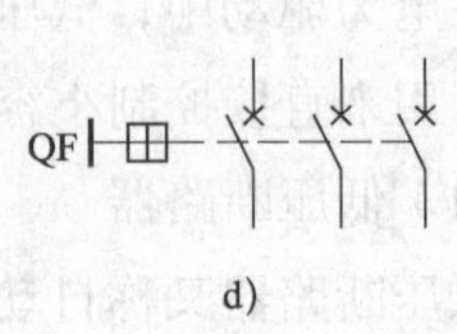

a） b） c） d）

图 4-1-5 DZ5-20 型低压断路器

a）外形 b）正面结构 c）内部结构 d）图形符号

1—按钮 2—热脱扣器 3—自由脱扣器 4—电磁脱扣器 5—接线柱

6—动触点 7—静触点 8—灭弧罩 9—底座

DZ5 系列断路器有三对主触点，一对常开辅助触点和一对常闭辅助触点。使用时三对主触点串联在被控制的三相电路中，用以接通和分断主回路的大电流。按下绿色“合”按钮时接通电路；按下红色“分”按钮时切断电路。当电路出现短路、过载等故障时，断路器会自动跳闸切断电路。

断路器的热脱扣器用于过载保护，由电流调节装置调节整定电流的大小。

电磁脱扣器用于短路保护，由电流调节装置调节瞬时脱扣整定电流的大小。出厂时，电磁脱扣器的瞬时脱扣整定电流一般为 $10I_N$（I_N 为断路器的额定电流）。

对于具有欠压脱扣器的断路器，其欠压脱扣器用于零压和欠压保护，在无电压或电压过低时断路器不能接通电路。

2）断路器型号的含义。断路器型号的含义如下：

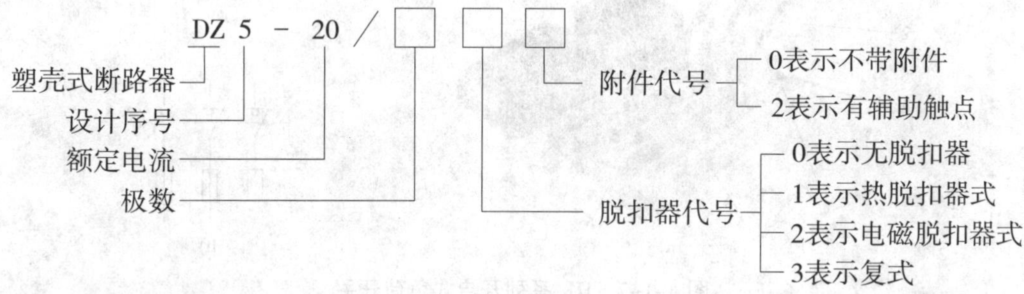

3）断路器的选用

①断路器的额定电压和额定电流应不小于线路、设备的正常工作电压和工作电流。

②热脱扣器的整定电流应等于所控制负载的额定电流。

③电磁脱扣器的瞬时脱扣整定电流应大于负载电路正常工作时的峰值电流。用于控制电动机的断路器，其瞬时脱扣整定电流可按下式选取：

$$I_Z \geqslant KI_{st}$$

式中　K——安全系数，可取 1.5 ~ 1.7；

I_{st}——电动机的启动电流，A。

④欠压脱扣器的额定电压应等于线路的额定电压。

⑤断路器的极限通断能力应不小于电路最大短路电流。

（2）负荷开关

负荷开关分为开启式负荷开关和封闭式负荷开关两种，如图 4–1–6 所示。

开启式负荷开关又称瓷底胶盖刀开关，简称刀开关，适用于照明、电热设备及小容量电动机电路的不频繁控制。封闭式负荷开关俗称铁壳开关，用于不频繁地接通和断开电路，也可以直接控制小容量交流电动机不频繁的直接启动和停止。

1）负荷开关的结构与图形符号。HK 系列开启式负荷开关由刀开关和熔断器组成，其结构如图 4–1–7 所示。

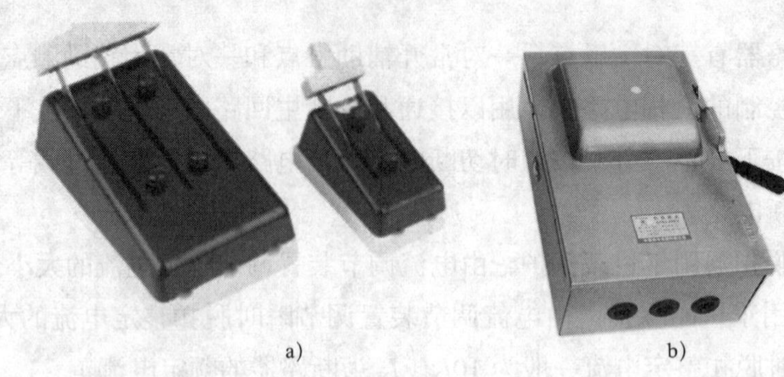

a)　　b)

图 4-1-6　负荷开关

a）开启式负荷开关　b）封闭式负荷开关

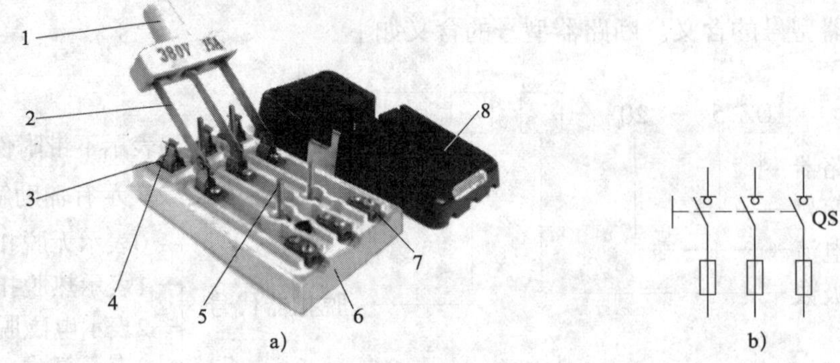

a)　　b)

图 4-1-7　HK 系列开启式负荷开关

a）结构　b）图形符号

1—瓷质手柄　2—动触点　3—进线座　4—静触点　5—胶盖紧固螺钉　6—瓷底座　7—出线座　8—胶盖

HH3 系列封闭式负荷开关主要由操作机构、熔断器、触点系统和铁壳组成，其外形和结构如图 4-1-8a、b 所示，图形符号如图 4-1-8c 所示。

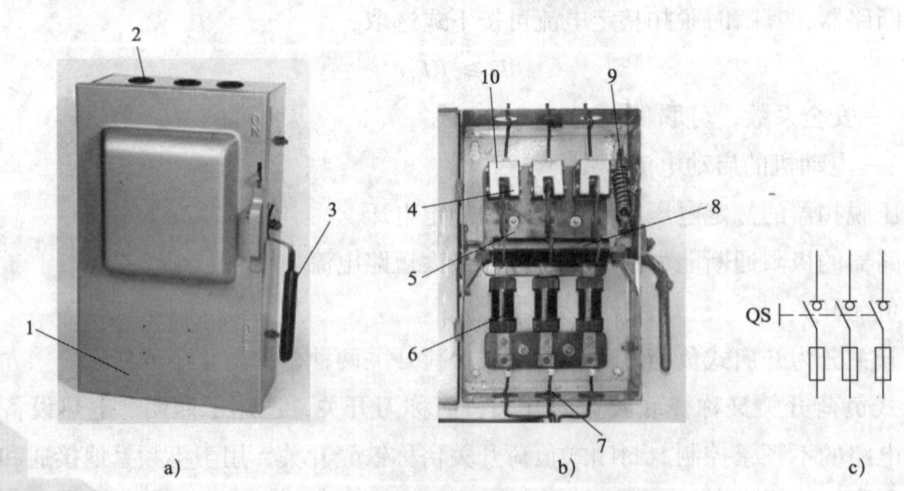

a)　　b)　　c)

图 4-1-8　HH3 系列封闭式负荷开关

a）外形　b）结构　c）图形符号

1—开关盖　2—进线孔　3—操作手柄　4—静触刀　5—动触刀　6—熔断器

7—出线孔　8—转轴　9—速断弹簧　10—灭弧罩

2）负荷开关型号的含义

①开启式负荷开关型号的含义如下：

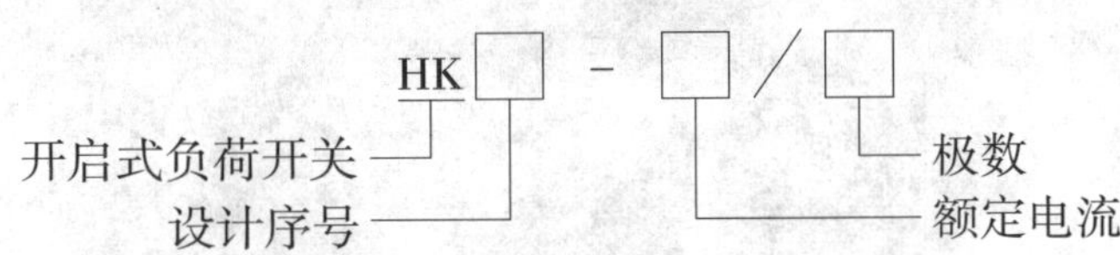

②封闭式负荷开关型号的含义如下：

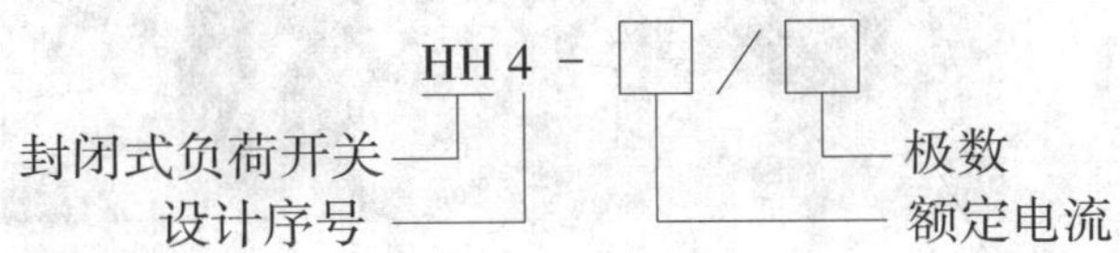

3）负荷开关的选用

①负荷开关的额定电压应不小于工作电路的额定电压。

②负荷开关用于控制照明、电热负载时，开关的额定电流应不小于所有负载额定电流之和；用于控制电动机工作时，考虑到电动机的启动电流较大，应使开关的额定电流不小于电动机额定电流的 3 倍。

（3）组合开关

组合开关又称转换开关，其控制容量比较小，常用于电气设备的不频繁操作、切换电源和负载以及控制小容量交流电动机。如图 4–1–9 所示为两款组合开关的外形。

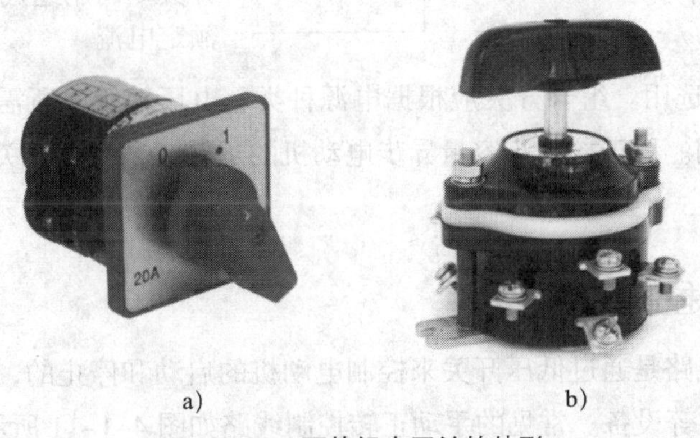

图 4–1–9　两款组合开关的外形

a）HZ5 系列　b）HZ10 系列

1）组合开关的结构与符号。HZ10–10/3 型组合开关的结构如图 4–1–10a、b 所示，其图形符号如图 4–1–10c 所示。

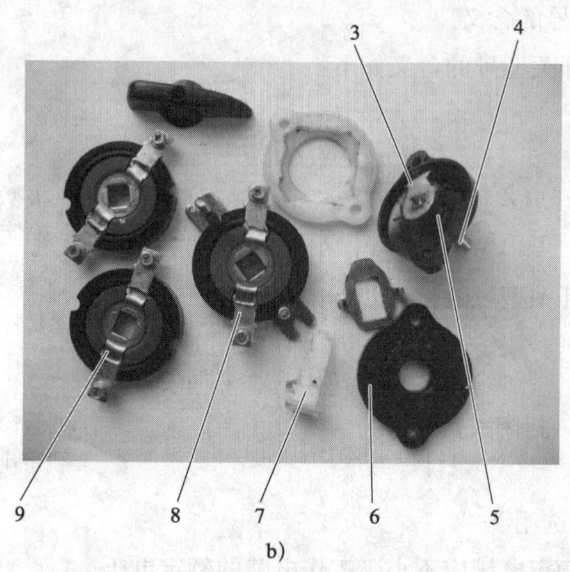

QS

a)　　b)　　c)

图 4-1-10　HZ10-10/3 型组合开关

a）、b）结构　c）图形符号

1—接线端子　2—手柄　3—凸轮　4—转轴　5—弹簧　6—绝缘垫　7—绝缘杆　8—静触点　9—动触点

2）组合开关型号的含义如下：

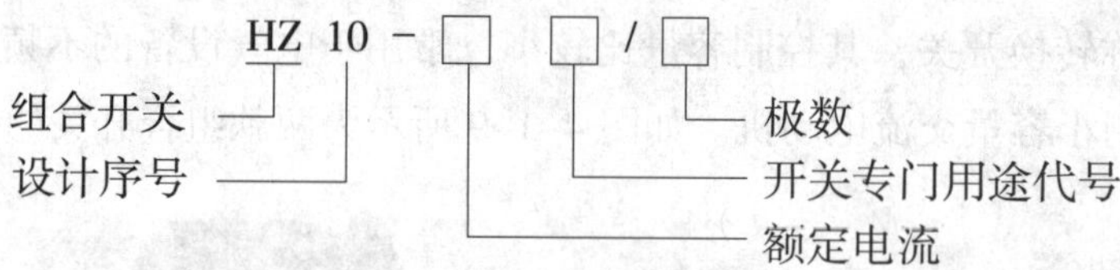

3）组合开关的选用。组合开关应根据电源种类、电压等级、所需触点数、接线方式和负载容量进行选用。用于控制小容量异步电动机的运转时，组合开关的额定电流一般取电动机额定电流的 1.5 ~ 2.5 倍。

四、手动正转控制线路

手动正转控制线路是通过低压开关来控制电动机的启动和停止的，企业中常用来控制三相电风扇和砂轮机等设备。常见的手动正转控制线路如图 4-1-11 所示。

由图 4-1-11 可见，电动机的控制线路由三相电源 L1、L2、L3，组合开关 QS，熔断器 FU 和三相异步电动机 M 构成。组合开关控制交流电动机的启动和停止，电动机则带动砂轮机运转，熔断器作为短路保护元器件。

1. 电路分析

在上述电路中，低压开关用于接通、断开电源，熔断器用于短路保护。

2. 原理分析

线路的工作原理如下：

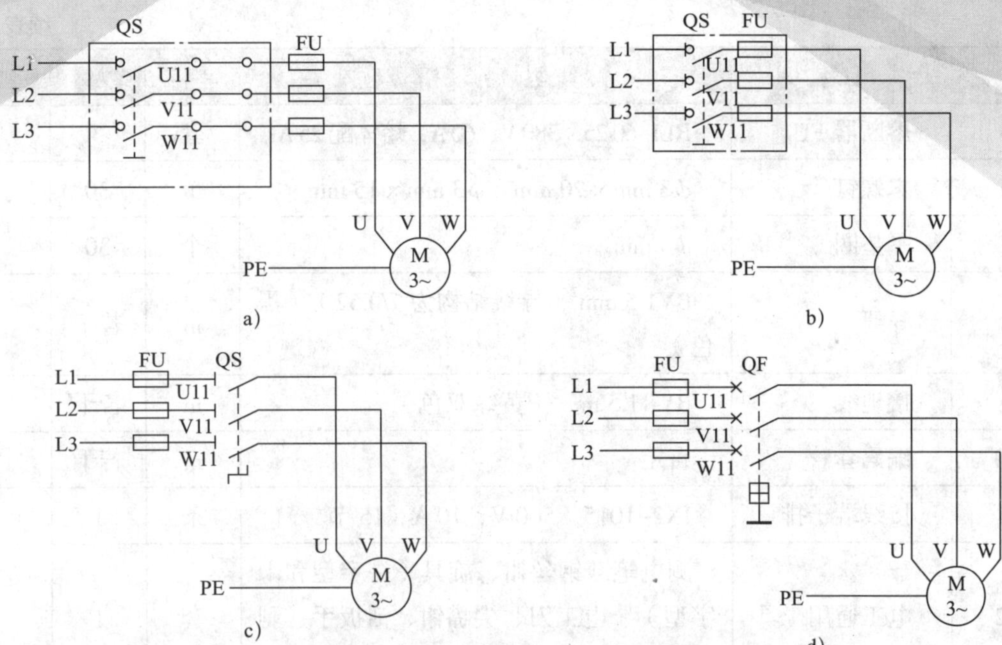

图 4-1-11　手动正转控制线路
a）用开启式负荷开关控制　b）用封闭式负荷开关控制
c）用组合开关控制　d）用低压断路器控制

启动：合上低压开关 QS 或 QF，电动机 M 接通电源，启动运转。

停止：拉开低压开关 QS 或 QF，电动机 M 脱离电源，停止运转。

1. 训练内容

三相笼型异步电动机手动控制线路的安装。

2. 工具、仪表、设备及材料准备

工具、仪表、设备及材料见表 4-1-1。

表 4-1-1　工具、仪表、设备及材料

序号	名称	型号与规格	单位	数量	备注
1	三相四线电源	~ 3 × 380 V/220 V、20 A	处	1	
2	三相异步电动机	Y112M–4，4 kW、380 V、△形联结或自定	台	1	
3	配电板	500 mm × 600 mm × 20 mm	块	1	
4	组合开关	HZ10–25/3	个	1	

续表

序号	名称	型号与规格	单位	数量	备注
5	熔断器 FU	RL1–60/25，380 V、60 A，熔体配 25 A	套	3	
6	木螺钉	ϕ3 mm × 20 mm、ϕ3 mm × 15 mm	个	30	
7	平垫圈	ϕ4 mm	个	30	
8	导线	BV1.5 mm^2（导线结构为 7/0.52）（黑色）	m	若干	
9	接地线	BVR1.5 mm^2（黄绿双色）	m	若干	
10	编码套管	自定	m	若干	
11	接线端子排	JX2–1015，500 V、10 A、15 节	条	1	
12	电工通用工具	测电笔、钢丝钳、旋具（一字型和十字型）、电工刀、尖嘴钳、活扳手、剥线钳等	套	1	
13	万用表	自定	块	1	
14	兆欧表	型号自定或 500 V、0 ~ 200 MΩ	块	1	
15	钳形电流表	0 ~ 50 A	块	1	
16	劳动保护用品	绝缘鞋、工作服等	套	1	

3. 评分标准（见表 4–1–2）

表 4–1–2　　评分标准

序号	主要内容	评分标准	配分	扣分	得分
1	装前检查	1. 电动机质量漏检，每处扣 5 分 2. 低压电器质量漏检，每处扣 5 分	20		
2	元器件安装情况检查	1. 元器件布置不整齐、不匀称、不合理，每个扣 2 分 2. 元器件安装不牢固，安装元器件时漏装螺钉，每个扣 2 分 3. 损坏元器件，每个扣 5 分 4. 电动机安装不符合要求扣 10 分 5. 控制板或开关安装不符合要求扣 10 分	40		

续表

序号	主要内容	评分标准		配分	扣分	得分
3	通电试验	1. 控制电路配错熔体，每个扣5分 2. 一次试车不成功扣5分；两次试车不成功扣10分；三次试车不成功扣15分		40		
4	安全文明生产	违反操作规程，视情节倒扣5～10分				
备注		时间	合计			
		120 min	教师签字			

4. 训练步骤

安装步骤如下：选用元器件及导线→检查电气元器件→固定元器件→配线→安装电动机并接线→连接电源→自检→交验→通电试车。

（1）检查电气元器件

按表4-1-1配齐所用电气元器件，并进行校验。

提示

电气元器件的技术数据（如型号、规格、额定电压、额定电流等）应完整并符合要求，外观无损伤，备件和附件齐全、完好。对电动机的质量进行常规检查。

（2）根据布置图固定元器件

安装好的点动正转控制线路的元器件如图4-1-12所示。

（3）进行电路配线的安装，安装好的电路板如图4-1-13所示。

图4-1-12　安装元器件

图4-1-13　安装好的电路板

1）安装电气元器件的工艺要求

①组合开关、熔断器的受电端子应安装在控制板的外侧，并使熔断器的受电端为底座的中心端。

②各元器件的安装位置应整齐、匀称且间距合理，便于元器件的更换。

③紧固各元器件时要用力均匀，紧固程度适当。在紧固熔断器、接触器等易碎元器件时，应用手按住元器件一边轻轻摇动，一边用旋具轮换旋紧对角线上的螺钉，直到手摇不动后再适当旋紧即可。

2）板前明线配线的工艺要求

①配线通道应尽可能少，同时并行导线按主电路、控制电路分类集中，单层密排，紧贴安装面配线。

②同一平面的导线应高低一致或前后一致，不能交叉。非交叉不可时，该根导线应在从接线端子引出时就水平架空跨越，且必须确保配线合理。

③配线应横平竖直，分布均匀。变换走向时应垂直。

④配线时严禁损伤线芯和导线绝缘层。

⑤配线顺序一般以接触器为中心，由里向外，由低至高，先布置控制电路，后布置主电路，以不妨碍后续配线为原则。

⑥在每根剥去绝缘层导线的两端套上编码套管。所有从一个接线端子（或接线柱）到另一个接线端子（或接线柱）的导线必须连续，中间无接头。

⑦导线与接线端子或接线柱连接时，不得压绝缘层，不得反圈或露铜过长。

⑧同一元器件、同一回路不同接点的导线间距应保持一致。

⑨一个电气元器件接线端子上的连接导线不得多于两根，每节接线端子板上一般只允许连接一根导线。

3）熔断器的安装

①熔断器应完整无损，接触紧密可靠，并应有额定电压、电流值的标志。

②瓷插式熔断器应垂直安装。螺旋式熔断器的电源进线应接在底座中心的接线端子上，用电设备应接在螺旋壳的接线端子上。

③熔断器应装合格的熔体，不能用多根小规格的熔体代替一根大规格的熔体。

④安装熔断器时，各级熔体应相互配合，并确保下一级熔体比上一级熔体小。

⑤熔断器应安装在各相线上，在三相或二相三线控制的中性线上严禁安装熔断器，而在单相二线制的中性线上应安装熔断器。

⑥熔断器兼起隔离作用时，应安装在控制开关电源的进线端；若仅做短路保护时，应安装在控制开关的出线端。

4）组合开关的安装

① HZ10 组合开关应安装在控制箱（或壳体）内，其操作手柄最好伸到控制箱的前面

或侧面，并使手柄在水平旋转时为断开状态。HZ3 组合开关的外壳必须可靠接地。

②若需在箱内操作，开关最好装在箱内右上方，它的上方最好不安装其他电器；否则，应采取隔离或绝缘措施。

5）刀开关的安装

①刀开关应垂直安装，使闭合操作时的手柄操作方向从下向上合；断开操作时的手柄操作方向从上向下分。不允许平装或倒装，以防止误合闸。

②接线时，电源进线应接在开关上面的进线端，用电设备应接在开关下面，开关处于分断状态时熔体上不带电。

③用刀开关作电动机的开关时，应将开关的熔体部分用导线直连，并在出线端另外加装熔断器做短路保护。

④安装后应检查刀开关和静插座的接触是否成直线或接触紧密。

⑤更换熔体必须按原规格在刀开关断开的情况下进行。

6）封闭式负荷开关的安装

①封闭式负荷开关必须垂直安装，安装高度一般离地不低于 1.3 m 左右，并以操作方便和安全为原则。

②接线时，应将电源进线接在开关静插座的接线端子上，用电设备应接在熔断器的出线端子上。

③开关外壳的接地螺钉必须可靠接地。

7）低压断路器的安装

①低压断路器应垂直于配电板安装，电源引线应接到上端，负载引线接到下端。

②低压断路器用作电源总开关或电动机控制开关时，在电源进线侧必须加装刀开关或熔断器等，以形成一个明显的断开点。

（4）根据电路图检验控制板内部配线的正确性。

（5）安装电动机

可靠连接电动机和各电气元器件金属外壳的保护接地线。

（6）连接电源、电动机等控制板外部的导线，如图 4–1–14 所示。

（7）自检

安装完毕的控制线路板必须经过认真检查，然后才允许通电试车，以防止因错接、漏接而不能正常运转或造成短路事故。

1）按电路图或接线图从电源端开始，逐段核对接线及接线端子处线号是否正确，有无漏接、错接之处。检查导线接点是否符合要求，压接是否牢固。接触应良好，以免带负载运行时产生闪烁现象。

2）用万用表检查线路的通断情况。注意选用适当倍率的电阻挡并校零。如图 4–1–15 所示，断开电源开关 QS，将两表笔分别搭在 L1、L2 线端上，读数应为电动机定子绕组阻值。

图 4–1–14　连接电源、电动机等控制板外部的导线

3）用兆欧表检查线路的绝缘电阻，阻值应不小于 1 MΩ。

安装质量的检查如图 4–1–15 所示。

图 4–1–15　检查安装质量

（8）交验及通电试车

检查无误后通电试车。试车前应检查与通电试车有关的电气设备是否有不安全因素存在，若查出问题应立即整改，然后方能试车。在通电试车时，要认真执行安全操作规程的有关规定，一人监护，一人操作。

五、点动正转控制线路

所谓点动控制，是指按下按钮，电动机就得电运转；松开按钮，电动机就失电停转。这种控制方法常用于车床溜板箱快速移动电动机的控制。

1. 按钮

按钮是用来接通或分断小电流电路的控制电器，是发出控制信号的电气开关，是一种手动的主令电器。按钮的触点允许通过的电流较小，一般不超过 5 A。因此，一般情况下，它不直接控制主电路（大电流电路）的通断，而是在控制电路（小电流电路）中发出指令或信号，控制接触器、继电器等电器，再由它们去控制主电路的通断、功能转换或电气联锁。如图 4–1–16 所示为几款按钮的外形。

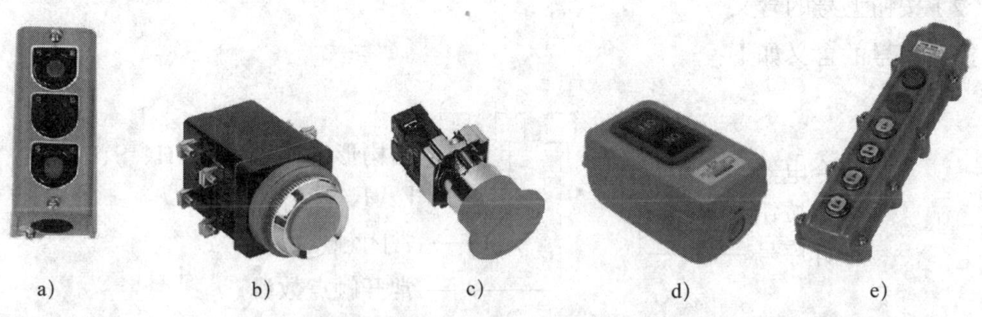

图 4–1–16　几款按钮的外形

a）LA10 系列　b）LA18 系列　c）LAY5 系列　d）BS 系列　e）COB 系列

（1）按钮的结构与符号

按钮一般由按钮帽、复位弹簧、桥式动触点、静触点、支柱连杆及外壳等部分组成，如图 4–1–17 所示。

按不受外力作用（静态）时触点的分合状态，按钮分为常开按钮（启动按钮）、常闭按钮（停止按钮）和复合按钮（常开、常闭触点组合为一体的按钮），各种按钮的结构与图形符号如图 4–1–17 所示。不同类型和用途的按钮图形符号如图 4–1–18 所示。

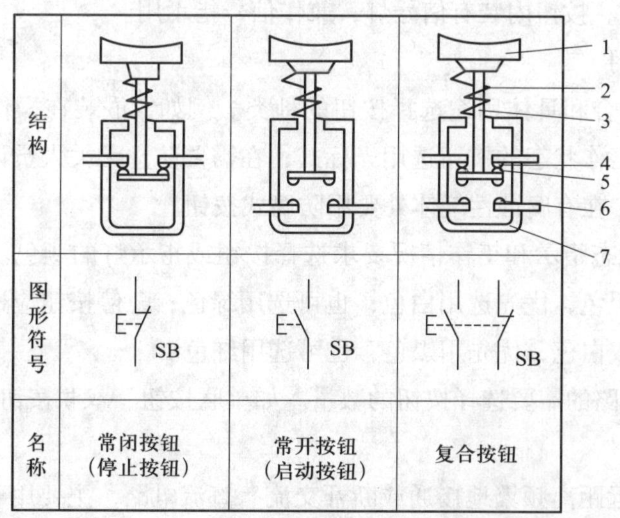

图 4–1–17　按钮的结构与图形符号

1—按钮帽　2—复位弹簧　3—支柱连杆　4—常闭静触点　5—桥式动触点　6—常开静触点　7—外壳

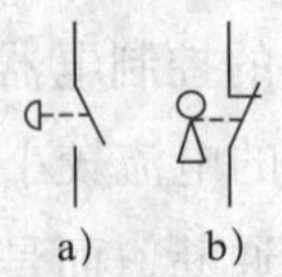

图 4-1-18　部分按钮的图形符号

a）急停按钮　b）钥匙操作式按钮

（2）按钮型号的含义

按钮型号的含义如下：

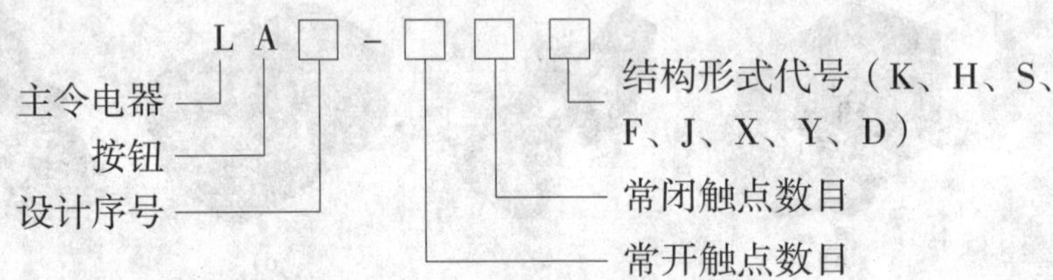

其中结构形式代号的含义如下：

K——开启式，适用于嵌装在操作面板上。

H——保护式，带保护外壳，可防止内部零件受机械损伤或人偶然触及带电部分。

S——防水式，具有密封的外壳，可防止雨水浸入。

F——防腐式，能防止腐蚀性气体进入。

J——紧急式，带有红色大蘑菇按钮头（突出在外），用于紧急切断电源。

X——旋钮式，通过旋转旋钮进行操作，有通和断两个位置。

Y——钥匙操作式，用钥匙插入进行操作，可防止误操作或供专人操作。

D——光标按钮，按钮内装有信号灯，兼作信号指示用。

（3）按钮的选用

1）根据使用场合和具体用途选择按钮的种类。例如，嵌装在操作面板上的按钮可选用开启式；需显示工作状态的按钮选用光标式；在需要防止无关人员误操作的重要场合宜用钥匙操作式按钮；在有腐蚀性气体处要用防腐式按钮。

2）根据工作状态指示和工作情况要求选择按钮或指示灯的颜色。例如，启动按钮可选用白色、灰色或黑色，优先选用白色，也可选用绿色；急停按钮应选用红色；停止按钮可选用黑色、灰色或白色，优先用黑色，也可选用红色。

3）根据控制回路的需要选择按钮的数量。如单联按钮、双联按钮和三联按钮等。

2. 交流接触器

接触器适用于远距离频繁地接通或断开交流、直流电路，主要用于控制电动机等。它具有欠压、失压释放保护功能，在电力驱动自动控制线路中得到广泛应用。

接触器按主触点通过电流的种类不同，分为交流接触器和直流接触器两种。目前常用

的交流接触器有 CJT1、CJX1、CJX8 等系列。如图 4-1-19 所示为几款常用交流接触器的外形。下面以 CJT1 系列为例介绍交流接触器。

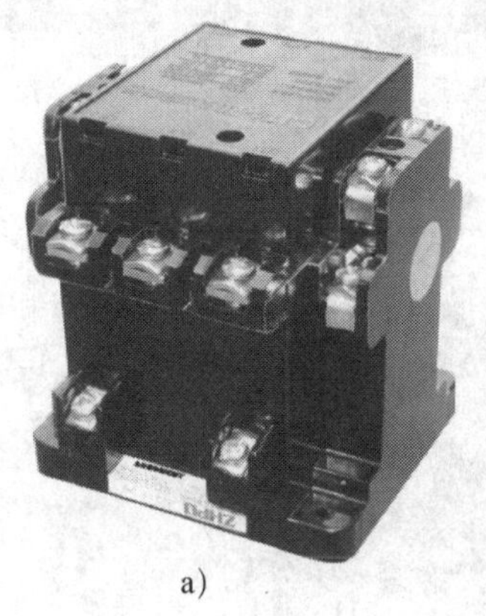

a)

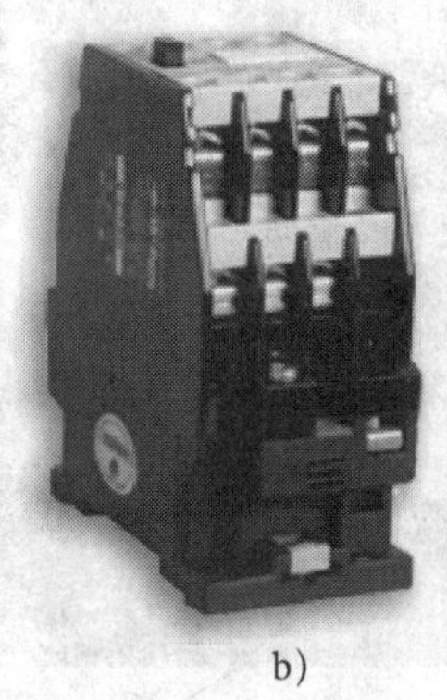

b)

c)

图 4-1-19 常用交流接触器的外形

a）CJT1 系列 b）CJX1 系列 c）CJX8 系列

（1）交流接触器的结构与图形符号

交流接触器主要由电磁机构、触点系统、灭弧装置和辅助部件等组成。CJT1-20 型交流接触器的结构如图 4-1-20 所示。

1）电磁机构。电磁机构主要由线圈、静铁心和动铁心（衔铁）三部分组成。其作用是利用电磁线圈的通电或断电，使衔铁和静铁心吸合或释放，从而带动动触点与静触点闭合或分断，实现接通或断开电路的目的。

铁心的两个端面上嵌有短路环（见图 4-1-21），用以消除振动和噪声。

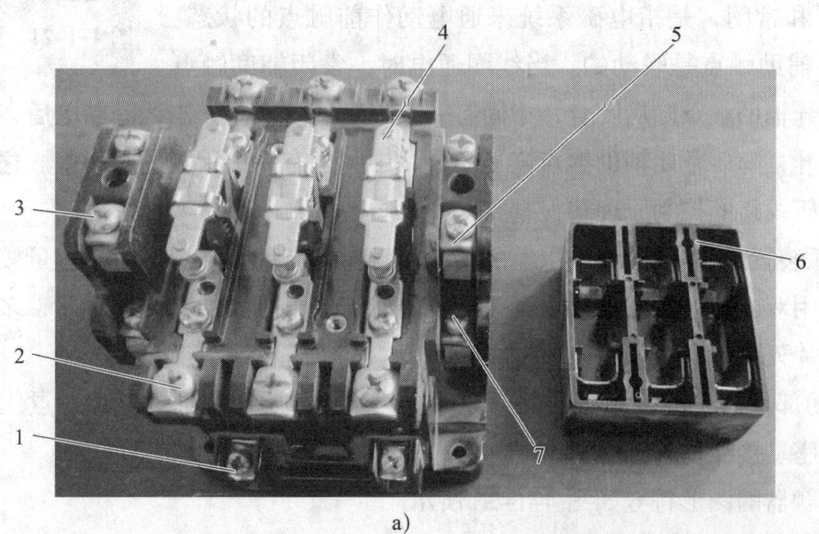

a)

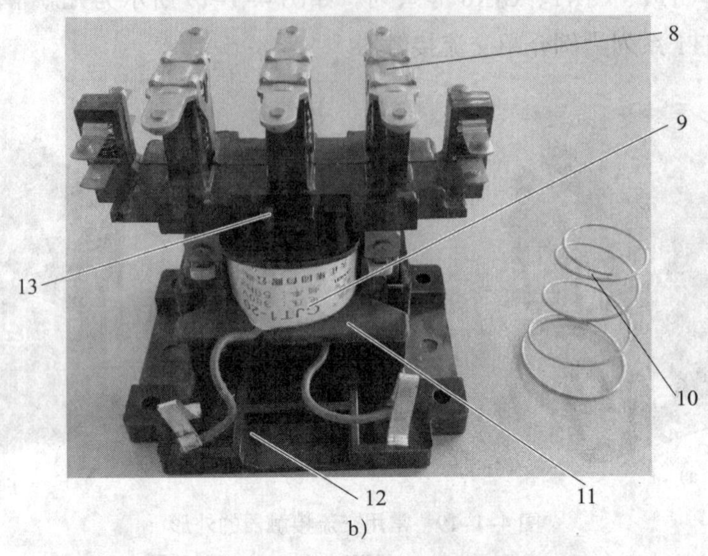

b）

图 4–1–20　交流接触器的结构

1—接触器线圈接线柱　2—三相电源接线柱　3—常闭辅助触点接线柱　4—三对主触点　5—常闭辅助触点
6—灭弧罩　7—常开辅助触点　8—触点压力弹簧　9—线圈　10—反作用弹簧
11—静铁心　12—底座　13—动铁心

2）触点系统　交流接触器的触点系统包括主触点和辅助触点，如图 4–1–20 所示。主触点用以通断电流较大的主电路，一般由三对常开触点组成。辅助触点用以通断电流较小的控制电路，一般由两对常开辅助触点和两对常闭辅助触点组成。所谓触点的常开和常闭，是指电磁系统未通电动作前触点的状态。常开和常闭辅助触点是联动的。当线圈通电时，常闭辅助触点先断开，常开辅助触点随后闭合，中间有一个很短的时间差。当线圈断电后，常开辅助触点先恢复断开，随后常闭辅助触点恢复闭合，中间也有一个很短的时间差。这个时间差虽短，但对分析线路的控制原理却很重要。

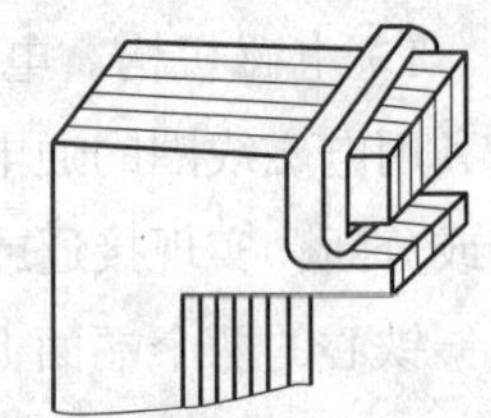

图 4–1–21　铁心的短路环

3）灭弧装置。容量在 10 A 以上的交流接触器都有灭弧装置。对于容量较小的交流接触器，常采用双断口结构的电动力灭弧装置；对于容量较大的交流接触器，多采用纵缝灭弧装置和栅片灭弧装置，如图 4–1–22 所示。

4）辅助部件。交流接触器的辅助部件有反作用弹簧、缓冲弹簧、触点压力弹簧、传动机构及底座、接线柱等。

交流接触器的图形符号如图 4–1–23 所示。

（2）交流接触器的工作原理

当接触器的线圈通电后，线圈中流过的电流产生磁场，使静铁心磁化产生足够大的电磁吸力，克服反作用弹簧的反作用力将衔铁吸合，衔铁通过传动机构带动常闭辅助触点先

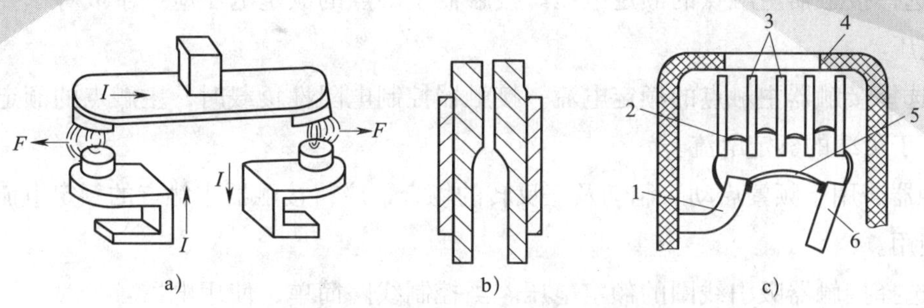

图 4-1-22　常用的灭弧装置

a）双断口电动力灭弧装置　b）纵缝灭弧装置　c）栅片灭弧装置

1—静触点　2—短电弧　3—灭弧栅片　4—灭弧罩　5—电弧　6—动触点

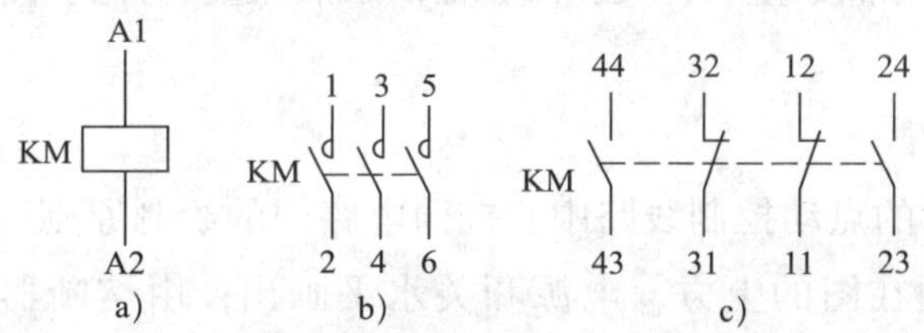

图 4-1-23　接触器的图形符号

a）线圈　b）主触点　c）辅助触点

断开，三对主触点和常开辅助触点后闭合。当接触器线圈断电或电压显著下降时，由于铁心的电磁吸力消失或过小，衔铁在反作用弹簧力的作用下复位，并带动各触点恢复到原始状态。

（3）交流接触器型号的含义

交流接触器型号的含义如下：

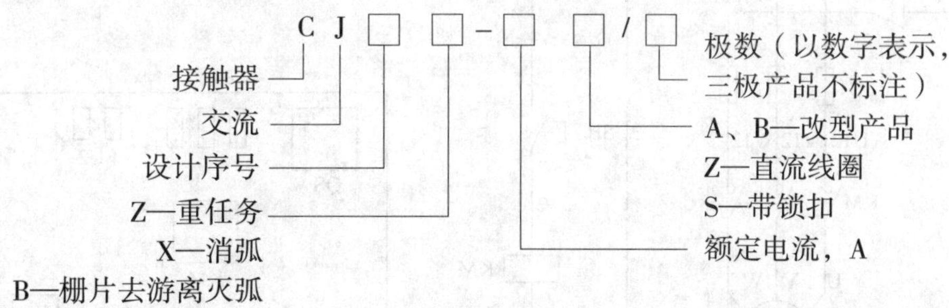

（4）交流接触器的选用

1）选择接触器类型。交流接触器按负荷种类一般分为一类、二类、三类和四类，分别记为 AC1、AC2、AC3 和 AC4。一类交流接触器对应的控制对象是无感或微感负荷，如白炽灯、电阻炉等；二类交流接触器用于控制绕线转子异步电动机的启动和停止；三类交流接触器的典型用途是控制笼型异步电动机的运转和运行中分断；四类交流接触器用于控制笼型异步电动机的启动、反接制动、反转和点动。

2）选择接触器主触点的额定电压。接触器主触点的额定电压应大于或等于控制线路的额定电压。

3）选择接触器主触点的额定电流。接触器控制电阻性负载时，主触点的额定电流应大于或等于负载的额定电流。

接触器若用于频繁启动、制动及正反转的场合，应将接触器主触点的额定电流降低一个等级使用。

4）选择接触器吸引线圈的额定电压。当控制线路简单，使用电器较少时，可直接选用 380 V 或 220 V 的电压。当线路复杂，用电器的个数超过 5 个时，可选用 36 V 或 110 V 电压的线圈，以保证安全。

5）选择接触器的触点数量和种类。接触器的触点数量和种类应满足控制线路的要求。

3. 识读电路图

（1）电路图形分析

在图 4–1–24 所示的点动控制线路中，按照电路图的绘制原则，三相交流电源线 L1、L2、L3 依次水平地画在图的上方，电源开关水平画出；由熔断器 FU1、接触器 KM 的三对主触点和电动机组成的主电路垂直于电源线画在图的左侧；由熔断器 FU2、启动按钮 SB、接触器 KM 的线圈组成的控制电路跨接在 L1 和 L2 两条电源线之间垂直画在主电路的右侧，为表示接触器线圈和主触点是同一电器，在它们的图形符号旁边标注了相同的文字符号 KM。线路按规定在各接点进行了编号。图中没有专门的指示电路和照明电路。

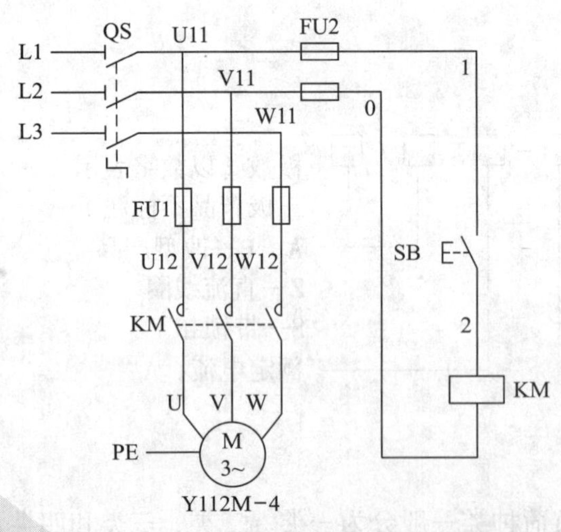

a）

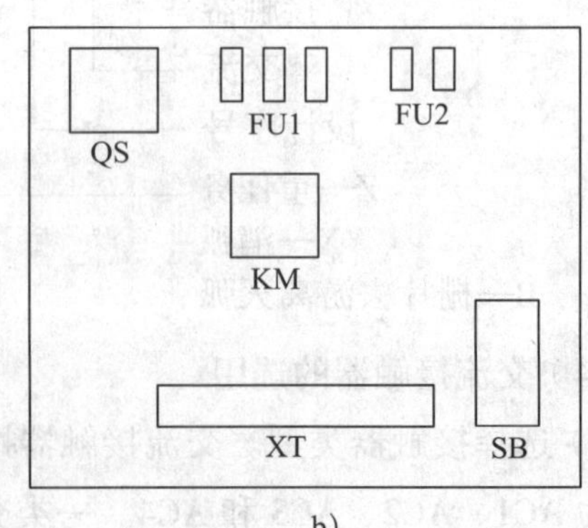

b）

图 4–1–24 点动控制线路

a）电路图 b）布置图

（2）电路原理分析

在图 4–1–24 所示的点动控制线路中，组合开关 QS 作为电源的隔离开关；熔断器 FU1、FU2 用于主电路和控制电路的短路保护；启动按钮 SB 控制接触器 KM 的线圈得电、失电；接触器 KM 的主触点控制电动机 M 的启动和停止。

点动控制线路的工作原理如下：

当电动机 M 需要点动时，先合上组合开关 QS，此时电动机 M 尚未接通电源。

启动：按下 SB ⟶ KM 线圈得电 ⟶ KM 主触点闭合 ⟶ 电动机 M 启动运转。

停止：松开 SB ⟶ KM 线圈失电 ⟶ KM 主触点分断 ⟶ 电动机 M 失电停转。

停止使用时，断开电源开关 QS。

4. 布置图

平面布置图是根据电气元器件在控制板上的实际安装位置，采用简化的外形符号（如正方形、矩形、圆形等）而绘制的一种简图。它不表达各电气元器件的具体结构、作用、接线情况及工作原理，主要用于电气元器件的布置和安装。图中各电气元器件的文字符号必须与电路图和电气安装接线图的标注相一致。

5. 接线图

电气安装接线图是根据电气设备与电气元器件的实际位置和安装情况绘制的，只用来表示电气设备和电气元器件的位置、配线方式和接线方式，而不明显表示电气动作原理。接线图主要用于安装接线及线路的检查、维修和故障处理。

绘制、识读接线图应遵循以下原则：

（1）接线图中一般表示出以下内容：电气设备和电气元器件的相对位置、文字符号、端子号、导线号、导线类型、导线截面积、屏蔽和导线绞合等。

（2）所有的电气设备和电气元器件都按其所在的实际位置绘制在图纸上，且同一电器的各元器件根据其实际结构，使用与电路图相同的图形符号画在一起，并用细点画线框上，其文字符号和接线端子的编号应与电路图中的标志一致，以便对照检查接线。

（3）接线图中的导线有单根导线、导线组（或线扎）、电缆等之分，可用连续线和中断线来表示。凡导线走向相同的可以合并，用线束来表示，到达接线端子板或电气元器件的连接点时可以再分别画出。在用线束表示导线组、电缆等时，可用加粗的线条表示，在不引起误解的情况下也可部分加粗。另外，导线及线管的型号、根数和规格应标注清楚。

（4）看安装接线图时，也要先看主电路，再看辅助电路。看主电路时，从电源引入端开始，顺次经控制元器件和线路到用电设备；看辅助电路时，要从电源的一端到电源的另一端，按元器件的顺序对每个回路进行分析和研究。

（5）安装接线图是根据电气原理绘制的，对照原理图看安装接线图是有帮助的。回路标号是电气元器件间导线连接的标记，标号相同的导线原则上都是可以接到一起的。要弄清楚接线端子板内、外电路的连接方式，内、外电路相同标号的导线要接在端子板的同号

接点上。另外，弄清楚安装现场的土建情况和设备分布情况对安装工作有很大的帮助。

在实际工作中，电路图、电气安装接线图和平面布置图要结合起来使用。

1. 训练内容

三相笼型异步电动机点动控制线路的安装。

2. 工具、仪表、设备及材料准备

工具、仪表、设备及材料见表 4–1–3。

表 4–1–3　　工具、仪表、设备及材料

序号	名称	型号与规格	单位	数量	备注
1	三相四线电源	~ 3 × 380 V/220 V、20 A	处	1	
2	三相异步电动机	Y112M–4，4 kW、380 V、△形联结或自定	台	1	
3	配电板	500 mm × 600 mm × 20 mm	块	1	
4	组合开关	HZ10–25/3	个	1	
5	熔断器 FU1	RL1–60/25，380 V、60 A，熔体配 25 A	套	3	
6	熔断器 FU2	RL1–15/2，380 V、15 A，熔体配 2 A	套	2	
7	接触器 KM	CJ10–20，线圈电压为 380 V，20 A（CJX2、B 系列等自定）	个	1	
8	按钮 SB	LA10–3H，保护式、按钮数 3	个	1	
9	木螺钉	ϕ3 mm × 20 mm、ϕ3 mm × 15 mm	个	30	
10	平垫圈	ϕ4 mm	个	30	
11	主电路导线	BV1.5 mm^2（导线结构为 7/0.52）（黑色）	m	若干	
12	控制电路导线	BV1.0 mm^2（导线结构为 7/0.43）	m	若干	
13	按钮线	BVR0.75 mm^2	m	若干	
14	接地线	BVR1.5 mm^2（黄绿双色）	m	若干	
15	编码套管	自定	m	若干	
16	接线端子排	JX2–1015，500 V、10 A、15 节	条	1	
17	电工通用工具	测电笔、钢丝钳、旋具（一字型和十字型）、电工刀、尖嘴钳、活扳手、剥线钳等	套	1	

续表

序号	名称	型号与规格	单位	数量	备注
18	万用表	自定	块	1	
19	兆欧表	型号自定或 500 V、0 ~ 200 MΩ	块	1	
20	钳形电流表	0 ~ 50 A	块	1	
21	劳动保护用品	绝缘鞋、工作服等	套	1	

3. 评分标准（见表 4–1–4）

表 4–1–4　评分标准

序号	主要内容	评分标准	配分	扣分	得分
1	安装前检查	1. 电动机质量漏检，每处扣 5 分 2. 低压电器质量漏检，每处扣 5 分	20		
2	元器件安装情况检查	1. 元器件布置不整齐、不匀称、不合理，每个扣 2 分 2. 元器件安装不牢固，安装元器件时漏装螺钉，每个扣 2 分 3. 损坏元器件，每个扣 5 分 4. 电动机安装不符合要求扣 10 分 5. 控制板或开关安装不符合要求扣 10 分	40		
3	通电试验	1. 主电路配错熔体，每个扣 5 分 2. 控制电路配错熔体，每个扣 5 分 3. 一次试车不成功扣 5 分；两次试车不成功扣 10 分；三次试车不成功扣 15 分	40		
4	安全文明生产	违反操作规程，视情节倒扣 5 ~ 10 分			
备注		时间：120 min	合计		
			教师签字		

4. 训练步骤

安装步骤如下：选用元器件及导线→检查电气元器件→固定元器件→配线→安装电动机并接线→连接电源→自检→交验→通电试车。

（1）检查电气元器件。按表 4–1–3 配齐所用电气元器件，并进行校验。

1）检查电气元器件的电磁机构动作是否灵活，有无衔铁卡阻等不正常现象。用万用表检查电磁线圈的通断情况以及各触点的分合情况。

2）检查接触器线圈的额定电压与电源电压是否一致。

3）根据图 4–1–24b 所示的布置图固定元器件。在控制板上按布置图安装电气元器件，并贴上醒目的文字符号。安装好的点动正转控制线路的元器件如图 4–1–25 所示。

图 4–1–25　安装元器件

（2）根据接线图，先进行控制电路的配线，再安装主电路，最后接上按钮线，安装好的电路板如图 4–1–26 所示。

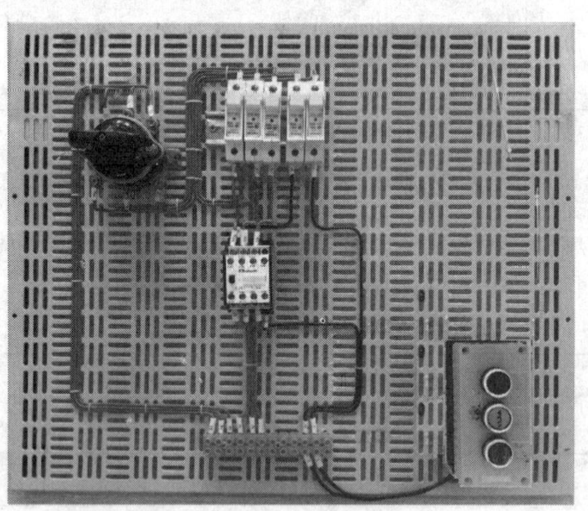

图 4–1–26　控制电路板

（3）根据电路图检验控制板内部配线的正确性。

（4）安装电动机。可靠连接电动机和各电气元器件金属外壳的保护接地线。

（5）连接电源、电动机等控制板外部的导线。

（6）自检。

（7）交验。

提示

（1）电动机及按钮的金属外壳必须可靠接地。接至电动机的导线必须穿在导线通道内加以保护，或采用四芯橡皮线或塑料护套线进行临时通电试验。

（2）电源线应接在螺旋式熔断器的下接线柱上，出线应接在上接线柱上。

（3）按钮的安装要点

1）按钮安装在面板上时，应布置整齐，排列合理，如根据电动机启动的先后顺序，从上到下或从左到右排列。

2）同一设备运动部件有几种不同的工作状态时，应使每一对相反状态的按钮安装在一组。

3）按钮的安装应牢固，安装按钮的金属板或金属按钮盒必须可靠接地。

（4）接触器的安装要点

1）安装前的检查

①检查接触器铭牌与线圈的技术数据是否符合实际使用要求。

②检查接触器外观，应无机械损伤；用手推动接触器可动部分时，接触器应动作灵活，无卡阻现象；灭弧罩应完整无损，固定牢固。

③将铁心极面上的防锈油脂或黏附在极面上的污垢用煤油擦净，以免多次使用后衔铁被粘住，造成断电后不能释放。

④测量接触器的线圈电阻和绝缘电阻。

2）安装要点

①交流接触器一般应安装在垂直面上，倾斜角度不得超过5°；若有散热孔，则应将有孔的一面放在垂直方向上，以利于散热，并按规定留有适当的飞弧空间，以免飞弧烧坏相邻电器。

②安装和接线时，注意不要丢失零件或将零件掉入接触器内部。安装孔的螺钉应装有弹簧垫圈和平垫圈。拧紧螺钉，以防因振动而松脱。

③安装完毕，检查接线正确无误后，在主触点不带电的情况下操作几次，然后测量接触器的动作值和释放值，所测数值应符合产品的规定。

六、具有过载保护的接触器自锁正转控制线路的安装与维修

过载保护是指当电动机出现过载时能自动切断电动机的电源，使电动机停转的一种保护。具有过载保护的接触器自锁正转控制线路如图 4-1-27 所示。

1. 热继电器

热继电器与接触器配合使用，主要用于电动机的过载保护和断相保护。热继电器是一种利用电流热效应原理工作的自动保护电器，具有延时动作时间随通过电路电流的增大而缩短的反时限动作特性。

热继电器的种类很多，其中双金属片式应用最多。如图 4-1-28 所示为几款热继电器的外形。

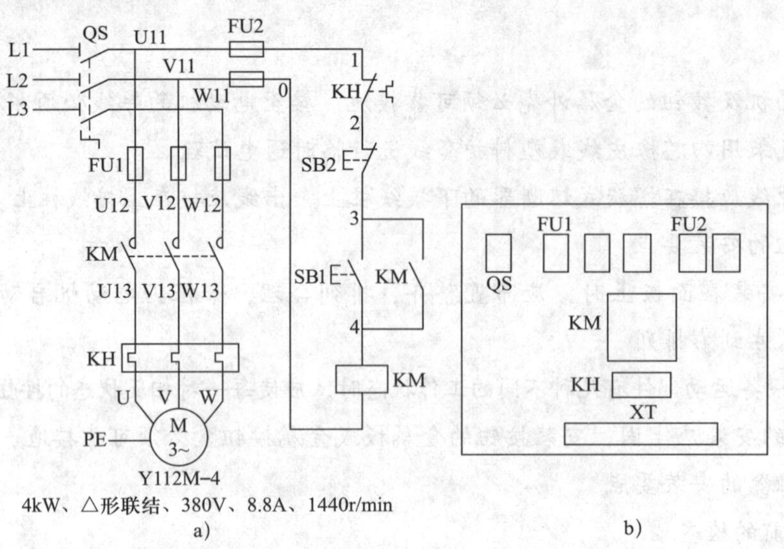

图 4-1-27 具有过载保护的接触器自锁正转控制线路

a）电路图 b）布置图

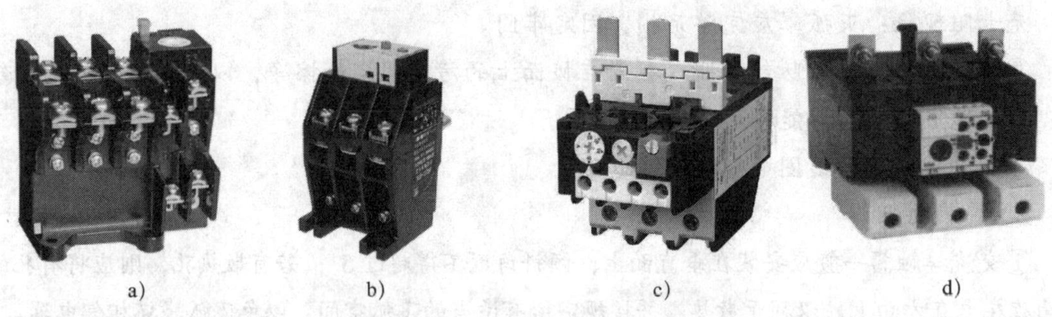

a) b) c) d)

图 4-1-28 热继电器

a）JR36 系列 b）JR20 系列 c）T 系列 d）JRS2 系列

（1）热继电器的结构与符号

热继电器主要由热元件、传动机构、触点系统、电流整定装置、复位机构等部分组成。热元件包括双金属片和绕在外面的电阻丝。当电动机过载时，流过电阻丝的电流超过热继电器的整定电流，电阻丝发热量增多，温度升高，热膨胀系数不同的双金属片向右弯曲，通过传动机构推动常闭触点断开，分断控制电路，再通过接触器切断主电路，实现对电动机的过载保护。两极双金属片热继电器的结构与图形符号如图 4-1-29 所示。

（2）热继电器型号的含义

热继电器型号的含义如下：

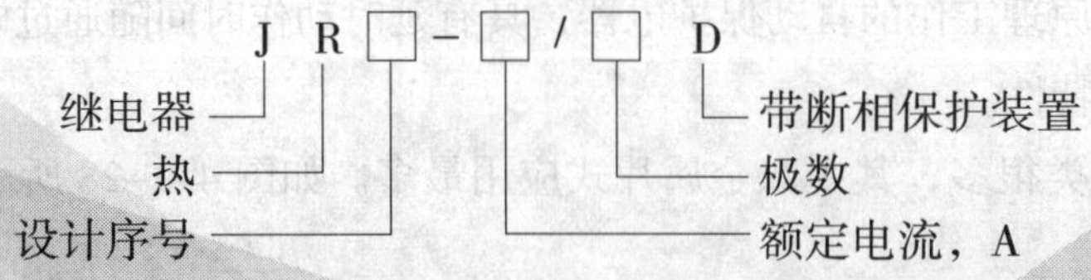

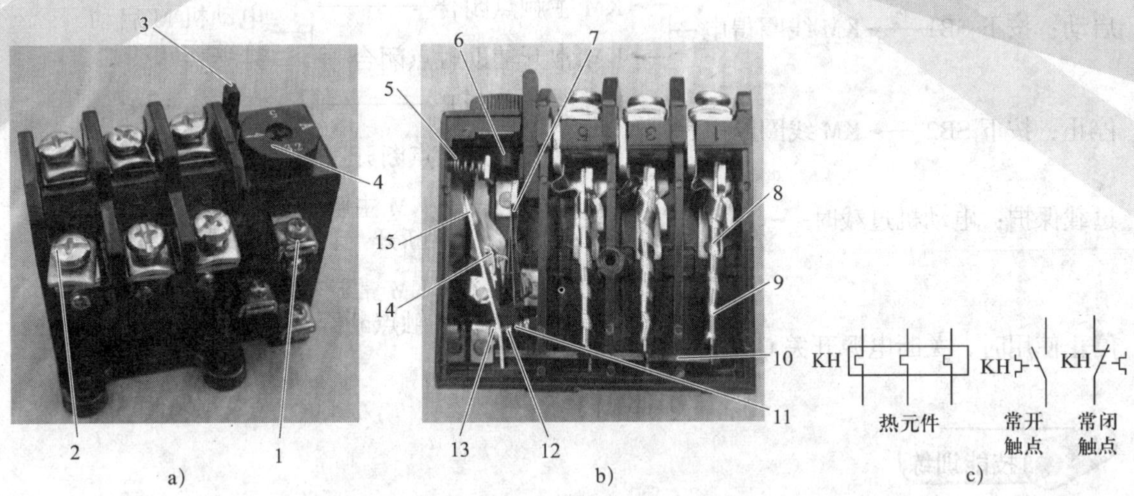

图 4-1-29　两极双金属片热继电器的结构与图形符号

a)、b) 结构　c) 图形符号

1—常闭触点接线柱　2—主电路接线柱　3—手动复位按钮　4—电流整定旋钮　5—压簧　6—电流调节凸轮　7—弓簧　8—热元件　9—电阻丝　10—导板　11—静触点　12—动触点　13—复位调节螺钉　14—推杆　15—连杆

(3) 热继电器的选用

1) 对于不频繁启动、连续运行的电动机，可按电动机的额定电流选择热继电器的规格。一般应使热继电器的额定电流略大于电动机的额定电流。

2) 根据需要的整定电流值选择热元件的电流等级。一般情况下，整定电流 I_Z=(0.95~1.05) I_N (I_N 为电动机额定电流)。

3) 根据电动机定子绕组的连接方式选择热继电器的结构形式，即定子绕组采用Y形联结的电动机选用普通三相结构的热继电器，而采用△形联结的电动机应选用三相结构带断相保护装置的热继电器。

2. 电路分析

具有过载保护的接触器自锁正转控制线路的主电路与点动控制线路的主电路相同，但在控制线路中又串接了一个停止按钮 SB2，在启动按钮 SB1 的两端并接了接触器 KM 的一对常开辅助触点。具有过载保护的接触器自锁控制线路不但能使电动机连续运转，而且还具有欠压、失压（或零压）和过载保护作用。将热继电器 KH 作为过载保护用，把其热元件串接在主电路中，把常闭触点串接在控制电路中。当电动机由于过载或其他原因使电流超过额定值时，经过一段时间后，串接在主电路中的热元件因受热而弯曲，通过传动机构使控制电路上的常闭触点分断，切断控制电路，使接触器 KM 线圈失电，其主触点和自锁触点分断，电动机 M 断电停转，达到过载保护的目的。

线路的工作原理如下：

先合上电源开关 QS。

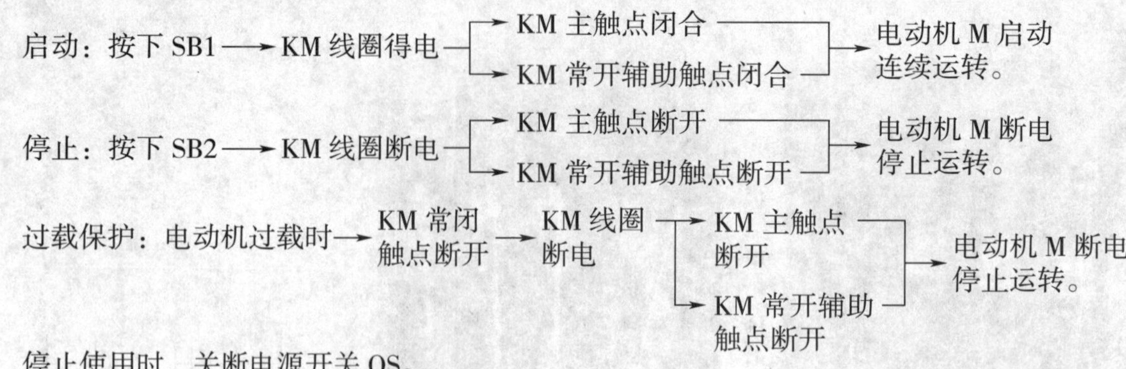

停止使用时，关断电源开关 QS。

1. 训练内容

具有过载保护的接触器自锁正转控制线路的安装。

安装步骤如下：选用元器件及导线→检查电气元器件→配线→安装电动机并接线→自检→交验→通电试车。

2. 工具、仪表、设备及材料准备

除增加热继电器外，其余与点动正转控制线路相同。

3. 训练步骤

（1）检查元器件，画出布置图，如图 4-1-27b 所示。

（2）根据布置图安装元器件，安装好的元器件如图 4-1-30a 所示。

（3）画出接线图，如图 4-1-30b 所示。

（4）按图 4-1-30b 配线。参照本课题点动正转控制线路的工艺要求，让学生在安装好的点动控制线路板上进行具有过载保护的接触器自锁正转控制线路的安装，安装好的具有过载保护的接触器自锁正转控制线路板如图 4-1-31 所示。

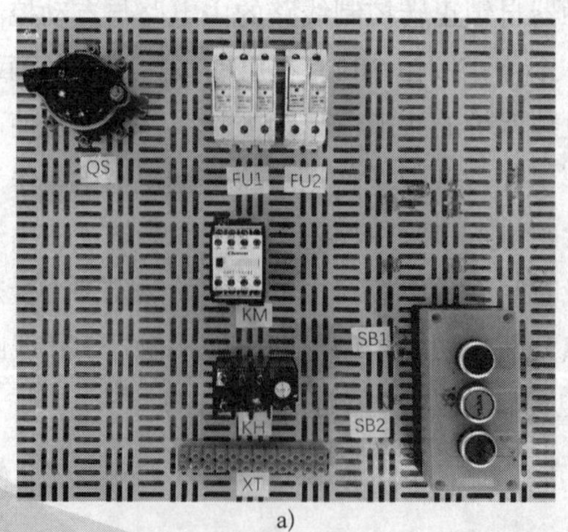

a)

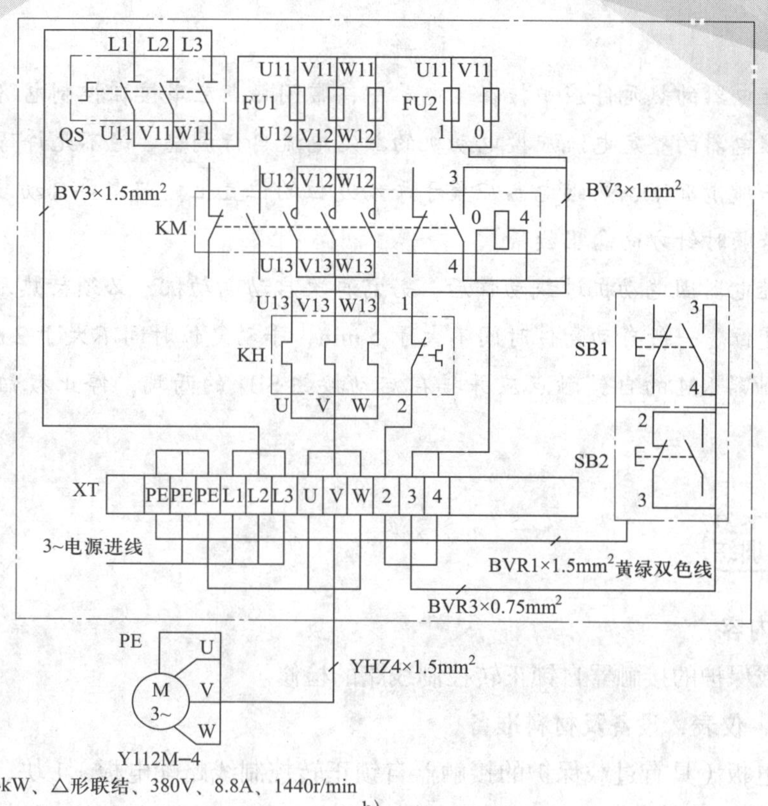

b）

图 4–1–30　具有过载保护的接触器自锁正转控制线路

a）元器件板　b）接线图

（5）安装电动机。可靠连接电动机和各电气元件金属外壳的保护接地线。

（6）连接电源、电动机等控制板外部的导线。

（7）自检。

（8）交验。

4. 评分标准见表 4–1–4。

图 4–1–31　具有过载保护的接触器自锁正转控制线路板

提示

（1）热继电器的热元件应串接在主电路中，常闭触点应串接在控制电路中。

（2）热继电器的整定电流应按电动机的额定电流自行调整。绝不允许弯折双金属片。

（3）在一般情况下，热继电器应置于手动复位的位置上。若需要自动复位时，可将复位调节螺钉沿顺时针方向向里旋紧。

（4）热继电器因电动机过载动作后，若需再次启动电动机，必须待热元件冷却后才能使热继电器复位。一般自动复位时间不大于 5 min，手动复位时间不大于 2 min。

（5）接触器 KM 的自锁触点应并接在启动按钮 SB1 的两端，停止按钮 SB2 应串接在控制电路中。

1. 训练内容

具有过载保护的接触器自锁正转控制线路的检修。

2. 工具、仪表、设备及材料准备

准备配电板（具有过载保护的接触器自锁正转控制线路配电板）1 块，电路图（具有过载保护的接触器自锁正转控制线路配套电路图）1 套，排除故障所用材料（与相应的配电板配套）1 套，异步电动机（Y112M–4，4 kW、380 V、△形联结或自定）1 台，三相四线电源（~ 3 × 380 V/220 V、20 A）1 处，电工通用工具 1 套，万用表（自定）1 块，兆欧表（500 V、0 ~ 200 MΩ 或型号自定）1 块，钳形电流表（0 ~ 50 A）1 块，黑胶布（自定）1 卷，透明胶布（自定）1 卷，绝缘鞋、工作服等。

3. 评分标准（见表 4–1–5）

表 4–1–5　　评分标准

序号	主要内容	评分标准	配分	扣分	得分
1	调查研究	排除故障前不进行调查研究扣 5 分	5		
2	故障分析	1. 错标或标不出故障范围，每个故障点扣 5 分 2. 不能标出最小的故障范围，每个故障点扣 2 分	25		
3	故障排除	1. 实际排除故障中思路不清楚，每个故障点扣 5 分 2. 每少查出 1 处故障点扣 5 分 3. 每少排除 1 处故障点扣 4 分 4. 排除故障方法不正确，每处扣 4 分	70		

续表

序号	主要内容	评分标准		配分	扣分	得分
4	其他	1. 排除故障时产生新的故障后不能自行修复，每处倒扣 10 分；已经修复，每处倒扣 5 分 2. 损坏电动机倒扣 10 分				
5	安全文明生产	违反操作规程，视情节倒扣 5 ~ 10 分				
备注		时间	合计			
		60 min	教师签字			

4. 训练步骤

检修步骤如下：根据故障现象调查研究→在线路图上分析故障范围→用试验法进一步分析，确定第一个故障范围→用测量法检修第一个故障并通电试车→用试验法进行故障分析，确定第二个故障范围→用测量法检修第二个故障并通电试车→整理现场，操作结束。

（1）电动机基本控制线路故障检修的一般步骤和方法

1）用试验法观察故障现象，初步判定故障范围。试验法是在不扩大故障范围、不损坏电气设备和机械设备的前提下，对线路进行通电试验，通过观察电气设备和电气元器件的动作，看它是否正常，判断各控制环节的动作程序是否符合要求，找出故障发生部位或回路。

2）用逻辑分析法缩小故障范围。逻辑分析法是根据电气控制线路的工作原理、控制环节的动作顺序以及它们之间的联系，结合故障现象做具体的分析，迅速地缩小故障范围，从而判断出故障所在，这种方法是一种以准确为前提，以快速为目的的检查方法，特别适用于对复杂线路的故障进行检查。

3）用测量法确定故障点。测量法是利用电工工具和仪表（如测电笔、万用表、钳形电流表、兆欧表等）对线路进行带电或断电测量，这是查找故障点的有效方法。

①电压分阶测量法。采用电压分阶测量法时，首先把万用表的转换开关置于交流电压 500 V 的挡位上，然后按图 4-1-32 所示的方法进行测量。

断开主电路，接通控制电路的电源。若按下启动按钮 SB1 时，接触器 KM 不吸合，则说明电路有故障。

检测时，需要两人配合进行。先用万用表测量 0 和 1 两点之间的电压，若电压为 380 V，则说明控制电路的电源电压正常。然后由一人按下 SB1 不放，另一人把黑表笔接到 0 点上，红表笔依次接到 2、3、4 点上，分别测出 0—2、0—3、0—4 两点之间的电压值，根据其测量结果即可找出故障点，见表 4-1-6。

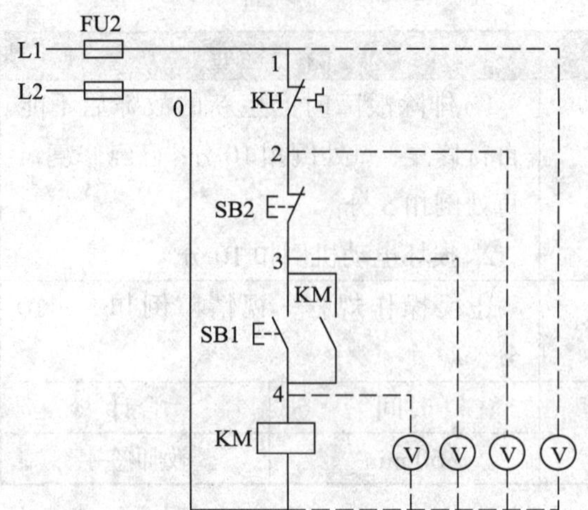

图 4-1-32　电压分阶测量法

表 4-1-6　　　　用电压分阶测量法查找故障点

故障现象	测试状态	0—2	0—3	0—4	故障点
按下 SB1 时，KM 不吸合	按下 SB1 不放	0	0	0	KH 常闭触点接触不良
		380 V	0	0	SB2 常闭触点接触不良
		380 V	380 V	0	SB1 接触不良
		380 V	380 V	380 V	KM 线圈断路

这种测量方法像上（或下）台阶一样依次测量电压，所以称为电压分阶测量法。

②电阻分阶测量法。采用电阻分阶测量法时，首先把万用表的转换开关置于倍率适当的电阻挡上，然后按图 4-1-33 所示的方法进行测量。

断开主电路，接通控制电路电源，若按下启动按钮 SB1 时，接触器 KM 不吸合，则说明控制电路有故障。

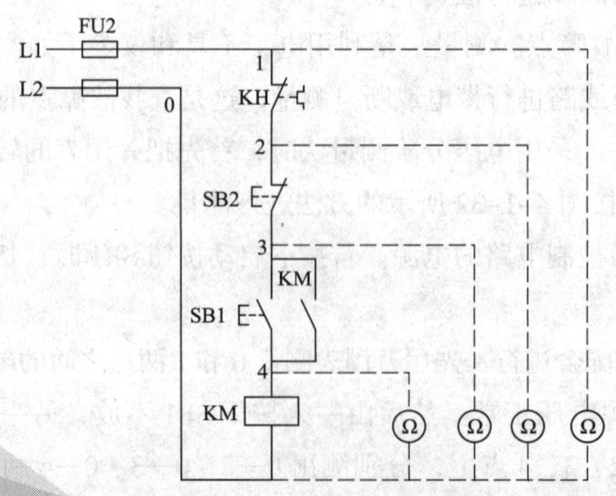

图 4-1-33　电阻分阶测量法

检测时，首先切断控制电路电源，然后一人按下 SB1 不放，另一人用万用表测出 0—1、0—2、0—3、0—4 两点之间的电阻值，根据测量结果可找出故障点，见表 4-1-7。

表 4-1-7　用电阻分阶测量法查找故障点

故障现象	测试状态	0—1	0—2	0—3	0—4	故障点
按下 SB1 时，KM 不吸合	按下 SB1 不放	∞	R	R	R	KH 常闭触点接触不良
		∞	∞	R	R	SB2 常闭触点接触不良
		∞	∞	∞	R	SB1 接触不良
		∞	∞	∞	∞	KM 线圈断路

4）根据故障点的不同情况，采取正确的维修方法排除故障。

5）检修完毕，进行通电空载校验或局部空载校验。

6）校验合格后，通电正常运行。

提示

（1）在实际维修工作中，由于电动机控制线路的故障是多种多样的，就是同一种故障现象，发生的故障部位也不一定相同。因此，采用以上故障检修方法和步骤时，不要生搬硬套，而应按不同的故障情况灵活运用，妥善处理，力求迅速、准确地找出故障点，查明故障原因，及时、正确地排除故障。

（2）交流接触器的拆卸及检修

1）拆卸

①松开灭弧罩紧固螺钉，取下灭弧罩。

②拉紧主触点定位用的弹簧夹，取下主触点及主触点压力弹簧片。拆卸主触点时必须将主触点横向旋转 45° 后取下。

③松开常开辅助静触点的接线柱螺钉，取下常开辅助静触点。

④松开接触器底部盖板的螺钉，取下盖板，在松盖板螺钉时，要用手按住盖板慢慢旋松。

⑤取下静铁心缓冲绝缘纸片、静铁心及静铁心支架。

⑥取下缓冲弹簧。

⑦拔出线圈接线端的弹簧夹片，取下线圈。

⑧取下反作用弹簧，抽出动铁心和支架。

⑨在支架上取下动铁心定位销。

⑩取下动铁心及缓冲弹簧。

2）检修

①拆卸后用干净的抹布蘸少许汽油擦掉动铁心、静铁心端面的油垢。

②检查动铁心、静铁心吻合后，中间铁心柱间是否留有 0.02~0.05 mm 的气隙；否则应用锉刀修出气隙。

③检查灭弧罩有无破裂或烧损，清除灭弧罩内的金属飞溅物和颗粒。

④检查触点的磨损程度，磨损严重时应更换触点。若不需更换，则清除触点表面灼伤的颗粒。

⑤清除铁心端面的油污，检查铁心有无变形及端面接触是否平整。

⑥检查触点压力弹簧和反作用弹簧是否变形或弹簧弹力不足。如变形或弹力不足则更换弹簧。

3）触点压力的测量和调整。用纸条凭经验判断触点压力是否合适。将一张厚约 0.1 mm 且比触点稍宽的纸条夹在 CJ10–20 型接触器的触点间，使触点处于闭合位置，用手拉动纸条，若触点压力合适，稍用力纸条即可拉出。若纸条很容易被拉出，说明触点压力不够。若纸条被拉断，说明触点压力太大。可调整触点弹簧或更换弹簧，直至符合要求。

（2）具有过载保护的接触器自锁正转控制线路的维修

排除如图 4–1–27 所示线路中人为设置的两个电气故障。

故障设置：在控制电路和主电路中各设置故障一处。

故障现象：按下 SB1 时，KM 均不吸合。

1）根据故障现象，进行调查研究，电气线路发生故障后，不要盲目立即动手检修。在检修前，可以向指导教师询问故障现象，通过分析故障前后的操作情况和故障发生后的异常现象，来判断出故障发生的范围，进而准确地排除故障。

2）在线路图上分析故障范围。依照基本电气线路的工作原理，运用逻辑分析方法对故障现象做具体分析，划出可疑范围，提高维修的针对性，确定并缩小故障范围，可以收到准而快的效果。分析电路时，通常先从主电路入手，再了解控制电路的形式。根据故障现象：按下 SB1 时，KM 均不吸合。可初步判断出故障点可能在控制电路的公共支路上。

3）通过试验观察法对故障进行进一步分析，缩小故障范围。在不扩大故障范围，不损伤电气元器件和设备的前提下，可进行直接通电试验，或去除负载（从控制箱接线端子板上卸下）进行通电试验，分清故障可能出现的部位。

4）用测量法寻找故障点。经外观检查没有发现故障点时，就根据故障原因，在故障范围内对电气元器件、导线逐一进行检查，一般很快能找到故障点。但对复杂的线路而言，往往有上百个元器件，成千条连线，若采取逐一检查的方法，不仅需耗费大量的时间，而且也容易产生疏漏。在这种情况下，当故障的可疑范围较大时，不必按部就班地逐级进行检查，这时可在故障范围内的中间环节进行检查，来判断故障发生在哪一部分，从而缩小故障范围，提高检修速度。

5）用测量法确定故障点。采用电压分阶测量法，如图 4–1–32 所示。先合上电源开关 QS，然后把万用表转换开关置于交流 500 V 电压挡，一人按下 SB1 不放，另一人把万用表的黑表笔接到 0 点上，红表笔依次接到 1、2、3、4 点上，分别测量 0—1、0—2、0—3、0—4 各阶之间的电压值，根据测量结果即可找出故障点，见表 4–1–8。

表 4–1–8　　用电压分阶测量法查找故障点

故障现象	测试状态	0—1	0—2	0—3	0—4	故障点
按下 SB1 时，KM 不吸合	按下 SB1 不放	0	0	0	0	FU2 断开
		380 V	0	0	0	KH 常闭触点接触不良
		380 V	380 V	0	0	SB2 常闭触点接触不良
		380 V	380 V	380 V	0	SB1 接触不良
		380 V	380 V	380 V	380 V	KM 线圈断路

6）根据故障点的情况，采取正确的检修方法，排除故障。故障现象及排除措施见表 4–1–9。

表 4–1–9　　故障现象及排除措施

故障现象	故障排除措施
FU2 熔断	排除故障后更换相同规格的熔体
KH 常闭触点接触不良	若按下复位按钮时，热继电器常闭触点不能复位，则说明热继电器已损坏，可更换同型号的热继电器，并调整好其整定电流值；若按下复位按钮时，热继电器常闭触点复位，则说明热继电器完好，可继续使用，但要查明 KH 常闭触点动作的原因并予以排除
SB2 接触不良	更换按钮 SB2
SB1 接触不良	更换按钮 SB1
KM 线圈断路	更换同规格的线圈或接触器

7）对故障点进行检修后通电试车。

8）用同样的方法和步骤检修主电路

①用试验法观察下一个故障现象。合上电源开关 QS，按下 SB1 时，电动机转速极低甚至不转，并发出“嗡嗡”声，应立即切断电源。

②用逻辑法确定故障范围。根据故障现象，结合本线路做具体的分析，判断故障范围可能在电源电路和主电路上。

③用测电笔确定故障点。先断开电源开关 QS，用测电笔检验主电路无电后，拆除电动机的负载线并恢复绝缘。再合上电源开关 QS，按下按钮 SB1，然后用测电笔从上至下依次测试 U11、V11、W11；U12、V12、W12；U13、V13、W13；U、V、W 各接点。当测到 W13 时，发现测电笔的氖管不亮，即说明连接接触器输出端 W13 与热继电器受电端 W13 的导线开路。

④根据故障点的情况，采取正确的检修方法，排除故障。更换同规格的连接接触器输出端 W13 与热继电器受电端 W13 的导线。

⑤检修完毕，交验。

⑥通电试车。重新连接好电动机的负载线，经指导教师允许后，在指导教师的监护下通电试车。合上电源开关 QS，按下 SB1，观察线路和电动机的运行是否正常，控制环节的动作顺序是否符合要求，用钳形电流表测量电动机三相电流是否平衡等。经检验合格后，电动机正常运行。

9）进行故障分析后，确定第二个故障点范围，进行检修。

10）整理现场，做好维修记录。

提示

（1）在排除故障的过程中，分析及排除故障的思路和方法要正确。

（2）用测电笔检测电路故障时，必须检查测电笔是否符合使用要求。

（3）不能随意更改线路及带电触摸电气元器件。

（4）仪表使用要正确，以防止引起错误判断。

（5）带电检修故障时，必须有指导教师在现场监护，并确保用电安全。

课题二　三相异步电动机正反转控制线路的安装

学习目标

1. 掌握三相异步电动机接触器联锁正反转控制线路的安装技能。
2. 掌握三相异步电动机接触器双重联锁正反转控制线路的安装技能。

正反转控制线路只能使电动机带动生产机械的运动部件朝一个方向旋转，但许多生产机械往往要求运动部件能向正、反两个方向运动。

当改变通入电动机定子绕组的三相电源相序，即把接入电动机三相电源进线中的任意

两相对调接线时，就可使三相异步电动机反转。本课题主要进行接触器联锁正反转控制线路和双重联锁正反转控制线路的安装与维修。

一、倒顺开关正反转控制线路

倒顺开关是专为控制小容量三相异步电动机的正反转而设计生产的一种组合开关，又称可逆转换开关，如图 4-2-1a 所示。倒顺开关的手柄有“倒”“停”“顺”三个位置，手柄只能从“停”位置左转 45° 或右转 45° 。倒顺开关的图形符号如图 4-2-1b 所示。

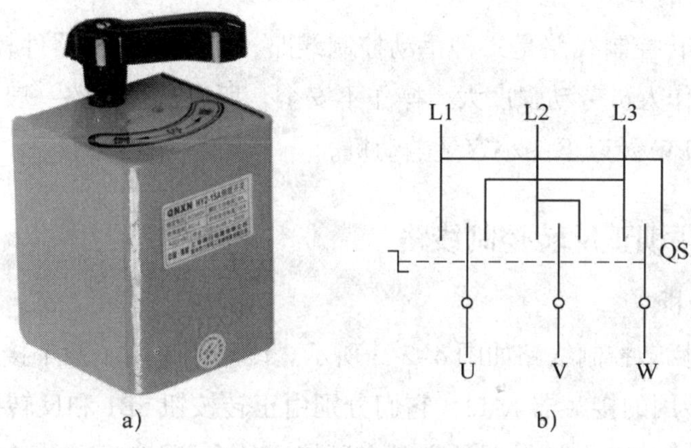

图 4-2-1 倒顺开关

a）外形 b）图形符号

倒顺开关正反转控制线路如图 4-2-2 所示。X6132 型万能铣床主轴电动机的正反转控制就是采用倒顺开关来实现的。

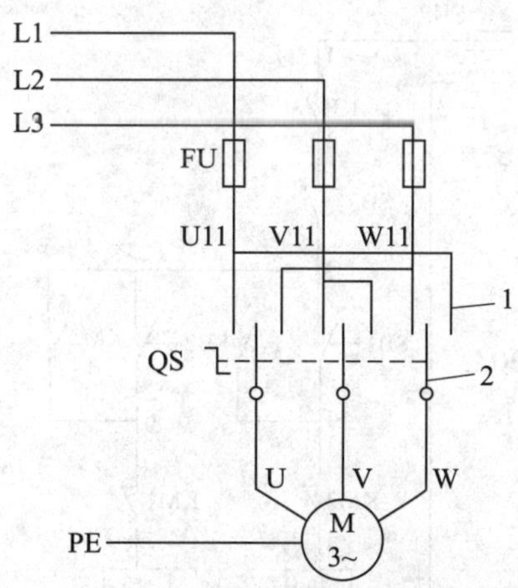

图 4-2-2 倒顺开关正反转控制线路

1—静触点 2—动触点

倒顺开关正反转控制线路的工作原理如下：倒顺开关 QS 的手柄处于“停”位置时，动、静触点不接触，电路不通，电动机不转；手柄扳至“顺”位置时，动触点和左侧的静触点相接触，电路按 L1—U、L2—V、L3—W 接通，电动机正转；手柄扳至“倒”位置时，动触点和右侧的静触点相接触，电路按 L1—W、L2—V、L3—U 接通，电动机反转。

必须注意的是，当电动机处于正转状态时，要使它反转，应先把手柄扳到“停”的位置，使电动机停转，然后再把手柄扳到“倒”的位置，使它反转。若直接把手柄由“顺”扳至“倒”的位置，电动机的定子绕组会由于电源突然反接而产生很大的电流，易使电动机定子绕组因过热而损坏。

倒顺开关正反转控制线路是一种手动控制线路，所用电气元器件较少，线路较简单。在频繁换向时，操作人员劳动强度大，操作不安全，所以这种线路一般用于控制额定电流为 10 A、功率在 3 kW 及以下的小容量电动机。

二、接触器联锁正反转控制线路

1. 电路图形分析

接触器联锁正反转控制线路如图 4-2-3 所示。线路中采用了两个接触器，即正转用的接触器 KM1 和反转用的接触器 KM2，它们分别由正转按钮 SB1 和反转按钮 SB2 控制。从电路图中可以看出，这两个接触器的主触点所接通的电源相序不同，KM1 按 L1—L2—L3 相序接线，KM2 按 L3—L2—L1 相序接线。相应的控制电路有两条，一条是由按钮 SB1 和 KM1 线圈等组成的正转控制电路；另一条是由按钮 SB2 和 KM2 线圈等组成的反转控制电路。

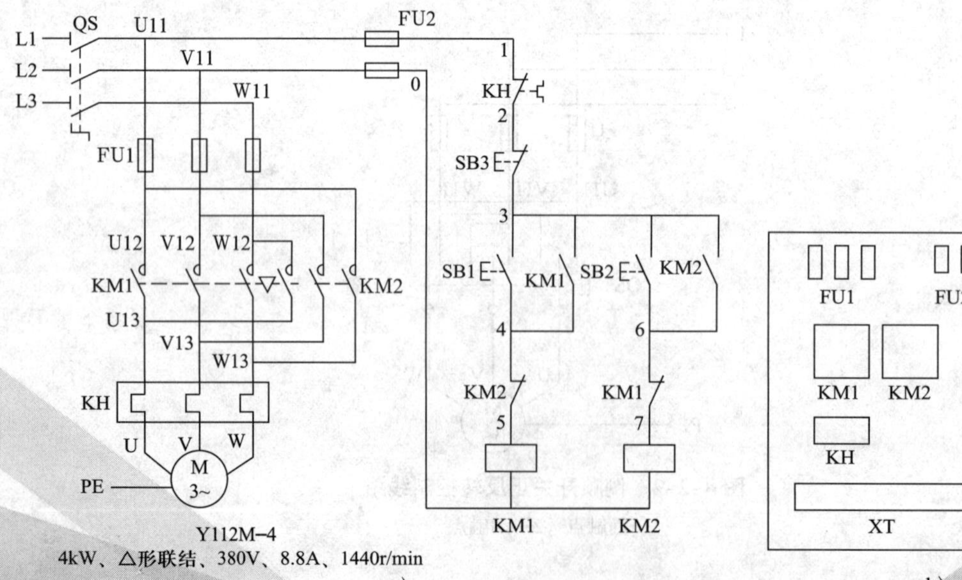

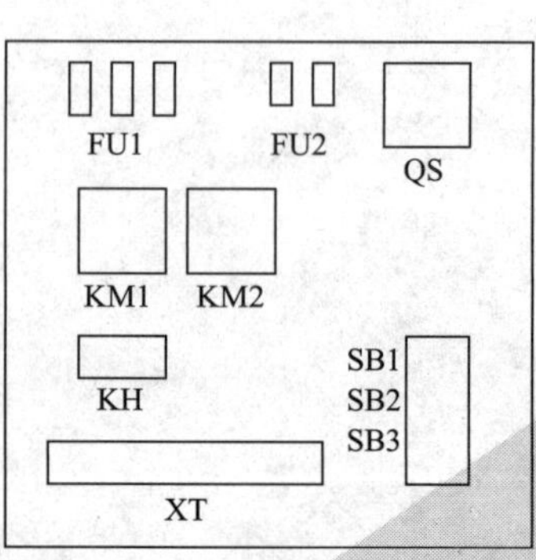

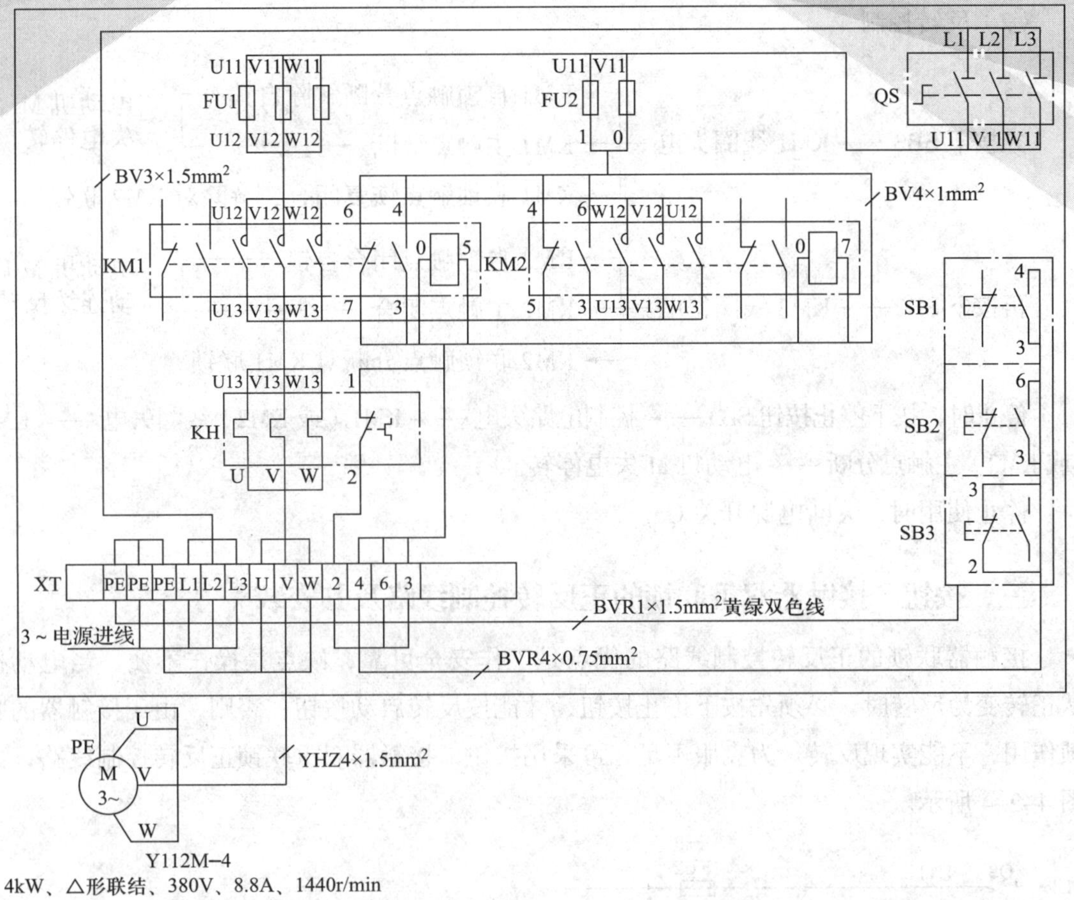

c）

图 4–2–3　接触器联锁正反转控制线路

a）电路图　b）布置图　c）接线图

2. 电路原理分析

接触器 KM1 和 KM2 的主触点绝对不允许同时闭合，否则将造成两相电源（L1 和 L3）短路事故。为避免两个接触器 KM1 和 KM2 同时得电动作，就在正反转控制线路中分别串接了对方接触器的一对常闭辅助触点，这样，当一个接触器得电动作时，通过其常闭辅助触点使另一个接触器不能得电动作，接触器间这种相互制约的作用称为接触器联锁（或互锁）。实现联锁作用的常闭辅助触点称为联锁触点（或互锁触点）。

线路的工作原理如下：

合上电源开关 QS。

（1）正转控制

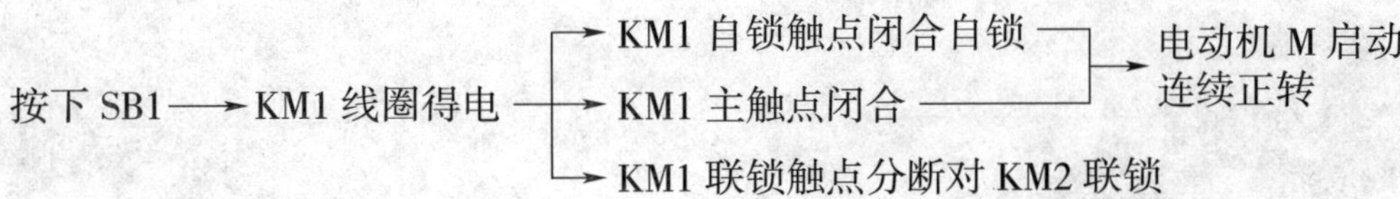

（2）反转控制

停止时，按下停止按钮 SB3 ⟶ 控制电路失电 ⟶ KM1（或 KM2）线圈失电 ⟶ KM1（或 KM2）主触点分断 ⟶ 电动机 M 失电停转。

停止使用时，关断电源开关 QS。

三、按钮、接触器双重联锁的正反转控制线路及其安装

接触器联锁的正反转控制线路的优点是工作安全可靠，缺点是操作不便。当电动机从正转变为反转时，必须先按下停止按钮，才能按反转启动按钮；否则，由于接触器的联锁作用，不能实现反转。为克服不足，可采用按钮、接触器双重联锁正反转控制线路，如图 4-2-4 所示。

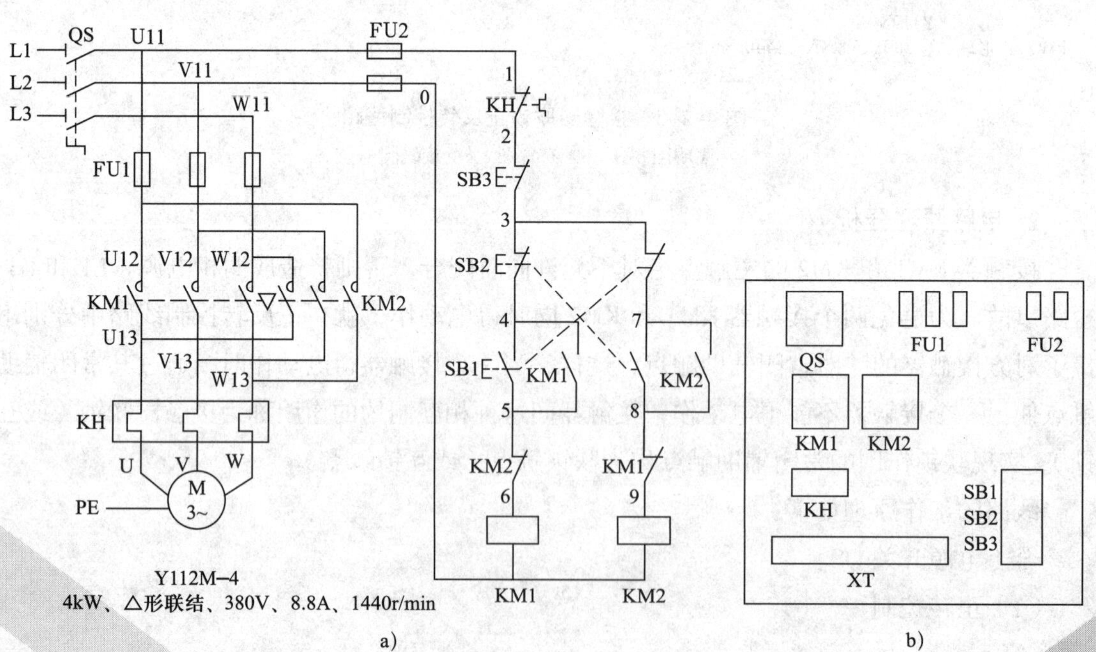

a)　　　　b)

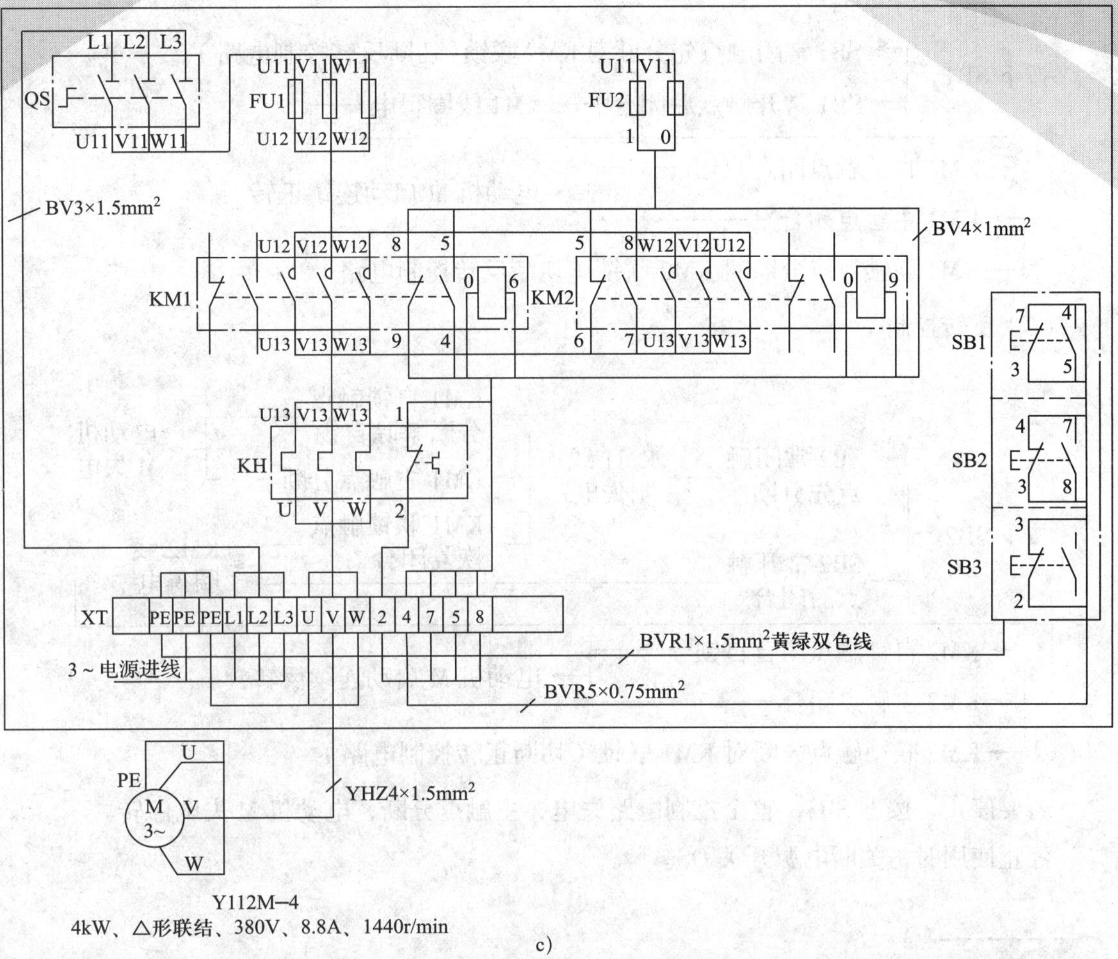

c）

图 4–2–4　按钮、接触器双重联锁正反转控制线路

a）电路图　b）布置图　c）接线图

线路安装步骤如下：识读电路图→选用元器件及导线→检查电气元器件→固定元器件→配线→安装电动机并接线→连接电源→自检→交验→通电试车。

1. 电路图的识读

把正、反转按钮换成两个复合按钮，并把两个复合按钮的常闭触点也串接在对方的控制电路中，使线路操作方便，工作安全可靠。

当操作按钮时，按钮的常闭触点先分断，断开对方的控制电路，对方的接触器失电；按钮的常开触点后闭合，接通自身的控制电路，使自身的接触器得电，这种按钮间的相互制约作用叫作按钮联锁。

2. 线路的工作原理

线路的工作原理如下：

合上电源开关 QS。

（1）正转控制

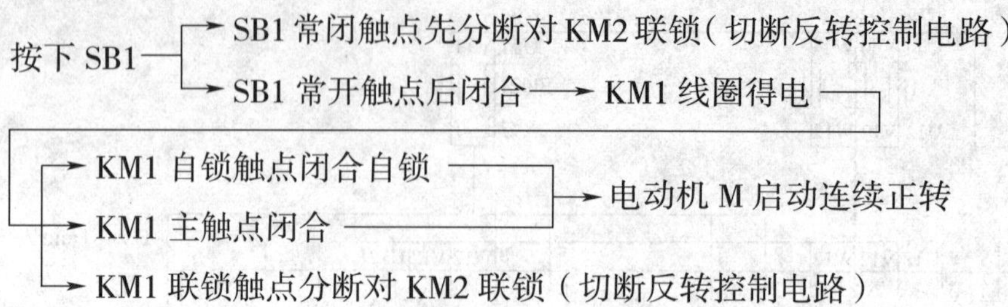

（2）反转控制

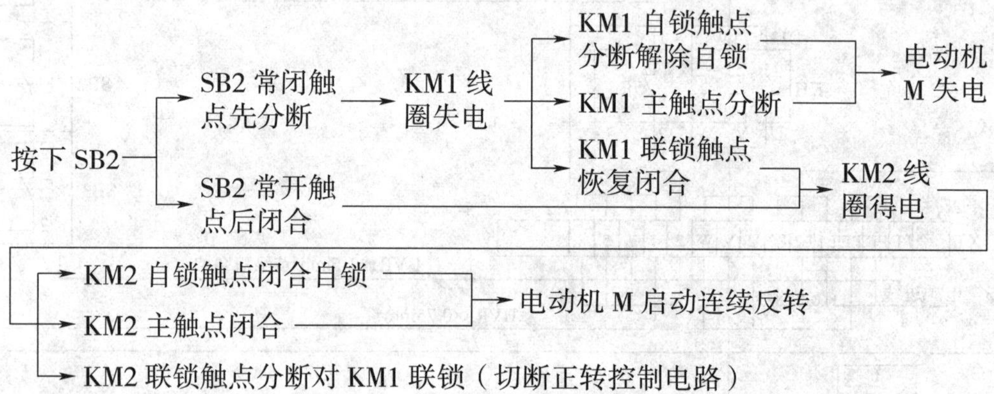

若要停止，按下 SB3，整个控制电路失电，主触点分断，电动机 M 失电停转。

停止使用时，关断电源开关 QS。

1. 训练内容

双重联锁正反转控制线路的安装。

2. 工具、仪表、设备及电气元器件准备

工具、仪表、设备及电气元器件见表 4-2-1。

表 4-2-1　　工具、仪表、设备及电气元器件

序号	名称	型号与规格	单位	数量	备注
1	三相四线电源	~ 3 × 380 V/220 V、20 A	处	1	
2	三相异步电动机	Y112M-4，4 kW、380 V、△形联结或自定	台	1	
3	配电板	500 mm × 600 mm × 20 mm	块	1	

续表

序号	名称	型号与规格	单位	数量	备注
4	组合开关	HZ10–25/3	个	1	
5	熔断器 FU1	RL1–60/25，380 V、60 A，熔体配 25 A	套	3	
6	熔断器 FU2	RL1–15/2，380 V、15 A，熔体配 2 A	套	2	
7	接触器 KM1、KM2	CJ10–20，线圈电压为 380 V，20 A	个	2	
8	热继电器 KH	JR16B–20/3，三极、20 A、整定电流 8.8 A	个	1	
9	按钮	LA10–3H，保护式、按钮数 3	个	2	
10	木螺钉	ϕ3 mm × 20 mm、ϕ3 mm × 15 mm	个	30	
11	平垫圈	ϕ4 mm	个	30	
12	主电路导线	BV1.5 mm^2（导线结构为 7/0.52）（黑色）	m	若干	
13	控制电路导线	BV1.0 mm^2（导线结构为 7/0.43）	m	若干	
14	按钮线	BVR0.75 mm^2	m	若干	
15	接地线	BVR1.5 mm^2（黄绿双色）	m	若干	
16	行线槽	18 mm × 25 mm	m	若干	
17	编码套管	自定	m	若干	
18	接线端子排	JX2–1015，500 V、10 A、15 节	条	1	
19	电工通用工具	测电笔、钢丝钳、旋具（一字型和十字型）、电工刀、尖嘴钳、活扳手、剥线钳等	套	1	
20	万用表	自定	块	1	
21	兆欧表	型号自定或 500 V、0 ~ 200 MΩ	块	1	
22	钳形电流表	0 ~ 50 A	块	1	
23	劳动保护用品	绝缘鞋、工作服等	套	1	

3. 评分标准见表 4–1–4。

4. 训练步骤

安装步骤如下：识读电路图→选用元器件及导线→检查电气元器件→固定元器件→配线→安装电动机并接线→连接电源→自检→交验→通电试车。

（1）按表 4–2–1 配齐所用元器件，并进行质量检验。电气元器件应完好无损，各项技术指标符合技术要求，否则应予以更换。

（2）画出布置图、接线图，分别如图 4–2–4b、c 所示，元器件实物布置图如图 4–2–5 所示。

图 4–2–5　双重联锁正反转控制线路的元器件实物布置图

（3）根据电路图、布置图及接线图进行板前明线配线及套编码套管。

（4）要求做到配线横平竖直、整齐、分布均匀、紧贴安装面、走线合理；套编码套管要正确；严禁损伤线芯和导线绝缘层；接点牢靠，不得松动，不得压绝缘层，不反圈，不露铜过长等，安装好的控制线路板如图 4–2–6 所示，并对照线路图检查配线的正确性。

（5）安装电动机。

（6）连接电源、电动机等控制板外部的接线，如图 4–2–6 所示。导线要敷设在导线通道内，或采用绝缘良好的橡皮线进行通电试验。

（7）自检。

（8）交验合格后通电试车。

（9）通电试车完毕，停转，断开电源。先拆除三相电源线，再拆除电动机负载线。

图 4–2–6　双重联锁正反转控制线路板

提示

按钮及接触器联锁触点的接线必须正确，否则将会造成主电路中两相电源短路事故。

课题三　三相异步电动机位置控制线路的安装

学习目标

1. 掌握三相异步电动机位置控制线路的安装与维修技能。
2. 掌握三相异步电动机工作台自动往返控制线路的安装与维修技能。

在生产过程中，一些生产机械运动部件的行程或位置要受到限制，或者需要在一定范围内自动往返循环等，以便实现对工件的连续加工。本课题要进行三相异步电动机位置控制线路和工作台自动往返控制线路的安装与维修。

一、位置控制线路

1. 位置开关

位置开关是一种将机械信号转换为电信号，以控制运动部件的位置和行程的自动控制

电器。位置开关包括行程开关和接近开关等。行程开关的种类很多，以运动形式分，有直动式和转动式；以触点性质分，可分为有触点和无触点。各种行程开关的基本结构大体相同，都是由触点系统、操作机构和外壳组成的。常用行程开关的外形如图 4–3–1 所示，其结构如图 4–3–2 所示。

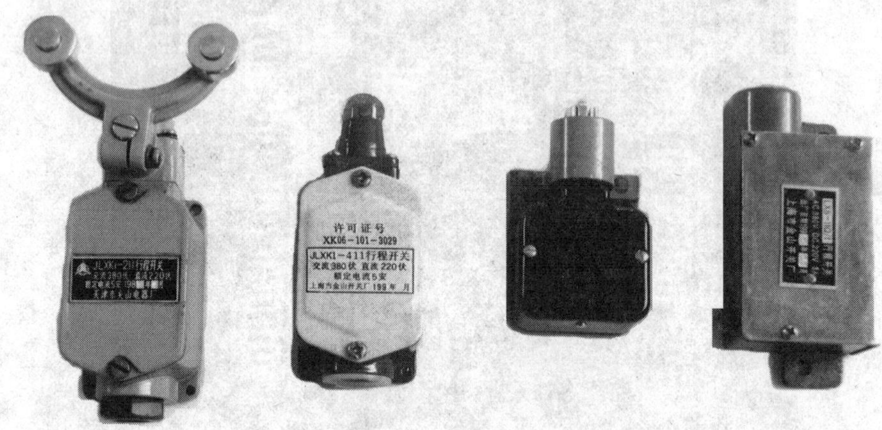

图 4–3–1　各种行程开关的外形

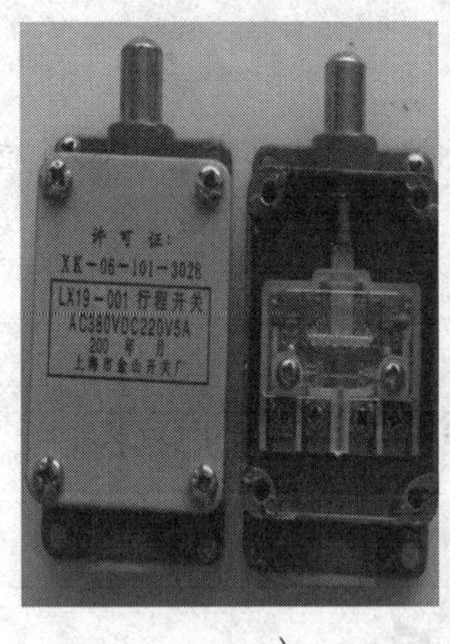

a）　b）　c）

图 4–3–2　行程开关的结构

a）内部结构　b）触点碰撞前　c）触点碰撞后

2. 线路图分析

位置控制线路如图 4–3–3 所示，右下角是行车运行示意图，在行车的两头各安装一个行程开关 SQ1 和 SQ2，将这两个行程开关的常闭触点分别串接在正转和反转控制线路中。行车前、后各装有挡铁 1 和挡铁 2，以调节行车的位置。

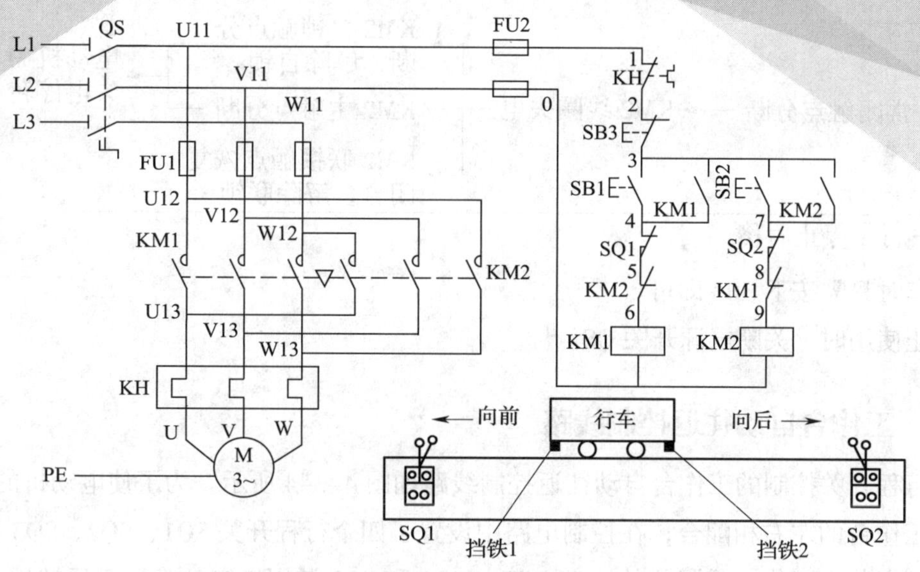

图 4-3-3 位置控制线路

位置控制线路的工作原理如下：

合上电源开关 QS。

（1）行车向前运动

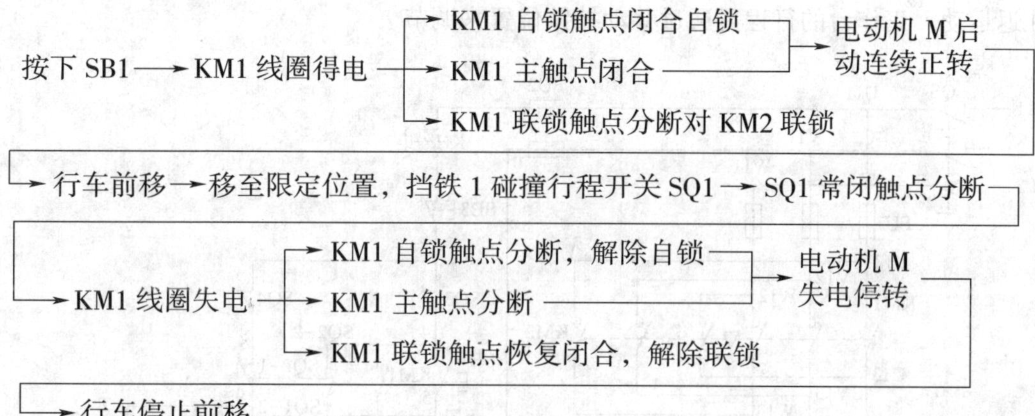

此时，即使再按下 SB1，由于 SQ1 常闭触点分断，接触器 KM1 线圈也不会得电，从而保证行车不会超过 SQ1 所在的位置。

（2）行车向后运动

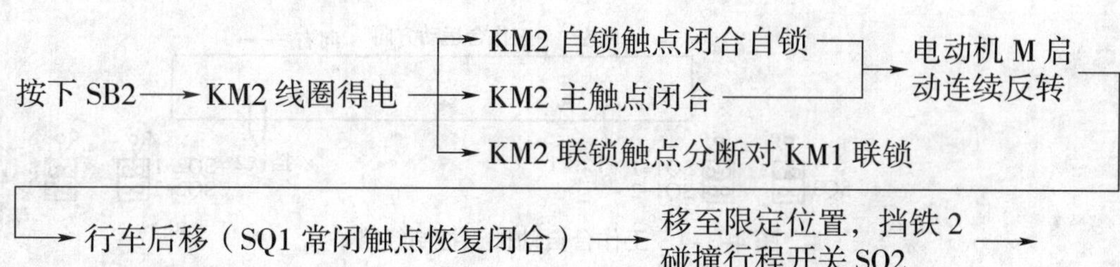

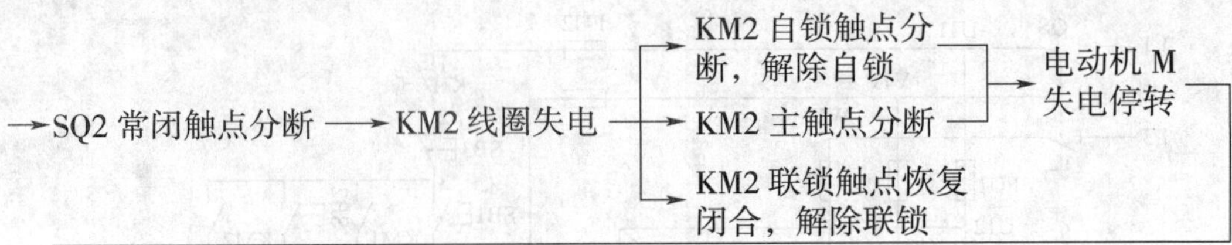

→行车停止后移。

停车时只需按下 SB3 即可。

停止使用时，关断电源开关 QS。

二、工作台自动往返控制线路

由行程开关控制的工作台自动往返控制线路如图 4–3–4 所示。为了使电动机的正反转控制与工作台的左右相配合，在控制电路中设置了四个行程开关 SQ1、SQ2、SQ3 和 SQ4，并把它们安装在工作台需限位的地方。其中 SQ1 和 SQ2 被用来自动换接正反转控制线路，实现工作台自动往返行程控制；SQ3 和 SQ4 被用来进行终端保护，以防止 SQ1 和 SQ2 失灵，工作台越过限定位置而造成事故。在工作台边的 T 形槽中装有两块挡铁，挡铁 1 只能与 SQ1 和 SQ3 相碰，挡铁 2 只能与 SQ2 和 SQ4 相碰。当工作台达到限定位置时，挡铁碰撞行程开关，使其触点动作，自动换接电动机正反转控制线路，通过机械机构使工作台自动往返运动。工作台的行程可通过移动挡铁位置来调节。

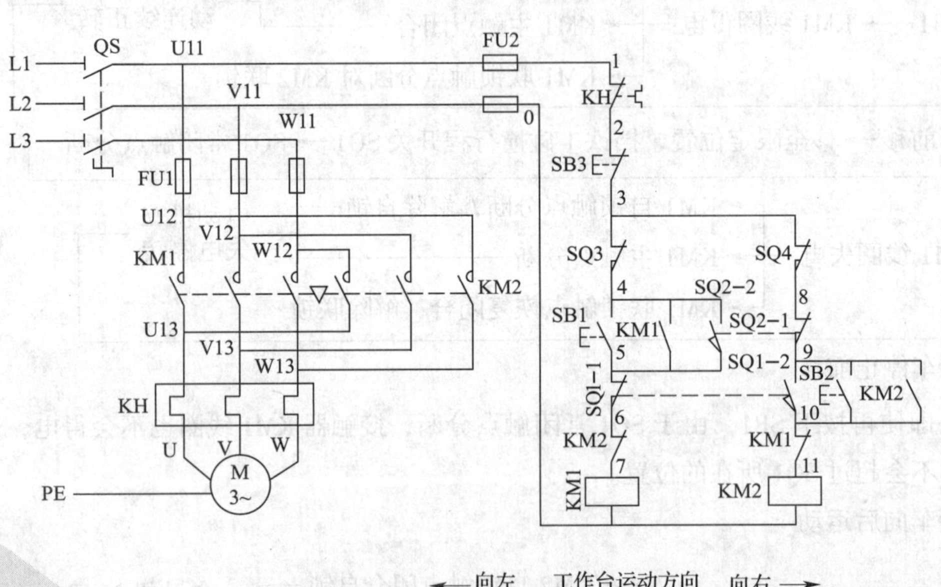

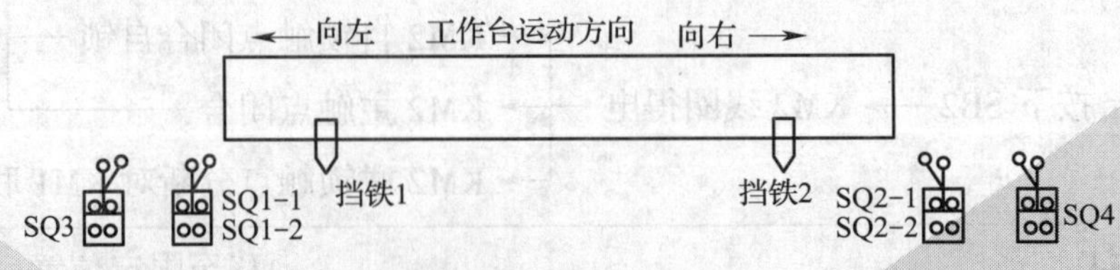

图 4–3–4　工作台自动往返控制线路

线路的工作原理如下：

合上电源开关 QS。

按下 SB1 → KM1 线圈得电 → KM1 自锁触点闭合自锁
→ KM1 主触点闭合
→ KM1 联锁触点分断对 KM2 联锁

→ 电动机 M 正转 → 工作台左移 → 至限定位置挡铁 1 碰 SQ1

→ SQ1-1 先分断 → KM1 线圈失电 → KM1 自锁触点分断，解除自锁
→ KM1 主触点分断 → 电动机停止正转，工作台停止左移
→ KM1 联锁触点恢复闭合

→ SQ1-2 后闭合

→ KM2 线圈得电 → KM2 自锁触点闭合自锁
→ KM2 主触点闭合
→ KM2 联锁触点分断对 KM1 联锁

→ 电动机 M 反转 → 工作台右移（SQ1 触点复位）

→ 至限定位置挡铁 2 碰 SQ2 → SQ2-1 先分断 → KM2 线圈失电 → KM2 自锁触点分断
→ KM2 主触点分断 → 电动机停止反转，工作台停止右移
→ KM2 联锁触点恢复闭合

→ SQ2-2 后闭合

→ KM1 线圈得电 → KM1 自锁触点闭合自锁
→ KM1 主触点闭合 → 电动机 M 又正转
→ KM1 联锁触点分断对 KM2 联锁

→ 工作台又左移（SQ2 触点复位）→ 重复上述过程，工作台就在限定的行程内自动往返运动。

停止时，按下 SB3 → 整个控制电路失电 → KM1（或 KM2）线圈失电 → KM1（或 KM2）主触点分断 → 电动机 M 失电停转 → 工作台停止运动。

停止使用时，关断电源开关 QS。

这里 SB1、SB2 分别分为正转启动按钮和反转启动按钮，若启动时工作台在左端，则应按下 SB2 进行启动。

技能训练

1. 训练内容

工作台自动往返控制线路的安装。

2. 工具、仪表、设备及电气元器件准备

工具、仪表、设备及电气元器件见表 4–3–1。

表 4–3–1　　工具、仪表、设备及电气元器件

序号	名称	型号与规格	单位	数量	备注
1	三相四线电源	~ 3 × 380 V/220 V、20 A	处	1	
2	三相异步电动机	Y112M–4，4 kW、380 V、△形联结或自定	台	1	
3	配电板	500 mm × 600 mm × 20 mm	块	1	
4	组合开关	HZ10–25/3	个	1	
5	熔断器 FU1	RL1–60/25，380 V、60 A，熔体配 25 A	套	3	
6	熔断器 FU2	RL1–15/2，380 V、15 A，熔体配 2 A	套	2	
7	接触器 KM1、KM2	CJ10–20，线圈电压为 380 V，20 A	个	2	
8	热继电器 KH	JR16–20/3，三极、20 A、整定电流 8.8 A	个	1	
9	按钮	LA10–3H，保护式、按钮数 3	个	2	
10	行程开关	JLXK1–211，双轮旋转式	个	2	
11	木螺钉	ϕ3 mm × 20 mm、ϕ3 mm × 15 mm	个	30	
12	平垫圈	ϕ4 mm	个	30	
13	主电路导线	BV1.5 mm^2（导线结构为 7/0.52）（黑色）	m	若干	
14	控制电路导线	BV1.0 mm^2（导线结构为 7/0.43）	m	若干	
15	按钮线	BVR0.75 mm^2	m	若干	

续表

序号	名称	型号与规格	单位	数量	备注
16	接地线	BVR1.5 mm^2（黄绿双色）	m	若干	
17	编码套管	自定	m	若干	
18	接线端子排	JX2–1020，500 V、10 A、20 节	条	1	
19	电工通用工具	测电笔、钢丝钳、旋具（一字型和十字型）、电工刀、尖嘴钳、活扳手、剥线钳等	套	1	
20	万用表	自定	块	1	
21	兆欧表	型号自定或 500 V、0 ~ 200 MΩ	块	1	
22	钳形电流表	0 ~ 50 A	块	1	
23	劳动保护用品	绝缘鞋、工作服等	套	1	

3. 评分标准（见表 4–3–2）

表 4–3–2　　评分标准

序号	主要内容	评分标准	配分	扣分	得分
1	元器件安装情况检查	1. 元器件布置不整齐、不匀称、不合理，每个扣 2 分 2. 元器件安装不牢固，安装元器件时漏装螺钉，每个扣 2 分 3. 损坏元器件，每个扣 5 分	20		
2	配线	1. 电动机运行正常，如不按电气原理图接线，扣 10 分 2. 配线不美观，不平直，不整齐，未紧贴敷设面，主电路、控制电路每根扣 5 分 3. 接点松动，露铜过长，反圈，压绝缘层，标记线号不清楚、遗漏或误标，引出端无别径压端子，每处扣 5 分 4. 损伤导线绝缘层或线芯，每根扣 5 分	50		

续表

序号	主要内容	评分标准		配分	扣分	得分
3	通电试验	1. 热继电器整定值错误，扣 6 分 2. 主电路、控制电路配错熔体，每个扣 2 分 3. 一次试车不成功扣 10 分；两次试车不成功扣 20 分		30		
4	安全文明生产	违反操作规程，视情节倒扣 5 ~ 10 分				
备注		时间	合计			
		180 min	教师签字			

4. 训练步骤

安装步骤如下：选用元器件及导线→检查电气元器件→绘制布置图和接线图→固定元器件→配线→安装电动机并接线→连接电源→自检→交验→通电试车。

（1）按表 4–3–1 配齐所用元器件，并进行质量检验。

（2）画出布置图，如图 4–3–5 所示，在控制板上按布置图安装所有电气元器件。

（3）按电路图进行板前明线配线，并在导线端部套编码套管及冷压接线头。

（4）安装电动机。可靠连接电动机和各电气元器件金属外壳的保护接地线。

（5）连接电源、电动机等控制板外部的导线。安装好的控制线路板如图 4–3–6 所示。

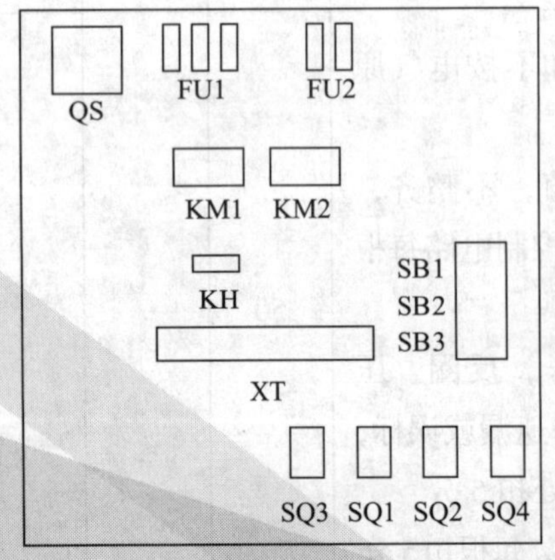

图 4–3–5　工作台自动往返控制线路布置图

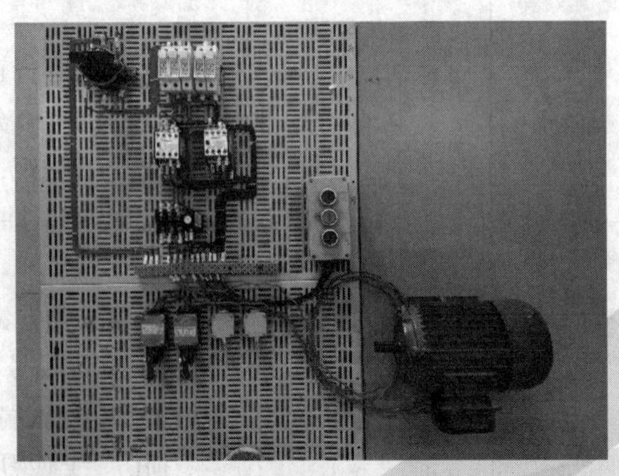

图 4–3–6　工作台自动往返控制线路板

（6）自检。

（7）交验，检查无误后通电试车。

提示

（1）行程开关可以先安装好，不占定额时间。行程开关必须牢固安装在合适的位置上。安装后，必须用手动工作台或受控机械进行试验，合格后才能使用。训练中，若无条件进行实际机械安装时，可将行程开关装在控制板下方两侧进行手控模拟试验。

（2）通电校验时，必须先手动行程开关，试验各行程控制和终端保护是否正常可靠。若在电动机正转（工作台向左运动）时，扳动行程开关 SQ，电动机不反转，且继续正转，则可能是由于 KM2 的主触点接线不正确引起的，需断电进行纠正后再试，以防止发生设备事故。

课题四　三相异步电动机顺序控制与多地控制线路的安装

学习目标

1. 掌握三相异步电动机顺序控制线路的安装技能。
2. 掌握三相异步电动机多地控制线路的安装技能。

在装有多台电动机的生产机械上，各电动机所起的作用是不同的，有时需按一定的顺序启动或停止，才能保证操作过程合理及工作安全、可靠，这就是顺序控制。而有时为减轻劳动者的生产强度，实际生产中常常采用在两处及两处以上同时控制一台电气设备的方式，这就是多地控制。本课题要进行顺序控制与多地控制线路的安装。

一、顺序控制线路的安装

要求几台电动机的启动或停止必须按一定的先后顺序来完成的控制方式，称为电动机的顺序控制。

顺序控制可以通过控制电路实现，也可通过主电路实现，控制电路实现顺序控制的电路图及特点见表 4–4–1，主电路实现顺序控制的电路图及特点见表 4–4–2。

表 4-4-1　　控制电路实现顺序控制的电路图及特点

在控制电路中实现顺序控制	特点
a)	电动机 M2 的控制电路先与接触器 KM1 的线圈并接后再与 KM1 的自锁触点串接，这样保证了 M1 启动后，M2 才能启动的顺序控制要求
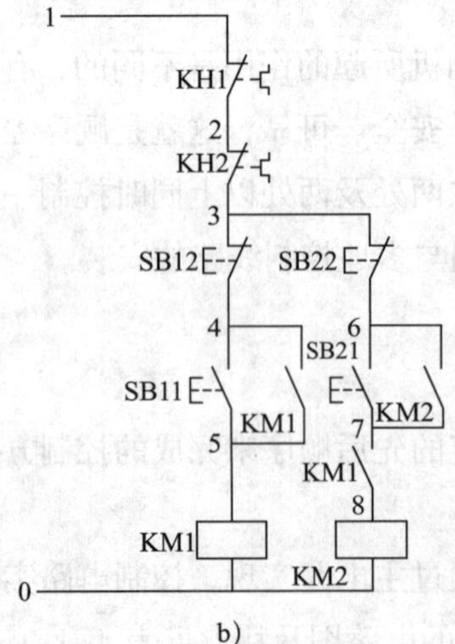 b)	在电动机 M2 的控制电路中串接了接触器 KM1 的常开辅助触点。显然，只要 M1 不启动，即使按下 SB21，由于 KM1 的常开辅助触点未闭合，KM2 线圈也不能得电，从而保证了 M1 启动后，M2 才能启动的控制要求。线路中停止按钮 SB12 控制两台电动机同时停止，SB22 控制 M2 单独停止

续表

在控制电路中实现顺序控制	特点
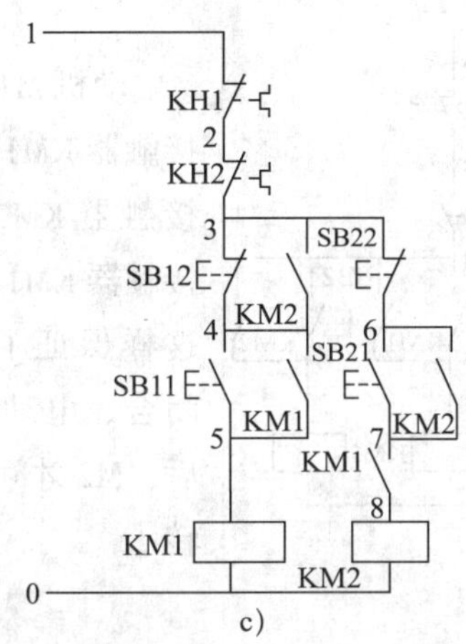 c)	这是控制两台电动机顺序启动、逆序停转的电路图。该电路是在电动机 M2 的控制电路中串接了接触器 KM1 的常开辅助触点。显然，只要 M1 不启动，即使按下 SB21，由于 KM1 的常开辅助触点未闭合，KM2 线圈也不能得电，从而保证了 M1 启动后，M2 才能启动的控制要求。在 SB12 的两端并接了接触器 KM2 的常开辅助触点，从而实现了 M2 停止以后 M1 才能停止的控制要求，即 M1、M2 是顺序启动、逆序停止的

表 4-4-2　　主电路实现顺序控制的电路图及特点

在主电路中实现顺序控制	特点
a)	电动机 M2 通过接插器 X 接在接触器 KM 主触点的下面，因此，只有当 KM 主触点闭合、电动机 M1 启动运转后，电动机 M2 才可能接通电源运转

续表

<table>
<tr><th>在主电路中实现顺序控制</th><th>特点</th></tr>
<tr><td>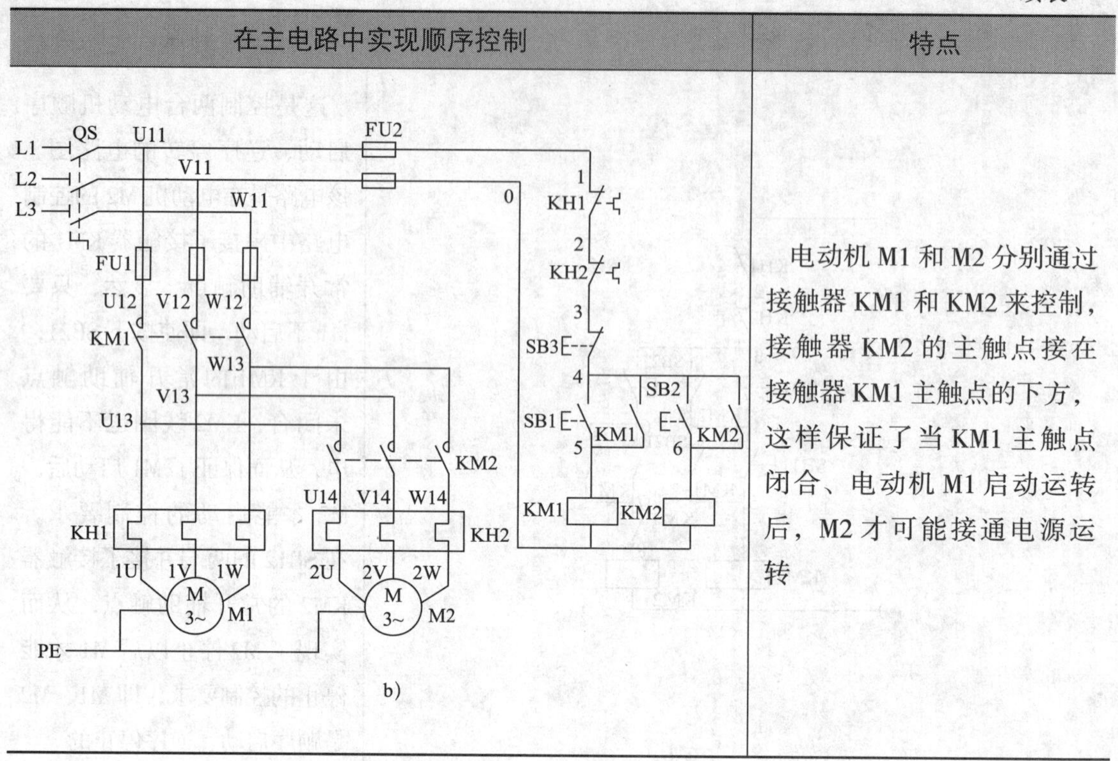

b)</td><td>电动机 M1 和 M2 分别通过接触器 KM1 和 KM2 来控制，接触器 KM2 的主触点接在接触器 KM1 主触点的下方，这样保证了当 KM1 主触点闭合、电动机 M1 启动运转后，M2 才可能接通电源运转</td></tr>
</table>

表 4–4–2 中图 b 线路的工作原理如下：

合上电源开关 QS。

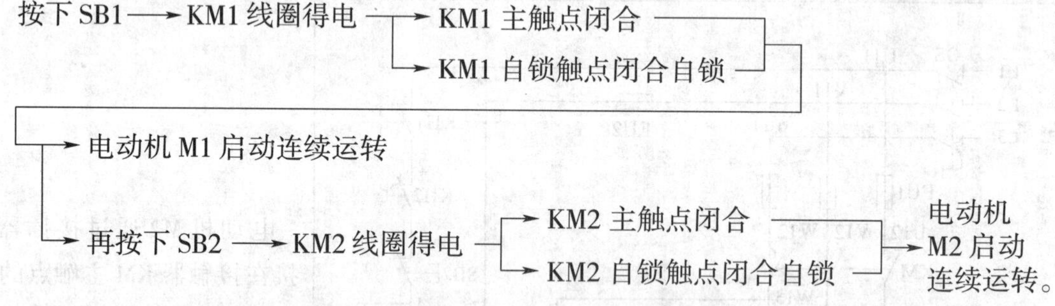

按下 SB3 ⟶ 控制电路失电 ⟶ KM1、KM2 主触点分断 ⟶ 电动机 M1、M2 同时停转。

停止使用时，关断电源开关 QS。

1. 训练内容

顺序控制线路的安装。顺序控制线路如表 4–4–1 中图 c 所示。

2. 工具、仪表、设备及电气元器件准备

工具、仪表、设备及电气元器件见表 4–4–3。

表 4–4–3　　　　工具、仪表、设备及电气元器件

序号	名称	型号与规格	单位	数量	备注
1	三相四线电源	~ 3 × 380 V/220 V、20 A	处	1	
2	三相异步电动机 M1	Y112M–4，4 kW、380 V、8.8 A、△形联结或自定	台	1	
3	三相异步电动机 M2	Y90S–2，1.5 kW、380 V、3.4 A、Y形联结，2 845 r/min	台	1	
4	配电板	500 mm × 600 mm × 20 mm	块	1	
5	组合开关	HZ10–25/3，三极、380 V、25 A	个	1	
6	熔断器 FU1	RL1–60/25，380 V、60 A，熔体配 25 A	套	3	
7	熔断器 FU2	RL1–15/2，380 V、15 A，熔体配 2 A	套	2	
8	接触器 KM1	CJ10–20，线圈电压为 380 V，20 A	个	1	
9	接触器 KM2	CJ10–10，线圈电压为 380 V，10 A	个	1	
10	热继电器 KH1	JR16–20/3，三极、20 A、整定电流 8.8 A	个	1	
11	热继电器 KH2	JR16–20/3，三极、20 A、整定电流 3.4 A	个	1	
12	按钮 SB11、SB12 按钮 SB21、SB22	LA10–3 H，保护式、按钮数 3	个	2	
13	木螺钉	ϕ3 mm × 20 mm、ϕ3 mm × 15 mm	个	30	
14	平垫圈	ϕ4 mm	个	30	
15	主电路导线	BVR1.5 mm^2（导线结构为 7/0.52）（黑色）	m	若干	
16	控制电路导线	BVR1.0 mm^2（导线结构为 7/0.43）	m	若干	
17	按钮线	BVR0.75 mm^2	m	若干	
18	接地线	BVR1.5 mm^2（黄绿双色）	m	若干	

续表

序号	名称	型号与规格	单位	数量	备注
19	行线槽	18 mm × 25 mm	m	若干	
20	编码套管	自定	m	若干	
21	接线端子排	JX2–1020，500 V、10 A、20 节	条	1	
22	电工通用工具	测电笔、钢丝钳、旋具（一字型和十字型）、电工刀、尖嘴钳、活扳手、剥线钳等	套	1	
23	万用表	自定	块	1	
24	兆欧表	型号自定或 500 V、0 ~ 200 MΩ	块	1	
25	钳形电流表	0 ~ 50 A	块	1	
26	劳动保护用品	绝缘鞋、工作服等	套	1	

3. 评分标准见表 4–3–2。

4. 训练步骤

安装步骤如下：选用元器件及导线→检查电气元器件→绘制布置图和接线图→固定元器件→配线→安装电动机并接线→连接电源→自检→交验→通电试车。

（1）按表 4–4–3 配齐所用元器件，并进行质量检验。

（2）画出如图 4–4–1 所示的布置图，在控制板上按布置图安装行线槽和所有电气元器件。

（3）按表 4–4–1 中图 c 所示电路图进行板前线槽配线，并在导线端部套编码套管和冷压接线头。板前线槽配线的具体工艺要求如下：

1）所有导线的截面积大于等于 0.5 mm^2 时，必须采用软线。考虑强度的原因，所用最小截面积规定：在控制箱外为 1 mm^2，在控制箱内为 0.75 mm^2。但对控制箱内流经电流很小的电路连线，如电子逻辑线路，可用 0.2 mm^2 的截面积，并且可以采用硬线，但只能用于不移动且无振动的场合。

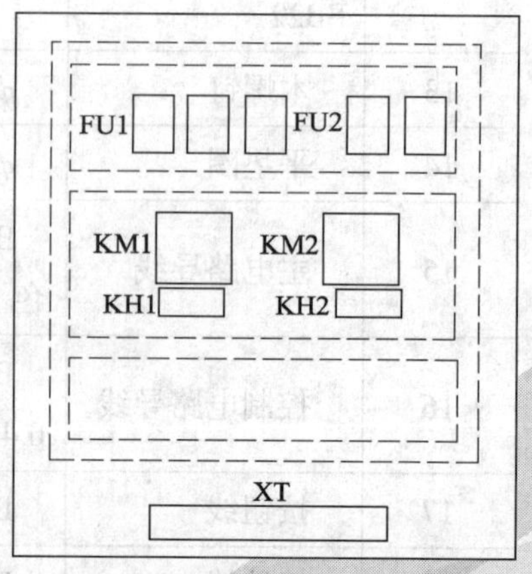

图 4–4–1　顺序控制线路布置图

2）各电气元器件接线端子引出导线的走向，以元器件的水平中心线为界线，在水平中心线以上接线端子引出的导线，必须进入元器件上面的行线槽；在水平中心线以下接线端子引出的导线，必须进入元器件下面的行

线槽。任何导线都不允许从水平方向进入行线槽。

3）各电气元器件接线端子上引入或引出的导线，除间距很小和元器件强度很差允许直接架空敷设外，其他导线必须经过行线槽进行连接。

4）进入行线槽内的导线要完全置于行线槽内，并应尽可能避免交叉，装线不得超过其容量的70%，以便能盖上行线槽盖及以后进行装配和维修。

5）各电气元器件与行线槽之间的外露导线应走线合理，并应尽可能做到横平竖直，变换走向要垂直。从同一个元器件位置一致的端子上引出或引入的导线要敷设在同一平面上，并应做到高低一致或前后一致，不得交叉。

6）所有接线端子、导线接头上都应套有与电路图上相应接点线号一致的编码套管，并按线号进行连接。

7）在任何情况下，接线端子必须与导线截面积和材料性质相适应。当接线端子不适合连接软线或截面积较小的导线时，可以在导线端头穿上针形或叉形扎头并压紧。

8）一般一个接线端子只能连接一根导线，如果采用专门设计的端子，可以连接两根或多根导线，并应严格按照连接工艺的工序要求进行连接。

（4）安装电动机，可靠连接电动机和电气元器件金属外壳的保护接地线。

（5）连接电源、电动机等控制板外部的导线。安装好的控制板如图4–4–2所示。

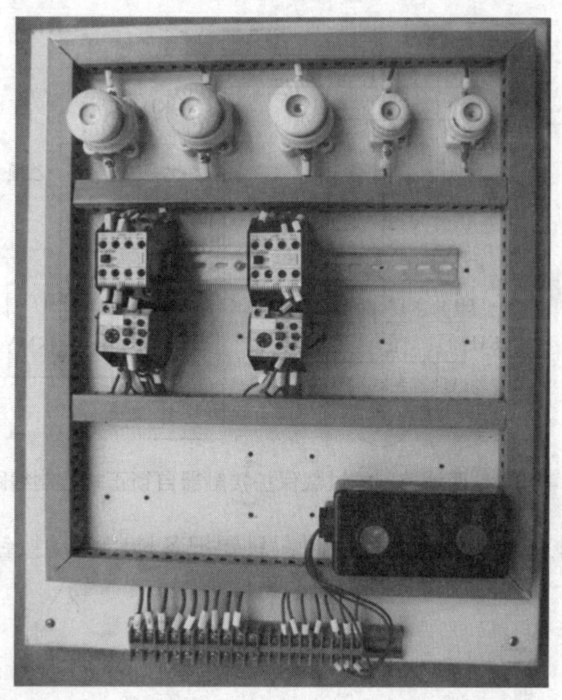

图4–4–2　安装好的控制板

（6）自检。

（7）交验，经检查无误后通电试车。

提示

（1）通电试车前，应熟悉线路的操作顺序，即先合上电源开关 QS，然后按下 SB11 后，再按 SB21 顺序启动；按下 SB22 后，再按下 SB12 逆序停止。

（2）通电试车，注意观察电动机、各电气元器件及线路各部分工作是否正常。若发现异常情况，必须立即切断电源开关 QS，因为此时停止按钮 SB12 已失去作用。

（3）行线槽安装后可不必拆卸，以供后面课题训练时使用。安装行线槽的时间不计入定额时间。

二、多地控制线路

为减轻劳动者的生产强度，实际生产中常常采用在两处及两处以上同时控制一台电气设备的方式，像这种能在两地或多地控制同一台电动机的控制方式叫作电动机的多地控制。

具有两地控制功能的过载保护接触器自锁正转控制线路如图 4–4–3 所示。线路中 SB11、SB12 为安装在甲地的启动按钮和停止按钮；SB21、SB22 为安装在乙地的启动按钮和停止按钮。线路的特点如下：两地的启动按钮 SB11、SB21 要并联在一起；停止按钮 SB12、SB22 要串联在一起。这样就可以分别在甲、乙两地启动和停止同一台电动机，达到操作方便的目的。

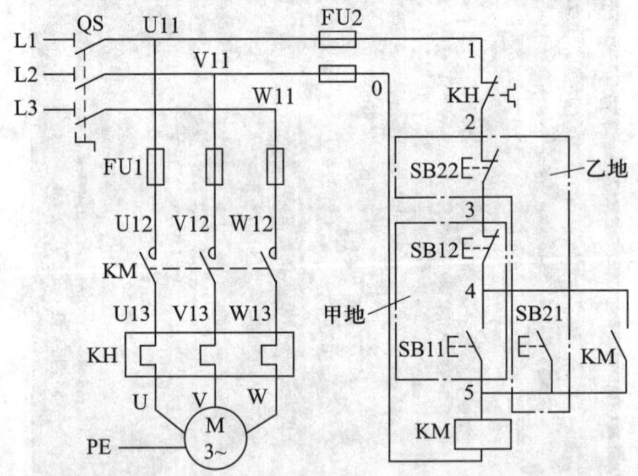

图 4–4–3　两地控制的过载保护接触器自锁正转控制线路

综上所述，若需对三地或多地进行控制，只要把各地的启动按钮并接、停止按钮串接就可以实现。

技能训练

1. 训练内容

多地控制线路的安装。

2. 工具、仪表、设备及材料准备

工具、仪表、设备及材料与课题一中具有过载保护的接触器自锁正转控制线路的工具、仪表、设备及材料相同，另外再增加一个同型号、规格的按钮和适量按钮线。

3. 评分标准见表 4–3–2。

4. 训练步骤

（1）根据图 4–4–2 所示电路图画出布置图，安装及固定元器件。

（2）在控制板上按图 4–4–2 所示电路图进行板前明线配线，多地控制可通过两个按钮内的接线实现。

（3）其余步骤与具有过载保护的接触器自锁正转控制线路相同。

课题五　三相笼型异步电动机降压启动控制线路的安装

学习目标

1. 掌握三相异步电动机降压启动控制线路的原理。
2. 掌握三相异步电动机Y—△换接降压启动控制线路的安装技能。

三相异步电动机启动时，加在电动机定子绕组上的电压为电动机的额定电压，属于全压启动，又称直接启动。直接启动的优点是电气设备少，线路简单，维修量较小。异步电动机直接启动时，启动电流一般为额定电流的 4 ~ 7 倍。在电源变压器容量不够大而电动机功率较大的情况下，直接启动将导致电源变压器输出电压下降，不仅减小电动机本身的启动转矩，而且会影响同一供电线路中其他电气设备的正常工作。因此，较大容量的电动机需要采用降压启动。

降压启动是指利用启动设备将电压适当降低后加到电动机定子绕组上进行启动，待电动机启动运转后，再使其电压恢复到额定值正常运转，由于电流随电压的降低而减小，故降压启动达到了减小启动电流的目的。因此，降压启动需要在空载或轻载下启动。

通常规定：电源容量在 180 kV·A 以上，电动机容量在 7 kW 以下的三相异步电动机可采用直接启动。

凡不满足直接启动条件的，均须采用降压启动。常见的降压启动方法有定子绕组串接电阻降压启动、自耦变压器（补偿器）降压启动、Y—△降压启动和延边三角形降压启动四种。

Y—△降压启动是指电动机启动时，把定子绕组接成Y形，以降低启动电压，限制启

动电流。待电动机启动后，再把定子绕组改接成△形，使电动机全压运行。凡是在正常运行时定子绕组按△形联结的异步电动机，均可采用这种降压启动方法。

电动机启动时接成Y形，加在每相定子绕组上的启动电压只有△形联结的 $1/\sqrt{3}$，启动电流为△形联结的 1/3，启动转矩也只有△形联结的 1/3。这种降压启动方法只适用于轻载或空载下启动。

一、时间继电器

在自动控制系统中，有时需要继电器得到信号后不立即动作，而是顺延一段时间后再动作并输出控制信号，以达到按时间顺序进行控制的目的。时间继电器按工作原理不同可分为电磁式、空气阻尼式（气囊式）、晶体管式等，如图 4–5–1 所示。

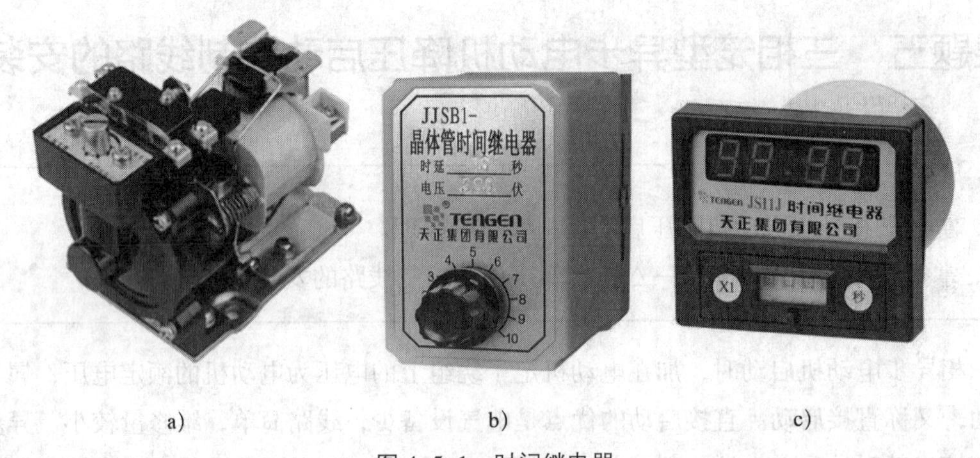

图 4–5–1　时间继电器

a）空气阻尼式　b）晶体管式　c）数显式

时间继电器的图形符号如图 4–5–2 所示。

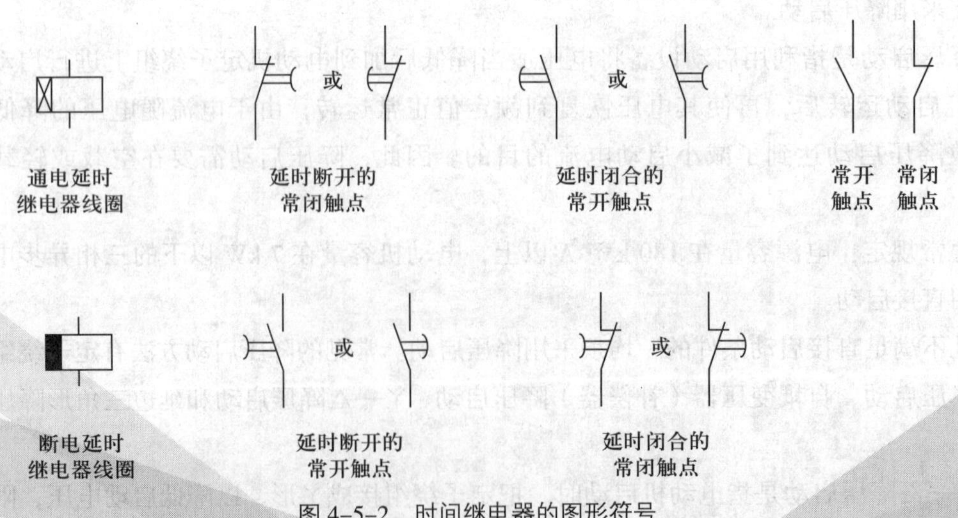

图 4–5–2　时间继电器的图形符号

时间继电器按延时方式不同可分为通电延时型和断电延时型。对于通电延时型时间继电器，当线圈得电时，其延时常开触点要延时一段时间才闭合，延时常闭触点要延时一段时间才断开；当线圈失电时，其延时常开触点迅速断开，延时常闭触点迅速闭合。对于断电延时型时间继电器，当线圈得电时，其延时常开触点迅速闭合，延时常闭触点迅速断开；当线圈失电时，其延时常开触点要延时一段时间再断开，延时常闭触点要延时一段时间再闭合。

二、识读电路图

时间继电器自动控制Y—△降压启动线路如图 4-5-3 所示。该线路由三个接触器、一个热继电器、一个时间继电器和两个按钮组成。时间继电器 KT 用于控制Y形降压启动时间及完成Y—△自动切换。

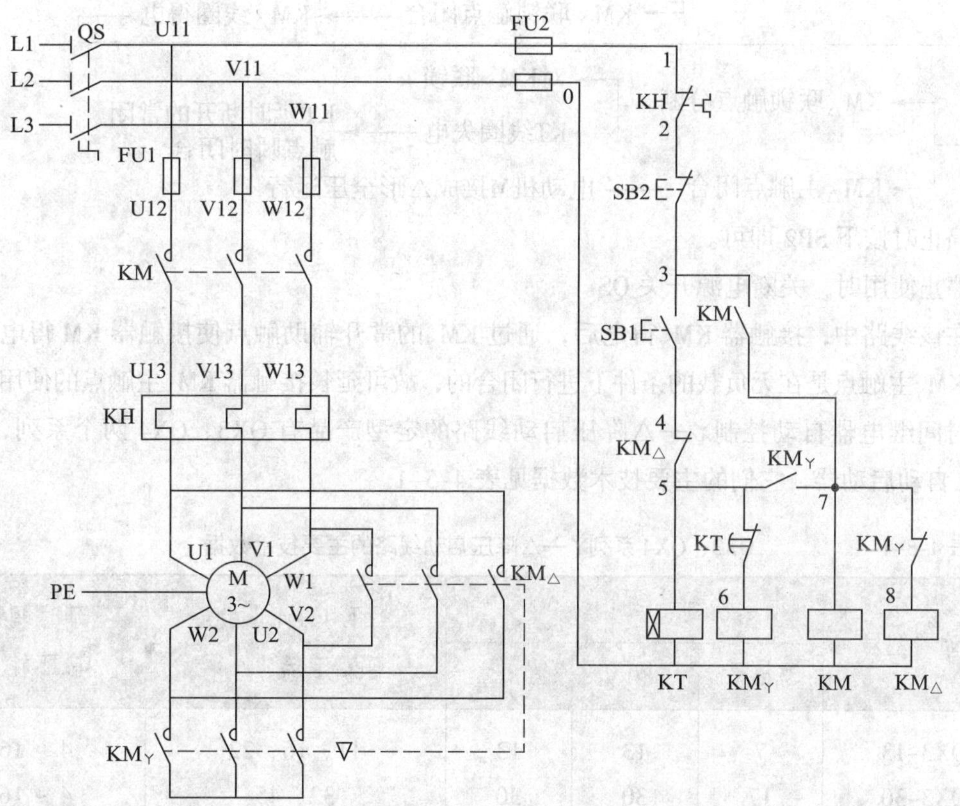

图 4-5-3　时间继电器自动控制Y—△降压启动线路

线路的工作原理如下：

合上电源开关 QS。

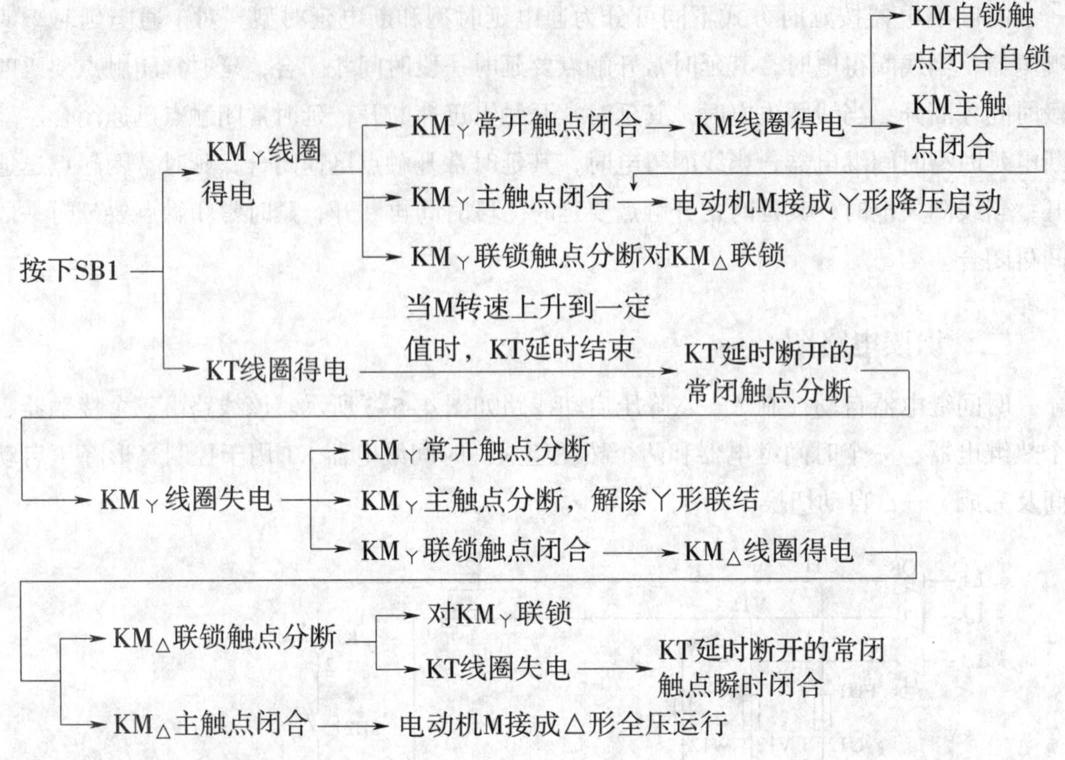

停止时按下 SB2 即可。

停止使用时，关断电源开关 QS。

在该线路中，接触器 KM_{Y}得电后，通过 KM_{Y}的常开辅助触点使接触器 KM 得电动作，这样 KM_{Y}主触点是在无负载的条件下进行闭合的，故可延长接触器 KM_{Y}主触点的使用寿命。

时间继电器自动控制Y—△降压启动线路的定型产品有 QX3、QX4 两个系列，称为Y—△自动启动器，它们的主要技术数据见表 4-5-1。

表 4-5-1　　QX3、QX4 系列Y—△降压启动线路的主要技术数据

启动器型号	控制功率（kW）			配用热元件的额定电流（A）	延时调整范围（s）
	220 V	380 V	500 V		
QX3-13	7	13	13	11、16、22	4 ~ 16
QX3-30	17	30	30	32、45	4 ~ 16
QX4-17		17	13	15、19	11、13
QX4-30		30	22	25、34	15、17
QX4-55		55	44	45、61	20、24
QX4-75		75		85	30
QX4-125		125		100 ~ 160	14 ~ 60

QX3-13 型Y—△自动启动器线路如图 4-5-4 所示。这种启动器主要由三个接触器（KM、KM_{Y}、$KM_{\triangle}$）、一个热继电器 KH，一个通电延时型时间继电器 KT 和按钮等组成。

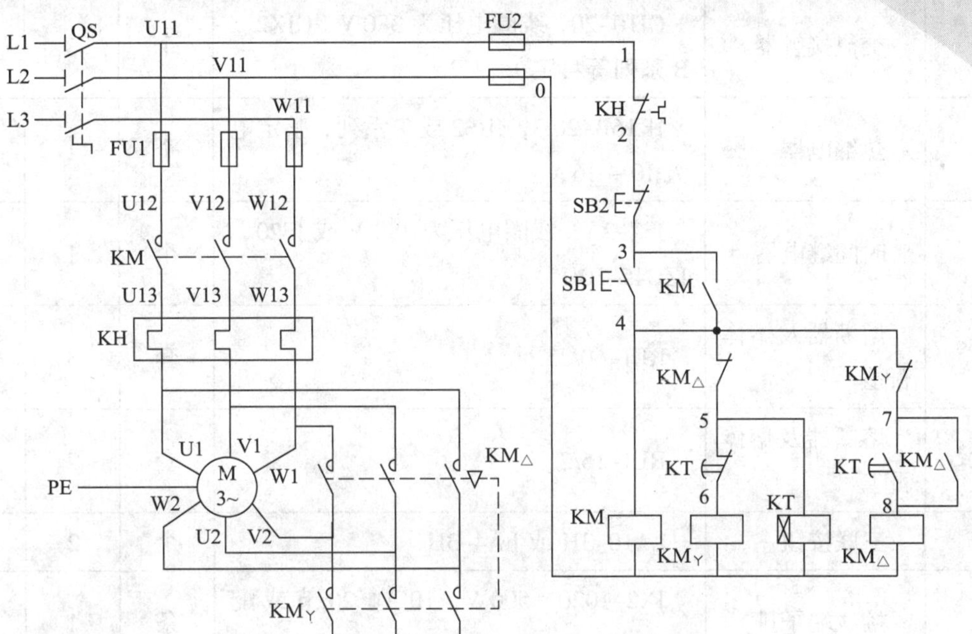

图 4-5-4　QX3-13 型Y—△自动启动器线路

1. 训练内容

Y—△降压启动控制线路的安装。

2. 工具、仪表、设备及电气元器件准备

工具、仪表、设备及电气元器件见表 4-5-2。

表 4-5-2　　工具、仪表、设备及电气元器件

序号	名称	型号与规格	单位	数量	备注
1	三相四线电源	~ 3 × 380 V/220 V、20 A	处	1	
2	单相交流电源	~ 220 V 和 36 V、5 A	处	1	
3	三相异步电动机	Y112M-4，7.5 kW、380 V、△ 形联结或自定	台	1	
4	配电板	500 mm × 600 mm × 20 mm	块	1	
5	组合开关	HZ10-25/3	个	1	

续表

序号	名称	型号与规格	单位	数量	备注
6	交流接触器	CJ10–20，线圈电压为 380 V（CJX2、B 系列等自定）	个	3	
7	热继电器	JR16B–20/3，JRS2 或 T 系列，整定电流 10 ~ 16 A	个	1	
8	时间继电器	JS7–2A，线圈电压为 380 V 或 JS20、JZC45–30/1	个	1	
9	熔断器及熔体配套	RL1–60/25	套	3	
10	熔断器及熔体配套	RL1–15/2	套	2	
11	三联按钮	LA10–3H 或 LA4–3H	个	2	
12	接线端子排	JX2–1020，500 V、10 A、20 节或配套自定	条	1	
13	木螺钉	ϕ3 mm × 20 mm、ϕ3 mm × 15 mm	个	30	
14	平垫圈	ϕ4 mm	个	30	
15	塑料软铜线	BVR2.5 mm^2，颜色自定	m	20	
16	塑料软铜线	BVR1.5 mm^2，颜色自定	m	20	
17	塑料软铜线	BVR0.75 mm^2，颜色自定	m	5	
18	别径压端子	UT2.5–4，UT1–4	个	20	
19	行线槽	TC3025，长 34 cm，两边钻 ϕ3.5 mm 孔	条	5	
20	异形塑料管	ϕ3 mm	m	0.2	
21	电工通用工具	测电笔、钢丝钳、旋具（一字型和十字型）、电工刀、尖嘴钳、活扳手、剥线钳等	套	1	
22	万用表	自定	块	1	
23	兆欧表	型号自定或 500 V、0 ~ 200 MΩ	块	1	
24	钳形电流表	0 ~ 50 A	块	1	
25	劳动保护用品	绝缘鞋、工作服等	套	1	

3. 评分标准见表 4-3-2。

4. 训练步骤

具体安装步骤如下：识读电路图→选用元器件及导线→检查电气元器件→绘制布置图和接线图→固定元器件→配线→安装电动机并接线→连接电源→自检→交验→通电试车。

（1）按表 4-5-2 配齐所用电气元器件，并检验元器件质量。

（2）其余操作步骤及工艺与自动往返控制线路的安装相似，按照图 4-5-4 所示电路图进行安装，安装好的控制板如图 4-5-5 所示。

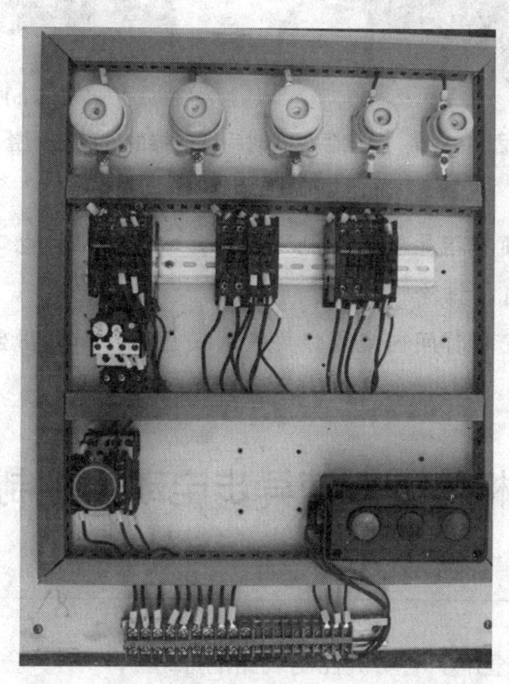

图 4-5-5　安装好的控制板

提示

（1）用Y—△降压启动控制的电动机，必须有 6 个出线端子且定子绕组在△形联结时的额定电压等于三相电源线电压。

（2）接线时要保证电动机△形联结的正确性，即接触器 KM_{Y}主触点闭合时，应保证定子绕组的 U1 与 W2、V1 与 U2、W1 与 V2 相连接。

（3）接触器 KM_{Y}的进线必须从三相定子绕组的末端引入，若误将首端引入，则在吸合时会产生三相电源短路事故。

（4）控制板外部配线时，必须按要求一律装在导线通道内，使导线有适当的机械保护，以防止液体、切屑和灰尘的侵入。在训练时可适当降低要求，但必须以能确保安全为条件，如采用多芯橡皮线或塑料护套软线等。

（5）通电校验前要再检查一下熔体规格及时间继电器、热继电器的各整定值是否符合要求。空气阻尼式时间继电器的安装与调整如图 4–5–6 所示。

a）

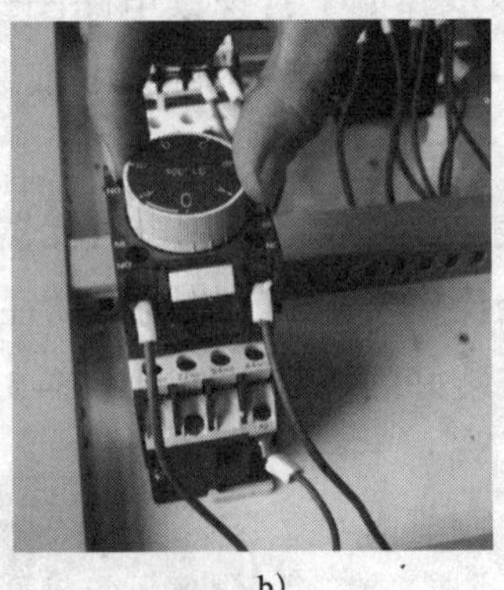

b）

图 4–5–6　空气阻尼式时间继电器的安装与调整

a）JS7–2A 系列　b）JZ1 系列

（6）通电校验时必须有指导教师在现场监护，学生应根据电路图的控制要求独立进行校验，若出现故障也应自行排除。

（7）安装训练应在定额时间内完成。要做到安全操作和文明生产。

课题六　三相笼型双速异步电动机控制线路的安装

学习目标

1. 掌握三相笼型双速异步电动机控制线路的原理。
2. 掌握三相笼型双速异步电动机控制线路的安装技能。

在电动机的负载不变的前提下，改变电动机转速的方法称为调速。由异步电动机的转速公式 $n=\frac{60f}{p}(1-s)$ 可知：改变电动机的磁极对数 p、电源频率 f 和转差率 s 中的任何一个参数，都可使电动机的转速改变。改变磁极对数的调速方法称为变极调速，该方法只适用于笼型电动机。由于电动机的磁极对数是整数，电动机的转速是阶跃式变化的，故变极调速为有级调速。

双速电动机定子绕组共有 6 个出线端，通过改变 6 个出线端与电源的连接方式，就可得到两种不同的转速。双速电动机定子绕组的△ /YY 接线图如图 4–6–1 所示。低速时接成△形联结，磁极为 4 极，同步转速为 1 500 r/min；高速时接成YY形联结，磁极为 2 极，同步转速为 3 000 r/min。可见双速电动机高速运转时的转速是低速运转时的 2 倍。

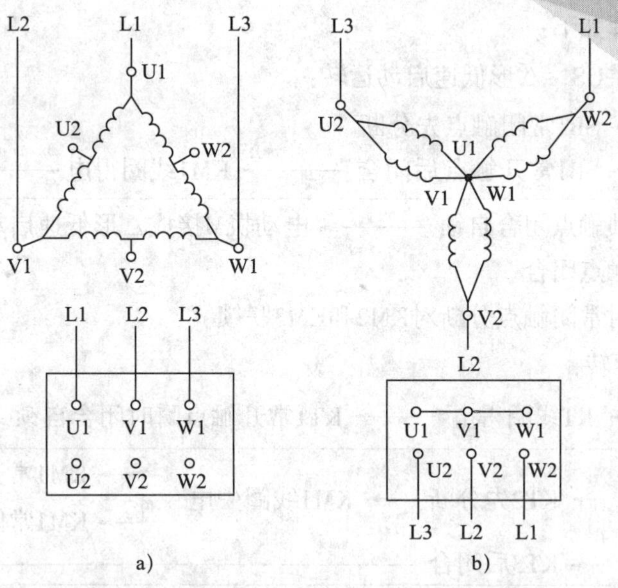

图 4-6-1　双速电动机定子绕组的△ / YY 接线图

a）低速——△形联结（4 极）　b）高速——YY 形联结（2 极）

用按钮和时间继电器控制双速异步电动机的控制线路如图 4-6-2 所示。该电路用时间继电器 KT 控制双速异步电动机△形启动时间和△—YY 的自动换接运转。

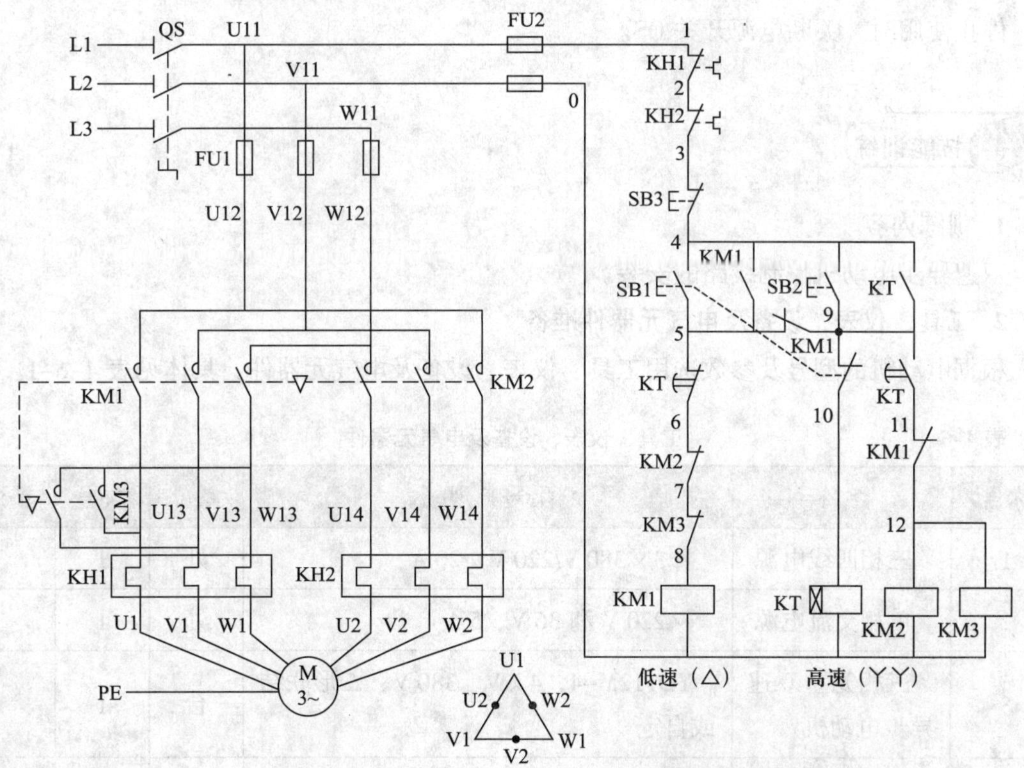

图 4-6-2　用按钮和时间继电器控制双速异步电动机的控制线路

线路的工作原理如下：

先合上电源开关QS，△形低速启动运转：

按下SB1 → SB1常闭触点先分断
→ SB1常开触点后闭合 → KM1线圈得电 →
→ KM1自锁触点闭合自锁 → 电动机M接成△形低速启动运转
→ KM1主触点闭合
→ KM1两对常闭触点分断对KM2和KM3联锁

YY形高速运转：

按下SB2 → KT线圈得电 → KT1常开触点瞬时闭合自锁 →
经KT整定时间 → KT2先分断 → KM1线圈失电 → KM1常开触点均分断
→ KM1常闭触点恢复闭合 →
→ KT3后闭合 →
→ KM2、KM3线圈得电 → KM2、KM3主触点闭合 → 电动机M接成YY形高速运转
→ KM2、KM3联锁触点分断对KM1联锁

停止时，按下 SB3 即可。

若电动机只需高速运转时，可直接按下 SB2，则电动机△形低速启动后，接成YY形高速运转。

停止使用时，关断电源开关 QS。

1. 训练内容

双速异步电动机控制线路的安装。

2. 工具、仪表、设备及电气元器件准备

根据电动机的型号及参数选用工具、仪表、设备及电气元器件，具体见表 4–6–1。

表 4–6–1　工具、仪表、设备及电气元器件

序号	名称	型号与规格	单位	数量	备注
1	三相四线电源	~ 3 × 380 V/220 V、20 A	处	1	
2	单相交流电源	~ 220 V 和 36 V、5 A	处	1	
3	三相笼型双速异步电动机	YD112M–4，4 kW、380 V、△形联结或自定	台	1	
4	配电板	500 mm × 600 mm × 20 mm	块	1	

续表

序号	名称	型号与规格	单位	数量	备注
5	组合开关	HZ10-25/3，三极、380 V、25 A	个	1	
6	交流接触器	CJX22 或 CJ10-20，线圈电压为 380 V	个	3	
7	热继电器	JR16B-20/3，整定电流 7.4 A 或 JRS2 系列	个	1	
8	热继电器	JR16B-20/3，整定电流 8.6 A 或 JRS2 系列	个	1	
9	时间继电器	JS20，380 V 或自定	个	1	
10	熔断器及熔体配套	RL1-60/20	套	3	
11	熔断器及熔体配套	RL1-15/4	套	2	
12	三联按钮	LA10-3H 或 LA4-3H	个	2	
13	接线端子排	JX2-1020，500 V、10 A、20 节或配套自定	条	1	
14	木螺钉	ϕ3 mm × 20 mm、ϕ3 mm × 15 mm	个	30	
15	平垫圈	ϕ4 mm	个	30	
16	塑料软铜线	BVR2.5 mm^2，颜色自定	m	20	
17	塑料软铜线	BVR1.5 mm^2，颜色自定	m	20	
18	塑料软铜线	BVR0.75 mm^2，颜色自定	m	5	
19	别径压端子	UT2.5-4、UT1-4	个	20	
20	行线槽	TC3025，长 34 cm，两边钻 ϕ3.5 mm 孔	条	5	
21	异形塑料管	ϕ3 mm	m	0.2	
22	电工通用工具	测电笔、钢丝钳、旋具（一字型和十字型）、电工刀、尖嘴钳、活扳手、剥线钳等	套	1	
23	万用表	自定	块	1	

续表

序号	名称	型号与规格	单位	数量	备注
24	兆欧表	型号自定或 500 V、0 ~ 200 MΩ	块	1	
25	钳形电流表	0 ~ 50 A	块	1	
26	劳动保护用品	绝缘鞋、工作服等	套	1	

3. 评分标准见表 4–3–2。

4. 训练步骤

具体安装步骤如下：选用元器件及导线→检查电气元器件→绘制布置图和接线图→固定元器件→配线→安装电动机并接线→连接电源→自检→交验→通电试车。

（1）检查电气元器件。按表 4–6–1 配齐所有物品并进行质量检验。

（2）根据所描述的操作步骤及板前线槽配线操作工艺进行配线安装，安装好的控制板如图 4–6–3 所示。

图 4–6–3　安装好的控制板

提示

（1）接线时，注意主电路中接触器 KM1、KM2 在两种转速下电源相序的改变，不能接错；否则，两种转速电动机的转向相反，换相时将产生很大的冲击电流。

（2）控制双速电动机△形联结的接触器 KM1 和YY形联结的 KM2 主触点不能对换接线；否则，不但无法实现双速控制要求，而且会在YY形运转时产生电源短路事故。

（3）热继电器 KH1、KH2 的整定电流及其在主电路中的接线要正确。

（4）通电试车前，要复验一下电动机的接线是否正确，并测试绝缘电阻是否符合要求。

（5）通电试车时，必须有指导教师在现场监护，同时做到安全文明生产。

（6）JS20 型时间继电器的安装如图 4-6-4 所示，应在不通电时预先整定好，并在试车时校正。

a）

b）

图 4-6-4 JS20 型时间继电器的安装

a）安装底座 b）插入时间继电器

课题七 三相异步电动机制动控制线路的安装

学习目标

1. 能安装三相异步电动机电磁抱闸制动控制线路。
2. 能安装三相异步电动机反接制动控制线路。

电动机断开电源后，由于惯性作用不会马上停止转动，而是需要转动一段时间才会完全停下来，这对于某些要求迅速停车及准确定位的机械设备是不能满足要求的，因此要对电动机进行制动。所谓制动，就是给电动机一个与转动方向相反的转矩使它迅速停转（或限制其转速）。常见的制动方法分为机械制动和电力制动两大类。

机械制动是指利用机械装置使电动机断开电源后迅速停转的方法。机械制动除电磁抱闸制动外，还有电磁离合器制动。目前使用较多的机械制动装置是电磁抱闸机械制动。

电力制动是指使电动机在切断定子电源停转的过程中，产生一个与电动机实际旋转方向相反的电磁力矩（制动力矩），迫使电动机迅速制动停转的方法。电力制动常用的方法有反接制动、能耗制动、电容制动和再生发电制动等。

一、电磁抱闸制动器概述

电磁抱闸制动器分为断电制动型和通电制动型两种。电磁抱闸制动器的外形如图4–7–1所示，其结构和图形符号如图4–7–2所示。断电制动型的原理如下：当制动电磁铁的线圈得电时，制动器的闸瓦与闸轮分开，无制动作用；当线圈失电时，制动器的闸瓦紧紧抱住闸轮制动。通电制动型的原理如下：当制动电磁铁的线圈得电时，闸瓦紧紧抱住闸轮制动；当线圈失电时，制动器的闸瓦与闸轮分开，无制动作用。

图4–7–1　电磁抱闸制动器的外形

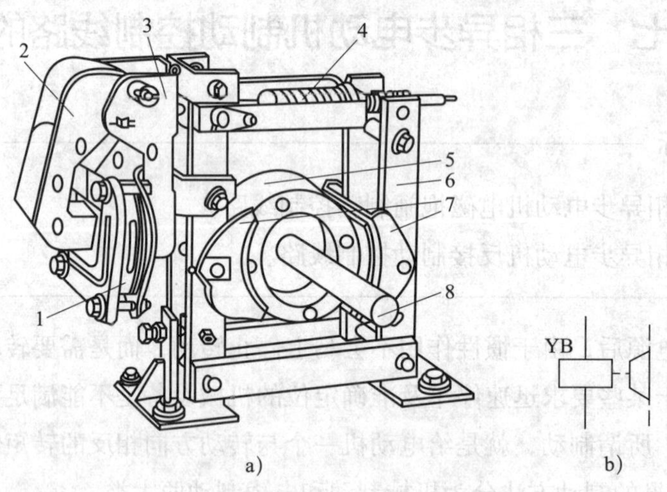

图4–7–2　电磁抱闸制动器的结构和图形符号

a）结构　b）图形符号

1—线圈　2—衔铁　3—铁心　4—弹簧　5—闸轮　6—杠杆　7—闸瓦　8—轴

二、电磁抱闸制动器断电制动工作原理

电磁抱闸制动器断电制动控制线路如图4–7–3所示，图中YB为电磁抱闸制动器。

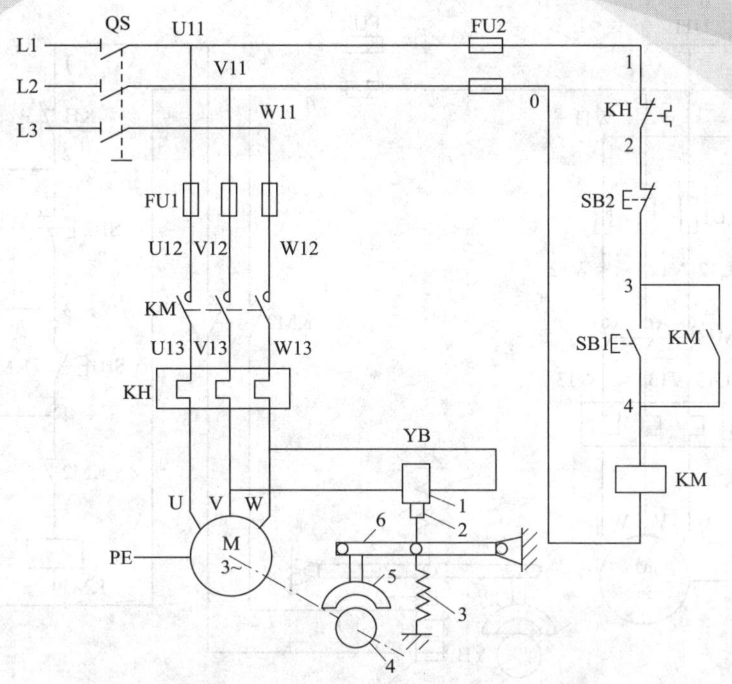

图 4–7–3　电磁抱闸制动器断电制动控制线路

1—线圈　2—衔铁　3—弹簧　4—闸轮　5—闸瓦　6—杠杆

线路的工作原理如下：

先合上电源开关 QS。

启动运转：按下启动按钮 SB1，接触器 KM 线圈得电，其自锁触点与主触点闭合，电动机 M 接通电源，同时电磁抱闸制动器 YB 线圈得电，衔铁与铁心吸合，衔铁克服弹簧拉力，迫使制动杠杆向上移动，从而使制动器的闸瓦与闸轮分开，电动机正常运转。

制动停转：按下停止按钮 SB2，接触器 KM 线圈失电，其自锁触点与主触点分断，电动机 M 失电，同时电磁抱闸制动器 YB 线圈也失电，衔铁与铁心分开，在弹簧拉力的作用下，闸瓦紧紧抱住闸轮，迫使电动机被迅速制动而停转。

停止使用时，关断电源开关 QS。

电磁抱闸制动器断电制动在起重机械上被广泛采用。其优点是能够准确定位，同时可防止电动机突然断电时重物自行坠落。当重物起吊到一定高度时，按下停止按钮，电动机和电磁抱闸制动器的线圈同时断电，闸瓦立即抱住闸轮，电动机立即制动停转，重物随之被准确定位。如果电动机在工作时线路发生故障而突然断电，电磁抱闸制动器同样会使电动机迅速制动停转，从而避免重物自行坠落。

三、电磁抱闸制动器通电制动工作原理

对要求电动机制动后能调整工件位置的机床设备，可采用电磁抱闸制动器通电制动控制线路，其电路图如图 4–7–4 所示。

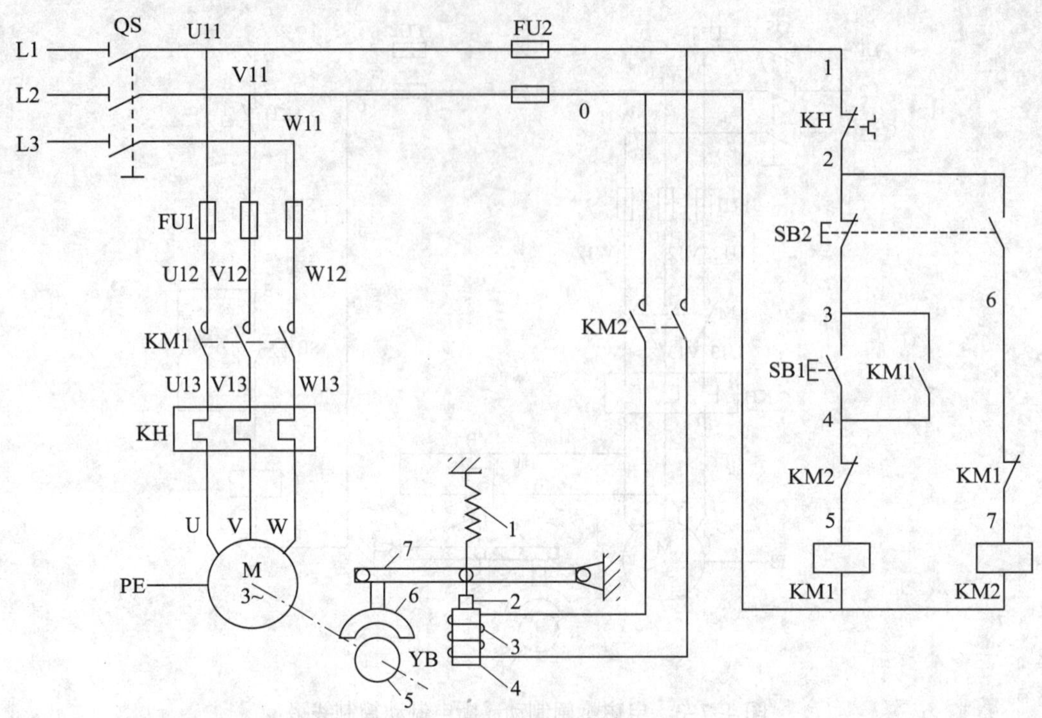

图 4–7–4　电磁抱闸制动器通电制动控制线路

1—弹簧　2—衔铁　3—线圈　4—铁心　5—闸轮　6—闸瓦　7—杠杆

线路的工作原理如下：

先合上电源开关 QS。

启动运转：按下启动按钮 SB1，接触器 KM1 线圈得电，其自锁触点和主触点闭合，电动机 M 启动运转。由于接触器 KM1 联锁触点分断，使接触器 KM2 不能得电动作，因此电磁抱闸制动器的线圈无电，衔铁与铁心分开，在弹簧拉力的作用下，闸瓦与闸轮分开，电动机不受制动而正常运转。

制动停转：按下复合按钮 SB2，其常闭触点先分断，使接触器 KM1 线圈失电，其自锁触点和主触点分断，电动机 M 失电，KM1 联锁触点恢复闭合，待 SB2 常开触点闭合后，接触器 KM2 线圈得电，KM2 主触点闭合，电磁抱闸制动器 YB 线圈得电，铁心吸合衔铁，衔铁克服弹簧拉力，带动杠杆向下移动，使闸瓦紧抱闸轮，电动机被迅速制动而停转。KM2 联锁触点分断对 KM1 联锁。

停止使用时，关断电源开关 QS。

技能训练

1. 训练内容

电磁抱闸通电制动控制线路的安装。

2. 工具、仪表、设备及电气元器件准备

工具、仪表、设备及电气元器件见表 4–7–1。

表 4–7–1　　工具、仪表、设备及电气元器件

序号	名称	型号与规格	单位	数量	备注
1	三相四线电源	~ 3 × 380 V/220 V、20 A	处	1	
2	单相交流电源	~ 220 V 和 36 V、5 A	处	1	
3	三相异步电动机	Y112M–4，4 kW、380 V、△形联结或自定	台	1	
4	配电板	500 mm × 600 mm × 20 mm	块	1	
5	组合开关	HZ10–25/3，三极、380 V、25 A	个	1	
6	交流接触器	CJ10–20，线圈电压为 380 V	个	2	
7	热继电器	JR16–20/3，整定电流为 10 ~ 16 A	个	1	
8	电磁抱闸制动器	TJ2–200，配 MZD1–200 制动电磁铁	套	1	
9	熔断器及熔体配套	RL1–60/20	套	3	
10	熔断器及熔体配套	RL1–15/4	套	2	
11	三联按钮	LA10–3H 或 LA4–3H	个	2	
12	接线端子排	JX2–1015，500 V、10 A、15 节或配套自定	条	1	
13	木螺钉	ϕ3 mm × 20 mm、ϕ3 mm × 15 mm	个	30	
14	平垫圈	ϕ4 mm	个	30	
15	塑料软铜线	BVR2.5 mm^2，颜色自定	m	20	
16	塑料软铜线	BVR1.5 mm^2，颜色自定	m	20	
17	塑料软铜线	BVR0.75 mm^2，颜色自定	m	5	
18	别径压端子	UT2.5–4、UT1–4	个	20	
19	行线槽	TC3025，长 34 cm，两边钻 ϕ3.5 mm 孔	条	5	
20	异形塑料管	ϕ3 mm	m	0.2	

续表

序号	名称	型号与规格	单位	数量	备注
21	电工通用工具	测电笔、钢丝钳、旋具（一字型和十字型）、电工刀、尖嘴钳、活扳手、剥线钳等	套	1	
22	万用表	自定	块	1	
23	兆欧表	型号自定或 500 V、0 ~ 200 MΩ	块	1	
24	钳形电流表	0 ~ 50 A	块	1	
25	劳动保护用品	绝缘鞋、工作服等	套	1	

3. 评分标准见表 4–3–2。

4. 训练步骤

具体安装步骤如下：识读电路图→选用元器件及导线→检查电气元器件→绘制布置图和接线图→固定元器件→配线→安装电动机并接线→连接电源→自检→交验→通电试车。

（1）按表 4–7–1 配齐所有物品，并进行质量检验。

（2）按照所描述的基本操作步骤和板前线槽配线工艺进行板前配线。

（3）安装电磁抱闸制动器和电动机并进行调整。

（4）自检。

（5）交验并通电试车。

提示

（1）电磁抱闸制动器和电动机一起安装在底座或座墩上，其地脚螺栓必须拧紧，并且要有防松措施。电动机轴伸端的制动闸轮必须与闸瓦制动器的抱闸机构在同一平面上，而且轴线要一致。

（2）电磁抱闸制动器安装好后，必须在切断电源的情况下进行粗调，然后在通电试车时再进行微调。粗调时，以在断电状态下用外力转不动电动机的转轴，而当用外力将制动电磁铁吸合后，电动机转轴能自由转动为合格；微调时，以在通电带负载运行状态下电动机转动自如，闸瓦与闸轮不摩擦、不过热，断电时又能立即制动为合格。

（3）通电试车时，必须有指导教师在现场监护，同时做到安全文明生产。

第五单元
常用机床控制线路的维修

学习目标

1. 掌握机床控制线路的维修步骤和方法。
2. 能熟练维修车床控制线路的故障。
3. 能熟练维修钻床控制线路的故障。

机床电气设备在运行过程中，由于各种原因难免产生各种故障，致使机床不能正常工作，不但影响生产效率，严重时还会造成人身事故。因此，电气设备发生故障后，电工应能够及时、熟练、准确、迅速、安全地查出故障并加以排除，尽快使机床恢复正常运行。本单元主要介绍典型的车床、钻床电气线路故障的维修。

课题一　CA6140 型车床电气故障维修

学习目标

1. 掌握 CA6140 型车床电气线路的工作原理。
2. 掌握机床电气线路的识读方法。
3. 掌握 CA6140 型车床电气线路的维修技能。

车床是一种应用极为广泛的金属切削机床。它能完成车内孔、车外圆、车端面、车螺纹、钻孔、车孔、倒角、车槽及切断等加工工序，多用于机械制造业的单件、小批量生产车间，各行业的工具制造部门，机械设备修理部门以及实验室等。车床可分为卧式车床和立式车床等不同的种类。

CA6140 型车床型号的含义如下：

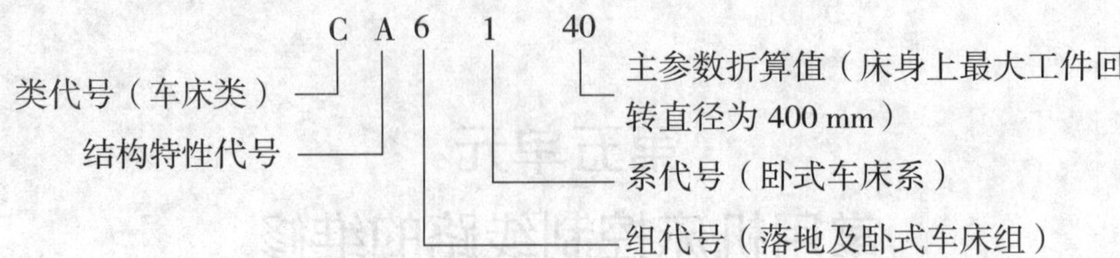

一、主要结构与运动形式

CA6140 型卧式车床的外形如图 5-1-1 所示。CA6140 型车床主要由床身、主轴箱、溜板箱、进给箱、刀架、丝杠、光杠、尾座等部分组成。

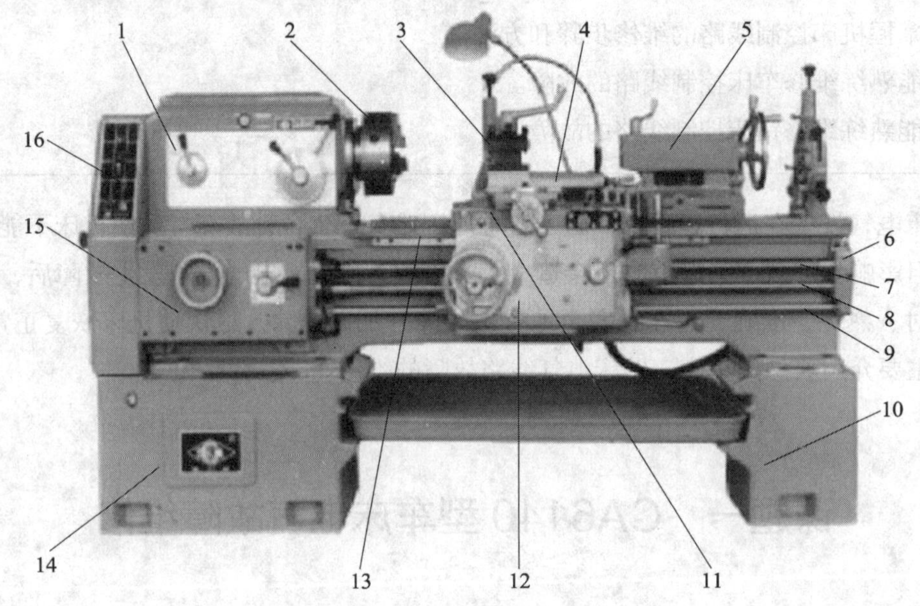

图 5-1-1　CA6140 型卧式车床

1—主轴箱　2—卡盘　3—刀架　4—小滑板　5—尾座　6—床身　7—丝杠　8—光杠　9—操纵杆　10、14—床脚　11—中滑板　12—溜板箱　13—床鞍　15—进给箱　16—交换齿轮箱

车床的切削运动包括工件旋转的主运动和刀具的直线进给运动。

1. 主运动

车床的主运动是主轴电动机带动被固定在卡盘上的工件的旋转运动。主轴变速是主轴电动机经 V 带传递到主轴箱实现的。CA6140 型车床的主轴正转转速有 24 种（10 ~ 1 400 r/min）；反转转速有 12 种（14 ~ 1 580 r/min）。

2. 进给运动

车床的进给运动是刀架带动刀具的直线运动。溜板箱把丝杠或光杠的转动传递给刀架部分，变换溜板箱外的手柄位置，经刀架部分使车刀做沿着床身的纵向进给或垂直于床身

的横向进给。

3. 辅助运动

辅助运动是指除车床切削运动以外的必需的运动，如尾座的纵向移动、工件的夹紧与放松等。

二、电气控制线路分析

1. 阅读机床电气原理图的基本知识

（1）电气原理图的组成

电气原理图一般由电源电路、主电路、控制电路和辅助电路四部分组成，如图 5–1–2 所示。

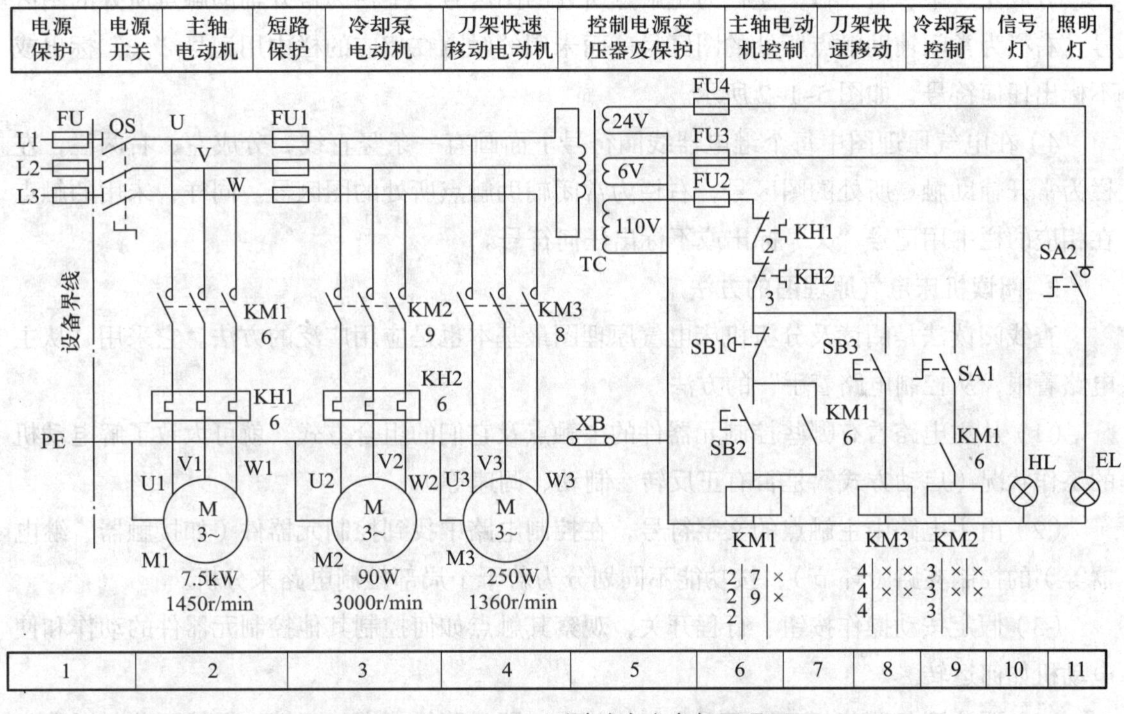

图 5–1–2　CA6140 型卧式车床电气原理图

1）电源电路。由电源保护电器和电源开关组成，按规定画成水平线。

2）主电路。作用于被控对象的电路，如电动机、电磁铁及其保护电器的电路，直接输出功率，并且通过较大的电流。主电路垂直于电源电路布置在图的左侧。

3）控制电路。由其实现对被控对象运转的控制，具有逻辑判断、记忆、顺序动作等作用。控制电路垂直于电源电路，在主电路的右侧。继电器、接触器和电磁铁的线圈、灯泡等元器件连在接地的水平电源上，继电器、接触器的触点连接在上方水平电源线与线圈等耗能元器件之间。

4）辅助电路。由变压器、整流电源、照明灯和信号灯等低压电路组成。

（2）电气原理图绘制规则

机床电气原理图所包含的电气元器件和电气设备的符号较多，要正确阅读机床电气原理图，其绘制规则如下：

1）电气原理图按功能划分成若干个图区，通常是一条回路或一条支路划分为一个图区，并从左向右依次用阿拉伯数字编号，标注在图形下部的图区栏中，如图 5–1–2 所示。

2）对于电气原理图中每个电路在机床电气操作中的用途，必须用文字标明在电气原理图上部的用途栏内，如图 5–1–2 所示。

3）在电气原理图中每个接触器线圈文字符号 KM1、KM2、KM3 的下面画有两条竖直线，分成左、中、右三栏，左栏为主触点所处的图区号，中栏为常开辅助触点所处的图区号，右栏为常闭辅助触点所处的图区号。而未用的触点在相应的栏中用记号“×”标出或不标出任何符号，如图 5–1–2 所示。

4）在电气原理图中每个继电器线圈符号下面画有一条竖直线，分成左、右两栏，左栏为常开辅助触点所处的图区号，右栏为常闭辅助触点所处的图区号。同样，未用的触点在相应的栏中用记号“×”标出或不标出任何符号。

2. 阅读机床电气原理图的方法

查线阅读法是阅读及分析机床电气原理图最基本也是应用广泛的方法。它采用“从主电路着眼，从控制电路着手”的方法。

（1）从主电路看有哪些控制元器件的主触点及它们的组合方式，就可大致了解电动机的工作状况（启动方式，是否有正反转、制动、调速等）。

（2）由主电路中主触点的文字符号，在控制电路中找到控制元器件（如接触器、继电器等）的控制支路（环节），按功能不同划分为若干个局部控制电路来分析。

（3）假定按动操作按钮、行程开关，观察其触点如何控制其他控制元器件的动作和使电动机如何运转。

（4）要注意各环节相互的联系和制约关系，即电路的自锁、互锁、保护环节，以及与机械、液压部件的动作关系。

（5）初步分析每一局部电路的工作原理以及各部分之间的控制关系后，还应分析整个控制电路，即从整体角度进一步理解其工作原理。

边阅读分析，边查线，边写出其工作过程。查线阅读法直观性强，易于掌握，得到广泛的应用。

3. 主电路分析

机床电源采用三相 380 V 交流电路——由电源开关 QF（低压断路器，图中未画出）引入，总电源短路保护为 FU。主轴电动机 M1 的短路保护由低压断路器 QF 的电磁脱扣

器来实现，而冷却泵电动机 M2、刀架快速移动电动机 M3 的短路保护由 FU1 来实现，M1 和 M2 的过载保护由各自的热继电器 KH1 和 KH2 来实现，三台电动机分别采用接触器控制。

4. 控制电路分析

控制电路由控制变压器 TC 供电，控制电源电压为 110 V，熔断器 FU2 用于短路保护。

（1）M1 启动

合上电源开关 QS→主轴电动机准备启动，指示灯 HL 点亮。

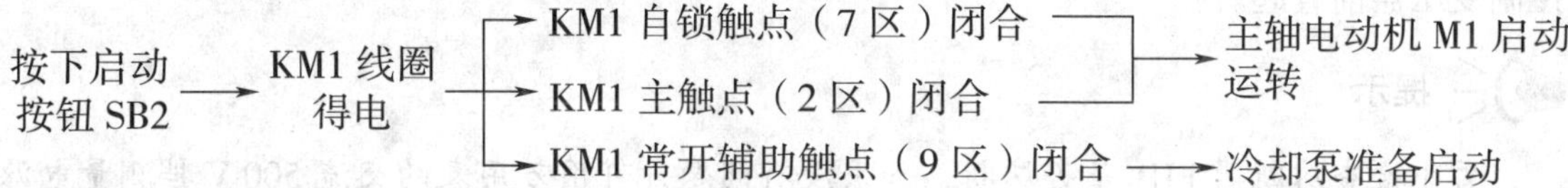

（2）M1 停止

按下 SB1→KM1 线圈失电→KM1 触点复位→主轴电动机 M1 失电停转。关断 QS，指示灯 HL 熄灭。

主轴的正、反转是采用多片摩擦离合器实现的。

（3）M2 启动和停止

冷却泵电动机 M2 与主轴电动机 M1 是顺序控制的，只有当 M1 启动并闭合开关 SA1 后，M2 才能启动，M1 停止后，M2 也立即停止，以满足车工工艺的要求。

（4）M3 启动和停止

从安全需要考虑，刀架快速移动电动机 M3 采用点动控制，按下 SB3，就可以快速进给。

（5）过载保护

当电动机 M1 或 M2 过载时，热继电器 KH1 或 KH2 动作，其常闭触点断开控制电路电源，接触器 KM1 和 KM2 断电释放，电动机 M1 和 M2 断电停转，从而起到过载保护作用。

5. 照明电路和指示电路分析

当车床主电源接通后，由控制变压器 6 V 绕组供电的信号灯（指示灯）HL 点亮，表示车床已接通电源，可以开始工作。若闭合开关 SA2，由控制变压器 24 V 绕组供电的车床照明工作灯 EL 点亮。

三、CA6140 型车床常见电气故障的检修

1. 常见故障的检查与分析

（1）合上电源开关 QS，电源指示灯 HL 不亮，可合上照明灯开关 SA2，看照明灯亮不亮。

1）如果照明灯亮，则说明控制变压器TC之前的电路没有问题。可检查熔断器FU3是否熔断；电源指示灯灯泡是否烧坏；灯泡与灯座之间接触是否良好。如果都没有问题，则需要检查有无6 V电压。可用万用表的交流10 V挡或用6 V的试灯，从指示灯HL的灯座倒着往前测量到控制变压器TC的6 V绕组输出接线端，也可顺着从变压器测量到灯座，通过测量即可确定是接线问题，还是控制变压器的6 V绕组问题，或是某处有接触不良的问题。

2）如果照明灯不亮，则故障很可能发生在控制变压器之前。当然，也不能排除电源指示灯和照明灯电路同时出问题的可能性。但发生这种情况的概率毕竟很小，一般应先从控制变压器前查起。

提示

首先检查熔断器FU1是否熔断，如果没有问题，可用万用表的交流500 V挡测量电源开关QS输出端U、V之间电压是否正常。如果不正常，再检查电源开关输入电源进线端，从而可判断出是电源进线无电压，还是电源开关接触不良或损坏；如果U、V之间电压正常，可再检查控制变压器TC输入接线端电压是否正常。如果不正常，应检查电源开关输出到控制变压器输入之间的电路，例如，连线是否有问题，熔断器接触是否良好等。如果变压器输入电压正常，可再测量变压器6 V绕组输出端的电压是否正常。如果不正常，则说明控制变压器有问题；如果6 V电压正常，说明电源指示灯和照明灯电路同时出问题，可按前面的步骤进行检查，直到查出故障点为止。

（2）合上电源开关QS，电源指示灯HL亮，合上照明灯开关SA2，照明灯不亮。首先检查照明灯灯泡是否烧坏，熔断器FU4对公共端有无电压。

1）如果熔断器一端有电压、一端无电压，说明熔断器熔体与熔断器座之间接触不良或熔体熔断。

2）如果熔断器两端都无电压，应检查控制变压器TC的24 V绕组输出端。如果有电压，则是变压器输出到熔断器之间的连线有问题；如果无电压，则是控制变压器24 V绕组有问题。

3）如果熔断器两端都有电压，再检查照明灯两端有无电压。如果有电压，说明照明灯灯泡与灯座之间接触不好；如果无电压，可继续检查照明灯开关两端的电压，从而判断出是连线问题还是开关的问题。

（3）启动主轴，电动机M1不转。在电源指示灯亮的情况下，首先检查接触器KM1是否能吸合。

1）如果接触器KM1不吸合，可检查热继电器触点KH1、KH2是否动作后未复位；熔断器FU2是否熔断。如果没有问题，可用万用表交流250 V挡逐级检查接触器KM1线圈回路的110 V电压是否正常，从而判断出是控制变压器110 V绕组的问题，

或是接触器 KM1 线圈烧坏，还是熔断器插座或某个触点接触不良，或是回路中的连线有问题。

2）如果接触器 KM1 吸合，电动机 M1 还不转，则应用万用表交流 500 V 挡检查接触器 KM1 主触点的输出端有无电压。如果无电压，可再测量 KM1 主触点的输入端，如果还没有电压，则只能是 U、V、W 到接触器 KM1 输入端的连线有问题；如果接触器 KM1 输入端有电压，则是由于 KM1 的主触点接触不好；如果接触器 KM1 输出端有电压，则应检查电动机 M1 有无进线电压，如果无电压，说明接触器 KM1 输出端到电动机 M1 进线端之间有问题（包括热继电器 KH1 和相应的接线）；如果电动机 M1 进线电压正常，则只能是电动机本身的问题。

提示

如果电动机 M1 断相，或者因为负载过重，也可引起电动机不转，应进一步检查后判断。

（4）主轴电动机能启动，但不能自锁，或工作中突然停转。首先检查接触器 KM1 的自锁触点接触是否良好，自锁回路是否接好。如果接触不好，按主轴启动按钮 SB2 后，接触器 KM1 吸合，主轴电动机转动，但启动按钮 SB2 一松开，由于 KM1 的自锁回路有问题而不能自锁，KM1 马上释放，主轴电动机停转。也可能主轴启动时，接触器 KM1 的自锁回路起作用，KM1 能够自锁，但由于自锁回路有接触不良的现象存在，在工作中瞬间断开一下，就会使 KM1 释放而使主轴停转。

提示

当接触器 KM1 控制回路（启动按钮 SB2 除外）的任何地方有接触不良的现象时，都可能出现主轴电动机工作中突然停转的现象。

（5）按停止按钮 SB1，主轴不停转。断开电源开关 QS，看接触器 KM1 能否释放。如果能释放，说明 KM1 的控制回路有短路现象，应进一步排查；如果 KM1 仍然不释放，说明接触器内部有机械卡死现象，或接触器主触点因“熔焊”而粘死，需拆开修理。

（6）合上冷却泵开关 SA1，冷却泵电动机 M2 不转。冷却泵必须在主轴运转时才能运转，首先启动主轴电动机，在主轴正常运转的情况下，检查接触器 KM2 是否吸合。

1）如果接触器 KM2 不吸合，应进一步检查接触器 KM2 线圈两端有无电压。如果有电压，说明接触器 KM2 的线圈损坏；如果无电压，应检查 KM1 的辅助触点、冷却泵开关 SA1 接触是否良好，相关连线是否接好。

2）如果接触器 KM2 吸合，应检查电动机 M2 的进线电压有无断相，电压是否正常。如果正常，说明冷却泵电动机或冷却泵有问题；如果电压不正常，应进一步检查热继电器 KH2 是否烧坏、接触器 KM2 的主触点是否接触不良、熔断器 FU1 是否熔断以及相关的连线是否连接好。

（7）按下刀架快速移动按钮，刀架不移动。启动主轴和冷却泵，如果运转都正常，首先检查接触器 KM3 是否吸合。如果接触器 KM3 吸合，应进一步检查 KM3 的主触点是否接触不良、相关连线是否连接好、刀架快移电动机 M3 是否有问题、机械负载是否有卡死现象；如果 KM3 不吸合，则应进一步检查 KM3 的线圈是否烧坏、刀架快移按钮是否接触不上以及相关连线是否连接好。

2. 机床检修一般步骤和方法

故障检修一般按照图 5–1–3 所示的步骤进行。

（1）观察故障现象

当机床发生故障后，切忌盲目动手检修，在检修前，通过问、看、听、闻、摸来了解故障前后的操作情况和故障发生后出现的异常现象，以便根据故障现象判断出故障发生的部位，进而准确地排除故障。

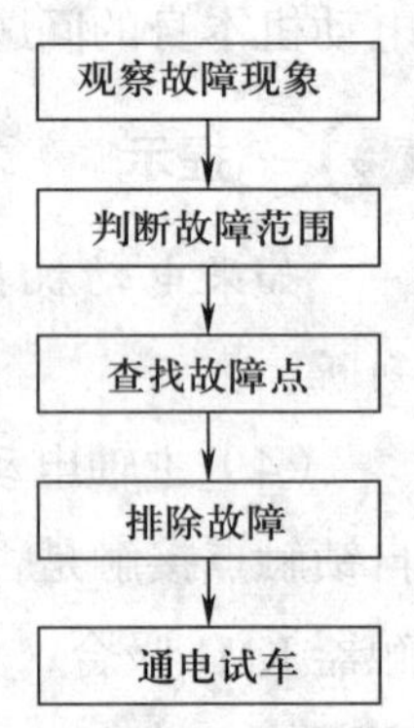

图 5–1–3　检修步骤

1）问：询问操作者故障前后机床的运行状况，如机床是否有异常的响声、冒烟、火花等。故障发生前有无切削力过大和频繁地启动、停止、制动等情况；有无经过保养、检修或改线路等。

2）看：观察故障发生后是否有明显的外观征兆，如各种信号、有指示装置的熔断器的情况、保护电器脱扣动作、接线脱落、触点烧蚀或熔焊、线圈过热烧毁等。

3）听：在线路还能运行和不扩大故障范围、不损坏机床的前提下通电试车，听电动机、接触器和继电器等电器的声音是否正常。

4）闻：走近有故障的机床旁，有时能闻到电动机、变压器等过热直至烧毁所发出的异味、焦味。

5）摸：在刚切断电源后，尽快通过触摸检查电动机、变压器、电磁线圈及熔断器等，看是否有过热现象。

（2）判断故障范围

检修简单的电气控制线路时，若通过对每个电气元器件、每根连接导线逐一检查，也能找到故障点。但遇到复杂线路时，若仍采用逐一检查的方法，不仅需耗费大量的时间而且也容易漏查。在这种情况下，根据电器的工作原理和故障现象，采用逻辑分析法确定故障可能发生的范围，提高检修的针对性，可得到既准又快的效果。

（3）查找故障点

在确定故障范围后，通过选择合适的检修方法查找故障点。常用的检修方法有直观法、电压测量法、电阻测量法、短接法、试灯法、波形测试法等。查找故障点时必须在确定的故障范围内，顺着检修思路逐点检查，直到找出故障点为止。

1）电压测量法。电压测量法就是使用万用表检测线路的工作电压，以测量结果和正常值做比较，电压测量法又分电压分阶测量法和电压分段测量法。电压分阶测量法前文已介绍。电压分段测量法如图 5-1-4 所示。将万用表的选择开关置于交流电压 250 V 挡，先用万用表测 1—0 两点，电压值为 110 V，说明电压正常。按住 SB2 或 SB3，然后逐段测量相邻两点 1—2、2—3、3—4、4—5、5—6、6—7、7—0 之间的电压值，如电路正常，除 7—0 两点间的电压为 110 V 外，其余相邻两点间的电压值均为零。

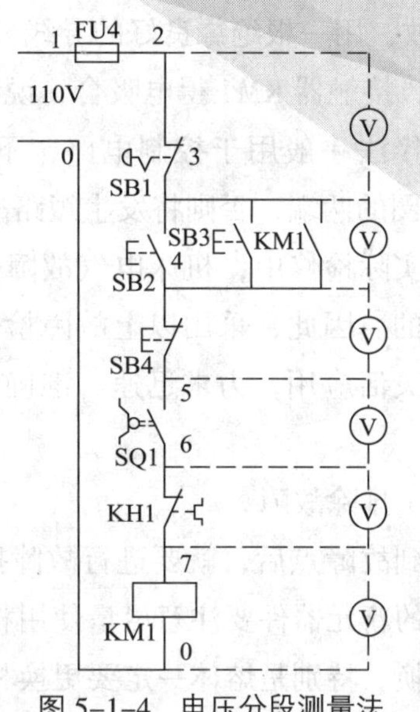

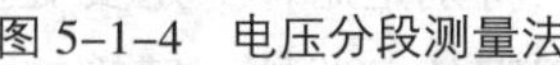
图 5-1-4　电压分段测量法

2）电阻分段测量法。电阻分段测量法如图 5-1-5 所示。检查时，万用表选择好合适的挡位（R × 100 Ω）调零。先切断电源，按下启动按钮 SB2 或 SB3，然后依次逐段测量相邻两标号 1—2、2—3、3—4、4—5、5—6、6—7 间的电阻值。电路正常时，上述每两点间的电阻值为零。7—0 间为 KM1 线圈的电阻值。如测得某两点间的电阻值为无穷大，说明这两点间的触点接触不良、线圈或连接导线断路。根据其测量结果可找出故障点。

3）短接法。短接法是用一根绝缘良好的导线，把所怀疑的断路部位短接。如短接过程中电路被接通，就说明该处断路。短接法检修如图 5-1-6 所示。

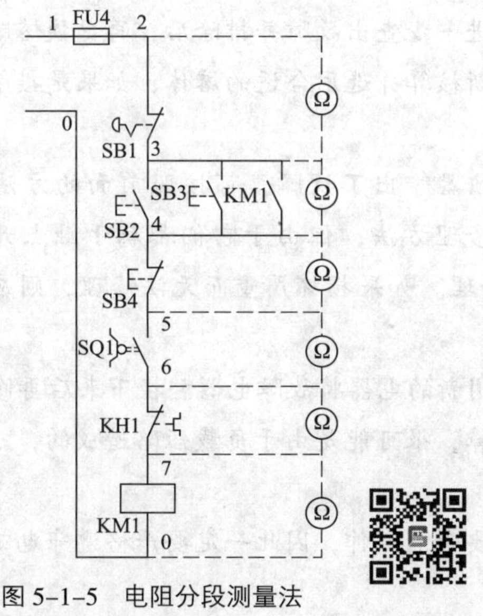

图 5-1-5　电阻分段测量法

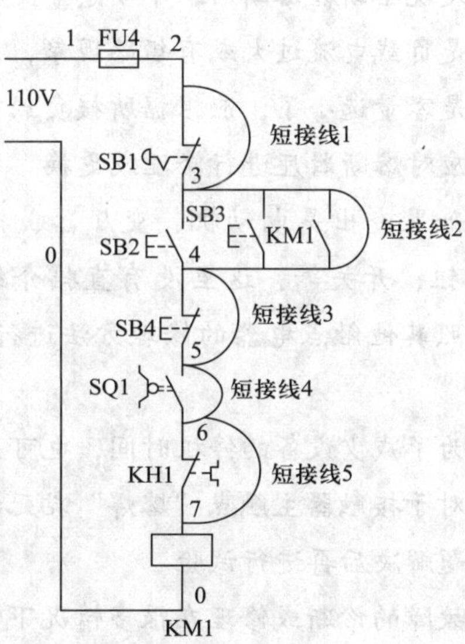

图 5-1-6　短接法检修

按下主轴启动按钮 SB2 或 SB3，接触器 KM1 不吸合，说明该电路有断路故障。检修时，先用万用表交流电压 250 V 挡测 0—2 两点间的电压值。若电压正常，可按下 SB2 或

SB3 不放，用一根绝缘良好的导线分别短接 2—3、3—4、4—5、5—6、6—7。当短接到某两点时，接触器 KM1 得电吸合，说明断路故障点就在这两点之间。

短接法一般用于控制电路，不能在主电路中使用。绝对不能短接负载，如接触器 KM1 线圈的两端，否则将发生短路故障。

在实际检修中，机床电气故障是多样的，就是同一种故障现象，发生的故障部位也是不同的。因此，采用以上故障检修步骤和方法时，不要生搬硬套，而应根据不同的故障情况灵活应用，力求迅速、准确地找出故障点，查明故障原因，及时、正确地排除故障。

（4）排除故障

找到故障点后，就要进行故障排除，如更换电气元器件和设备、紧固线头、修补等。对更换的新元器件要注意尽量使用相同的规格、型号，并进行性能检测，确认性能完好后方可替换。特别是熔体一定要更换相同的规格、型号，不得随意加大规格。在故障排除中还要注意周围的元器件、导线等，不可再扩大故障范围。

（5）通电试车

故障排除后，应重新通电试车，检查机床的各项操作，必须符合技术要求。

在上述五个步骤中，重点是判断故障范围和查找故障点这两个步骤。

提示

排除故障时应注意的问题如下：

（1）发现熔断器熔断后，不要急于更换熔断器的熔体，而应仔细分析熔断器熔断的原因。如果是负载电流过大或有短路现象，应进一步查出故障并排除后，再更换熔断器的熔体；如果是容量选小了，应根据所接负载重新核算并选用合适的熔体；如果是接触不良所引起的，应对熔断器座进行修理或更换。

（2）如果查出是电动机、变压器、接触器等出了故障，可按照前面的方法进行修理。对按钮、开关等，这里没有直接介绍修理方法，但由于它们都属于触点开关式电器，可参照其他触点电器的修理方法进行修理。如果损坏严重而无法修理，则应更换新的。

（3）为了减少设备的停机时间，也可先用新的电器将故障电器替换下来后再修。

（4）对于接触器主触点“熔焊”粘死故障，很可能是由于负载短路造成的，一定要将负载的问题解决后再进行试验。

由于故障的诊断或修理在很多情况下需要带电操作，因此一定要严格遵守电工操作规程，注意安全。

1. 训练内容

CA6140 型车床主轴电动机电气故障的检修。

2. 工具、仪表、设备及材料准备

准备测电笔、电工刀、剥线钳、尖嘴钳、斜口钳、旋具、万用表、CA6140 型车床等。

3. 评分标准（见表 5–1–1）

表 5–1–1　　　　评分标准

序号	主要内容	评分标准		配分	扣分	得分
1	观察故障现象	错看、漏看故障现象，每个故障扣 10 分		20		
2	判断故障范围	1. 错判故障范围，每个故障扣 10 分 2. 未缩小到最小故障范围，扣 5 分		20		
3	检修方法及过程	1. 仪表和工具使用不正确，每次扣 5 分 2. 检修步骤不正确，每处扣 5 分 3. 不能查出故障点，每个故障扣 20 分		40		
4	排除故障	1. 不能排除故障，每个扣 10 分 2. 能排除故障但损坏电气元器件，扣 10 分		20		
5	安全文明生产	违反操作规程，视情节倒扣 5 ~ 10 分				
备注		时间	合计			
		40 min	教师签字			

4. 训练步骤

基本检修步骤如下：观察故障现象→判断故障范围→查找故障点→排除故障→通电试车。

（1）在教师的指导下，分析及理解主轴电动机的电气控制线路原理，由电气接线图和电器位置图出发，在车床上通过测量等方法找出实际走线路径。

（2）学生观摩在 CA6140 型车床上人为设置一个自然故障点，教师示范检修。示范检修时，按基本检修步骤，边讲解边操作。

（3）学生预先知道故障点，如何从观察现象着手进行分析，运用正确的检修步骤和方法。

（4）学生练习一个故障点的检修。

（5）在初步掌握一个故障点检修方法（电压测量法和电阻测量法等）的基础上，再设置两个故障点，故障现象尽可能不相互重合。

（6）根据故障点情况，排除故障。

（7）通电试车，检查车床各项操作，直至符合技术要求为止。

提示

（1）带电操作检修时，必须有指导教师监护，确保人身、设备安全。

（2）检修所用工具、仪表等符合使用要求。

（3）排除故障时，必须修复故障点，严禁扩大故障范围或产生新的故障。

课题二　钻床控制线路的维修

学习目标

1. 掌握 Z535 型立式钻床电气控制线路的工作原理。
2. 掌握 Z535 型立式钻床电气控制线路的维修技能。

钻床是一种用途广泛的通用机床，有台式钻床、立式钻床、摇臂钻床等。钻床用于钻孔、扩孔、铰孔及攻螺纹等基本加工过程。Z535 型立式钻床的外形如图 5–2–1 所示。其电气原理图如图 5–2–2 所示。

图 5–2–1　Z535 型立式钻床的外形

一、电气控制线路分析

1. 主电路

电源由车间配电网供给的三相交流电 L1、L2、L3 提供，合上电源开关 QS1，机床接通电源。主轴电动机由接触器 KM1 和 KM2 分别控制正转和反转，冷却泵的启动和停止由 QS2 控制。

2. 控制电路

合上电源开关 QS1，机床接通电源。将手柄向下扳，行程开关 SQ3 被压下，其常开触点闭合，接触器 KM1 沿电路 1 → 2 →

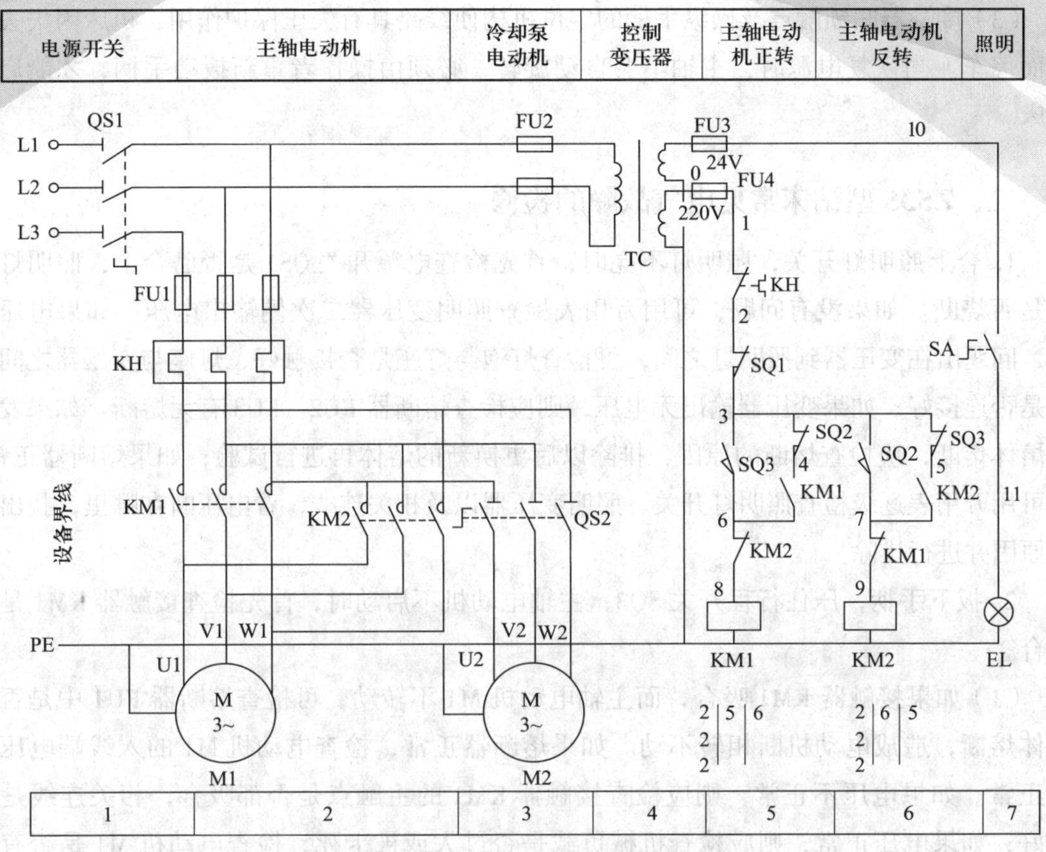

图 5-2-2　Z535 型立式钻床电气原理图

3 → 6 → 8 → 0 接通，KM1 主触点闭合，电动机 M1 启动右转（正转）；松开手柄，行程开关 SQ3 复原，接触器沿 1 → 2 → 3 → 4 → 6 → 8 → 0 自锁接通。

将手柄向上扳，行程开关 SQ2 被压下，接触器 KM2 接通，其主触点闭合，使电动机 M1 启动左转（反转），松开手柄，行程开关 SQ2 复原，接触器 KM2 自锁。

手柄放在中间位置时，行程开关 SQ1 被压下，其常闭触点 2 ~ 3 断开，使电动机停转。

用立式钻床攻螺纹时，允许不经过停止位置直接使主轴反向。因为在接触器 KM1 接通后，再压下行程开关 SQ2，其常闭触点 3 ~ 4 断开，切断接触器 KM1 自锁回路；同样，在 KM2 接通后，再压下行程开关 SQ3，其常闭触点 3 ~ 5 断开，切断接触器 KM2 自锁回路。

扳动冷却泵开关 QS2，可接通或断开冷却泵电动机 M2。

3. 机床照明电路

机床照明电路由变压器 TC 供给 24 V 安全电压，SA 为接通或断开照明电路的开关。

4. 机床电气保护

（1）由熔断器 FU1、FU2、FU3 和 FU4 对电动机、控制线路及照明系统进行短路保护。

（2）由热继电器 KH 对电动机 M1 和 M2 进行过载保护。

（3）接触器联锁触点及操纵手柄的定位机构使线路具有失压保护作用，机床因失去电源而停车。当恢复电源时，主轴不会自动旋转，必须由操作者重新扳动手柄，才能启动机床。

二、Z535 型钻床常见电气故障的检修

1. 合上照明灯开关，照明灯不亮时，首先检查电源开关 QS1 是否已合上，照明灯灯丝是否烧断。如果没有问题，可用万用表检查照明变压器二次侧输出电压。如果电压正常，问题出在变压器到照明灯之间，可检查灯泡与灯座是否接触好，灯座与变压器之间连线是否连接好；如果变压器输出无电压，则应检查熔断器 FU2、FU3 有无熔断。如果发现有熔体熔断，应检查熔断的原因，排除以后更换新的熔体再进行试验；如果熔断器正常，则可用万用表逐级检查照明灯开关、照明变压器以及相关连线，看电压断在哪里，找出故障原因并进行排除。

2. 扳下手柄，压住行程开关 SQ3，主轴电动机不启动时，首先检查接触器 KM1 是否吸合。

（1）如果接触器 KM1 吸合，而主轴电动机 M1 不转动，可检查熔断器 FU1 中是否有熔体熔断，造成电动机断相转不动。如果熔断器正常，检查电动机 M1 的入线端电压是否正常。如果电压不正常，则应检查接触器 KM1 的主触点是否都吸合，相关连线是否接好；如果电压正常，则应检查机械负载是否过大或被卡死，检查电动机 M1 是否有故障。

（2）如果接触器 KM1 未吸合，应检查热继电器 KH 是否跳开未复位，检查熔断器 FU2、FU4 的熔体及相关连线是否连接好。如果有问题，则应进行相应的检查、处理、更换和修复。也可打开照明灯进行试验，如果照明灯正常，则照明灯所使用的公共电路部分是正常的，可不用检查。

（3）如果没有问题，可用万用表测量电压，一直检查到接触器 KM1 的线圈，从而可以判断出由于 KM1 的线圈烧坏，或热继电器 KH 触点接触不良，或行程开关 SQ1、SQ3 触点接触不良，或接触器 KM2 的联锁辅助触点接触不良，或相关连线没有接好，根据检查情况确定原因后，进行相应的修理或更换。

3. 主轴电动机能够启动，但在钻孔过程中，当挡块离开行程开关 SQ3 时主轴即停止，这是接触器 KM1 的保持回路出问题的现象。可检查 KM1 的自锁辅助触点、行程开关 SQ2 的常闭触点是否有接触不良的现象。如果接触不良，应进行修理或更换。还应检查 KM1 自锁回路的连线是否接好。如果有问题，应进行处理。

4. 主轴电动机能够正转，但压住行程开关 SQ2 后不会反转。这时要先分清楚是主轴电动机停下来不反转还是继续正转，两种情况的检查及处理方法有所不同。

（1）如果电动机停下来不反转，应检查接触器 KM2 是否吸合。如果接触器 KM2 不吸

合，则应检查行程开关 SQ2 的常开触点是否接通、KM1 的联锁常闭辅助触点是否接触不良、KM2 的线圈是否烧坏、相关连线是否接好，通过检查及判断，确定故障，进行修复或更换；如果 KM2 吸合，则只能是 KM2 主触点接触不良，或者相关连线未接好，可进行相应的修复或更换。

（2）如果主轴电动机不停，继续正转，则说明行程开关 SQ2 已坏，或者是 SQ2 常闭触点两端的外部连线有短路现象，应修理及更换 SQ2，或者对外部连线进行检查和处理。

5. 主轴电动机反转时，当挡块离开行程开关 SQ2 时，主轴即停止。这是接触器 KM2 的自锁回路出了问题。同正转无自锁的故障一样，可检查接触器 KM2 的自锁辅助触点、行程开关 SQ3 的常闭触点以及相关连线是否有问题，针对检查出来的问题进行相应的处理及修复，无法修复的则予以更换。

6. 合上冷却泵开关 QS2，电动机 M2 不转时，应检查电动机进线端电压是否正常。如果电压正常，说明问题出在电动机 M2 本身，或者是冷却泵电动机卡住了，可进一步检查后确定故障，进行相应的修理或更换；如果电动机进线电压不正常，应检查熔断器 FU1 的熔体是否熔断（如果主轴电动机正常，可不用检查 FU1），检查冷却泵开关 QS2 触点接触是否良好，检查相应连线是否连接良好，可用万用表测量各点电压的方法，逐步检查及判断出故障点后，再进行相应的修理或更换。

1. 训练内容

Z535 型钻床电气故障的检修。

2. 工具、仪表、设备及材料准备

准备测电笔、电工刀、剥线钳、尖嘴钳、斜口钳、旋具、万用表、Z535 型钻床等。

3. 评分标准见表 5–1–1。

4. 训练步骤

基本检修步骤如下：观察故障现象→判断故障范围→查找故障点→排除故障→通电试车。

（1）在教师的指导下，分析及理解主轴电动机的电气控制线路原理，由电气接线图和电器位置图出发，在钻床上通过测量等方法找出实际走线路径。

（2）学生观摩在 Z535 型钻床上人为设置一个自然故障点，教师示范检修。示范检修时，按基本检修步骤，边讲解边操作。

（3）学生预先知道故障点，如何从观察现象着手进行分析，运用正确的检修步骤和方法。

（4）学生练习一个故障点的检修。

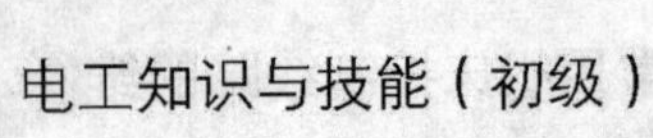

（5）在初步掌握一个故障点检修方法（电压测量法和电阻测量法等）的基础上，再设置两个故障点，故障现象尽可能不相互重合。

（6）根据故障点情况，排除故障。

（7）通电试车，检查钻床各项操作，直至符合技术要求为止。

第六单元
简单电子线路的安装与调试

学习目标

1. 掌握电子技术基本操作工艺。
2. 能进行常用电子元器件的识别和测试。
3. 能进行单相桥式整流电路、滤波电路及稳压电路的安装与调试。
4. 能进行简单放大电路的安装与调试。

课题一　电子技术基本操作

学习目标

1. 能熟练使用电子焊接工具。
2. 能熟练进行各种电子元器件的焊接。

一、焊接的基本操作工艺

1. 焊接工具的使用

（1）电烙铁的种类和构造

常用的电烙铁有外热式、内热式、吸锡式、恒温式几种，它们都是利用电流的热效应进行焊接工作的。

1）外热式电烙铁。外热式电烙铁的结构如图 6–1–1 所示，它由烙铁头、烙铁芯、外壳、木柄、电源引线、插头等部分组成。烙铁头安装在烙铁芯里面，所以称为外热式电烙铁。

常用的外热式电烙铁规格有 25 W、45 W、75 W和 100 W等。烙铁头是用纯铜制成的，其作用是储存热量和传导热量。当烙铁头的体积比较大时，则保持温度的时间就长些。另外，为适应不同焊接物的要求，烙铁头的形状有所不同，常见的有尖锥形、凿式、圆斜面式等，具体的形状如图 6–1–2 所示。

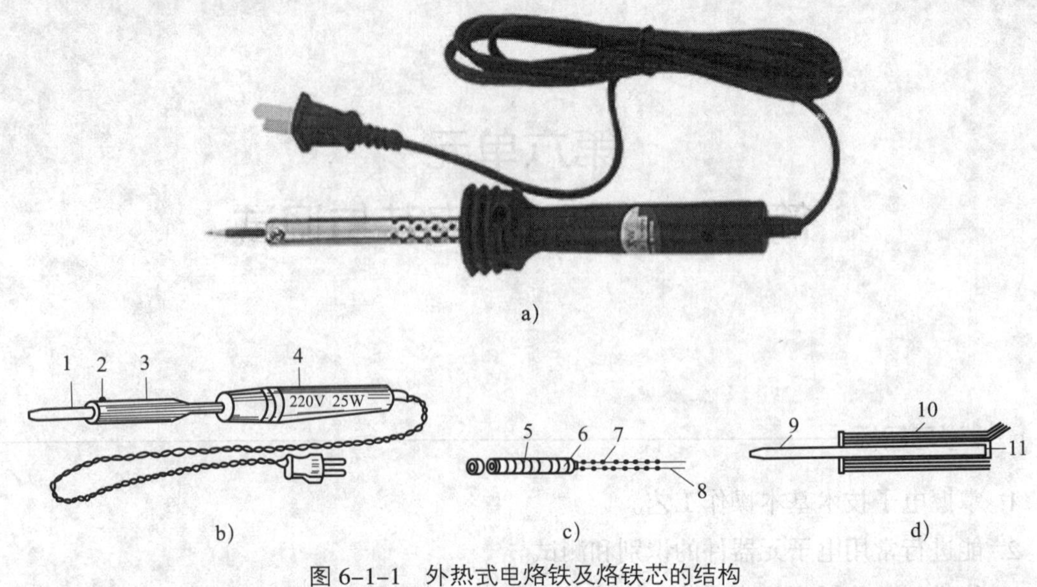

图 6–1–1　外热式电烙铁及烙铁芯的结构

a）外形　b）结构　c）、d）烙铁芯的结构

1、9—烙铁头　2—烙铁头固定螺钉　3—外壳　4—木柄　5—铁丝　6—云母片

7—瓷管　8—引线　10—电热丝　11—烙铁芯骨架

凿式（短嘴）	圆锥凿式
凿式（长嘴）	圆斜面式
半凿式（宽）	圆锥斜面
半凿式（狭窄）	圆尖锥
尖锥形	半圆沟
弯凿式	

图 6–1–2　烙铁头的形状

2）内热式电烙铁。内热式电烙铁具有升温快、质量轻、耗电省、体积小、热效率高的特点，应用非常普遍。内热式电烙铁的外形与结构如图 6–1–3 所示。

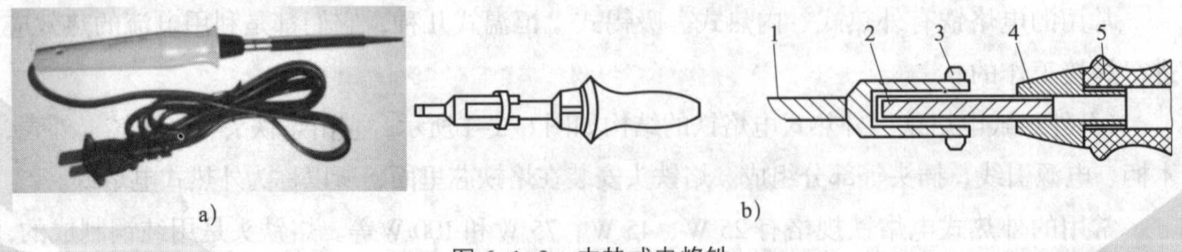

图 6–1–3　内热式电烙铁

a）外形　b）结构

1—烙铁头（铜头）　2—烙铁芯　3—弹簧夹　4—连接杆　5—手柄

内热式电烙铁由手柄、连接杆、弹簧夹、烙铁芯、烙铁头组成。由于烙铁芯安装在烙铁头里面，因而发热快，热效率高，故称为内热式电烙铁。

内热式电烙铁头的后端是空心的，用于套在连接杆上，并且用弹簧夹固定。当需要更换烙铁头时，必须先将弹簧夹退出，同时用钳子夹住烙铁头的前端，慢慢地将其拔出，切记不能用力过猛，以免损坏连接杆。

内热式电烙铁的常用规格有 20 W、25 W、50 W 等几种。由于它的热效率高，20 W 内热式电烙铁相当于 40 W 左右的外热式电烙铁。

3）吸锡式电烙铁和恒温式电烙铁。吸锡式电烙铁（见图 6–1–4）是将活塞式吸锡器与电烙铁融为一体的拆焊工具。它具有使用方便、灵活，适用范围宽等特点，不足之处是每次只能对一个焊点进行拆焊。恒温式电烙铁是在电烙铁头内装有带磁铁式的温度控制器，通过控制通电时间而实现温控，如图 6–1–5 所示。

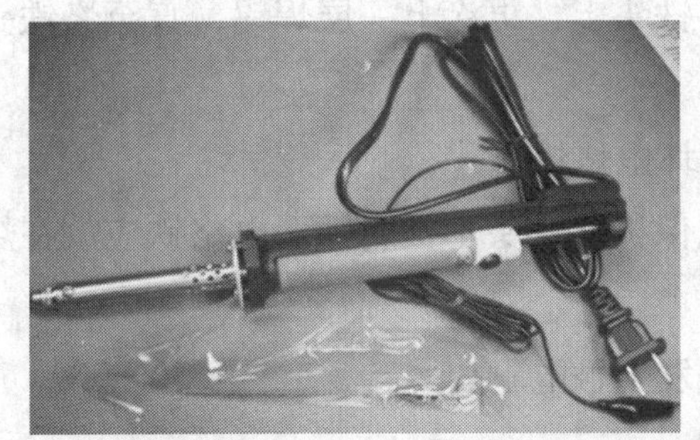

图 6–1–4　吸锡式电烙铁

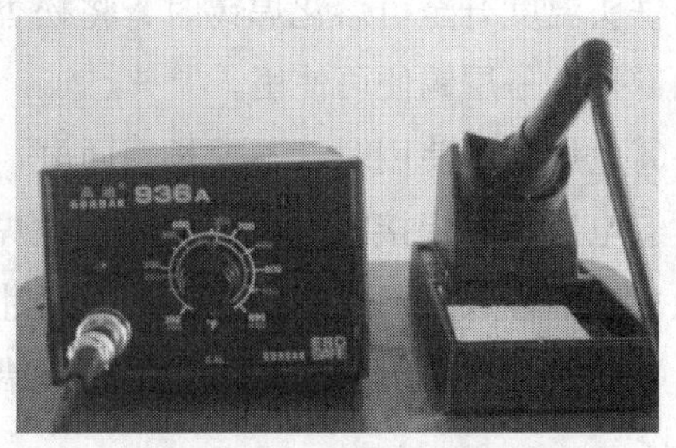

图 6–1–5　恒温式电烙铁

（2）电烙铁的选用及使用方法

1）选用电烙铁的方法

①焊接集成电路、晶体管及其他受热易损元器件时，应选用 20 W 内热式或 25 W 外热式电烙铁。

②焊接导线及同轴电缆时，应选用 45 ~ 75 W 外热式电烙铁或 50 W 内热式电烙铁。

③焊接较大的元器件时，如大电解电容器的引线脚、金属底盘接地焊片等，应选用 100 W 以上的电烙铁。

2）电烙铁的使用方法

①电烙铁的握法。电烙铁的握法有反握法、正握法、握笔法三种，如图 6–1–6 所示。

反握法就是用五个手指把电烙铁的手柄握在掌内。此法适合用大功率电烙铁焊接散热量较大的被焊件。正握法适用的电烙铁功率也比较大，且多为弯形烙铁头。握笔法适用于小功率的电烙铁。

②使用前应进行检查。用万用表检查电源线有无短路、断路；电烙铁是否漏电。从外观上检查电源线的装接是否牢固；螺钉是否松动；在手柄上电源线是否被顶紧；电源线套管有无破损。

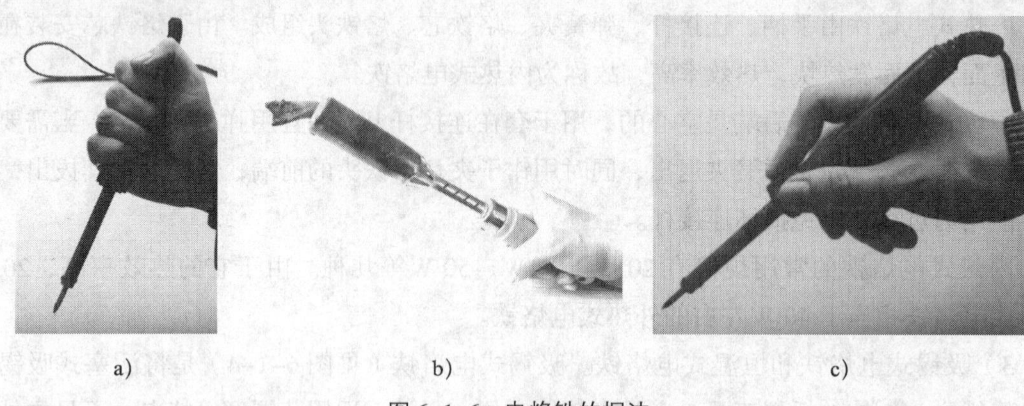

图 6-1-6　电烙铁的握法

a）反握法　b）正握法　c）握笔法

③新电烙铁在使用前必须进行处理。首先将烙铁头锉成具体的形状，然后接上电源，当烙铁头温度升至可熔化焊锡时，将松香涂在烙铁头上，再涂上一层焊锡，直至烙铁头的刃面部挂上一层锡便可使用。

④电烙铁不使用时，不要长期通电，以防损坏电烙铁。

⑤电烙铁在焊接时，最好使用松香焊剂，以保护烙铁头不被腐蚀。电烙铁应放在烙铁架上，轻拿轻放，不要将烙铁上的焊锡乱甩。

⑥更换烙铁芯时要注意引线不要接错，以防发生触电事故。

提示

使用电烙铁要配置烙铁架，如图 6-1-7 所示。烙铁架一般放置在工作台右前方，电烙铁用后一定要稳妥地放置在烙铁架上，并注意导线等物不要碰烙铁头，以免被电烙铁烫坏绝缘后发生短路。

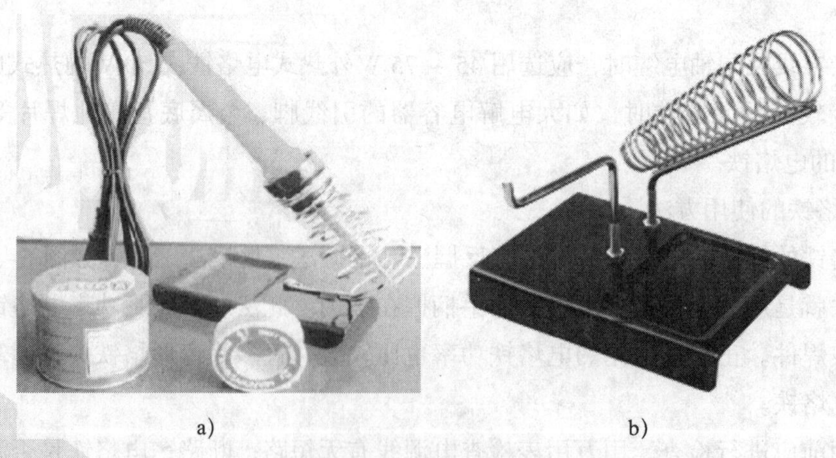

图 6-1-7　电烙铁的放置

a）电烙铁放在烙铁架上使用　b）烙铁架

2. 其他常用工具

（1）平嘴钳

平嘴钳的钳口平直，可用于夹弯元器件管脚与导线。因其钳口无纹路，所以用它对导线拉直、整形比尖嘴钳适用。但因钳口较薄，不宜用于夹持螺母或需施力较大的部位。

（2）斜口钳

斜口钳用于剪切焊后的线头，也可与尖嘴钳合用，剥削导线的绝缘层。

（3）镊子

镊子分为尖嘴镊子和圆嘴镊子两种。尖嘴镊子用于夹持较细的导线，以便于装配和焊接。圆嘴镊子用于弯曲元器件引线和夹持元器件进行焊接等，并有利于散热。

另外，剥线钳、平头钳、钢直尺、钢卷尺、扳手、旋具、锥子等也是焊接时经常用到的工具，如图 6–1–8 所示。

图 6–1–8 其他焊接用工具

3. 焊料、焊剂及焊丝的拿握方法

（1）焊料

焊料是指在钎焊中起连接作用的金属材料，焊料的熔点比被焊物的熔点低，而且易于与被焊物连为一体。焊料按组成成分划分，有锡铅焊料、银焊料、铜焊料；按使用的环境温度分，有高温焊料和低温焊料。熔点在 450 ℃以上的称为硬焊料，熔点在 450 ℃以下的称为软焊料。

在电子产品装配中，一般都选用锡铅系列焊料，又称焊锡。其形状有圆片、带状、球状、焊丝等几种。常用的是焊丝，在其内部夹有固体焊剂松香。焊丝的直径有 1.5 mm、2 mm、3 mm、4 mm 等规格，如图 6–1–9 所示。

焊锡在 180 ℃时便可熔化，使用 25 W 外热式或 20 W 内热式电烙铁便可以进行焊接。它具有一定的强度，导电性、耐腐蚀性良好，对元器件引线和其他导线的附着力强，不易脱落。因此，在焊接技术中得到了极其广泛的应用。

图 6-1-9　焊丝和焊剂

（2）焊剂

在进行焊接时，为了能使被焊物与焊料牢靠地焊接在一起，就必须去除焊件表面的氧化物和杂质。其方法通常有机械方法和化学方法，机械方法是用砂布和刀将氧化层去掉；化学方法则是借助于焊剂进行清除。焊剂同时也能防止焊件在加热过程中被氧化，以及把热量从烙铁头快速地传递到被焊物上，使预热的速度加快。

提示

松香酒精焊剂是用无水乙醇溶解纯松香配制成 25% ~ 30% 的乙醇溶液，其优点是没有腐蚀性，具有高绝缘性能及长期的稳定性和耐湿性。焊接后容易清洗，并形成覆盖焊点的膜层，使焊点不被氧化腐蚀。因此，电子线路中的焊接通常都采用松香、松香酒精焊剂，如图 6-1-10 所示。

图 6-1-10　松香

（3）焊丝的拿握方法

焊丝有连续送锡拿法和间断送锡拿法两种，如图 6-1-11 所示。采用连续送锡拿法时，靠拇指和食指捻动，使焊丝连续送出，适用于批量较大的流水作业等。这种拿法一般都使用整卷焊丝，因此可节省焊料。另一种拿法是间断送锡法，是将焊丝按需要截成一段，这样容易造成焊丝的浪费，但比较好控制焊料的使用总量。手工焊接时一般是左手拿握焊丝，右手拿握电烙铁。

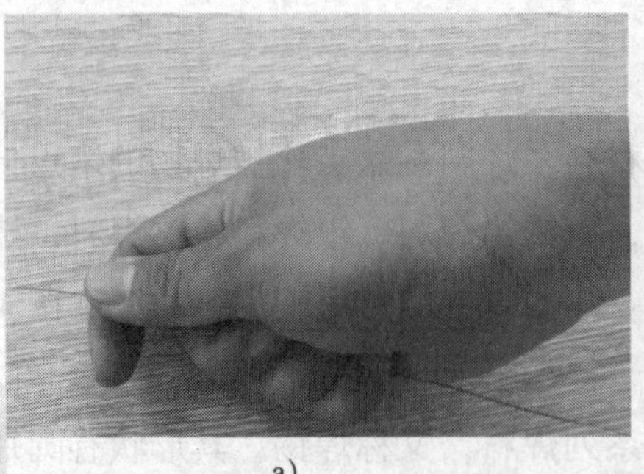
a)

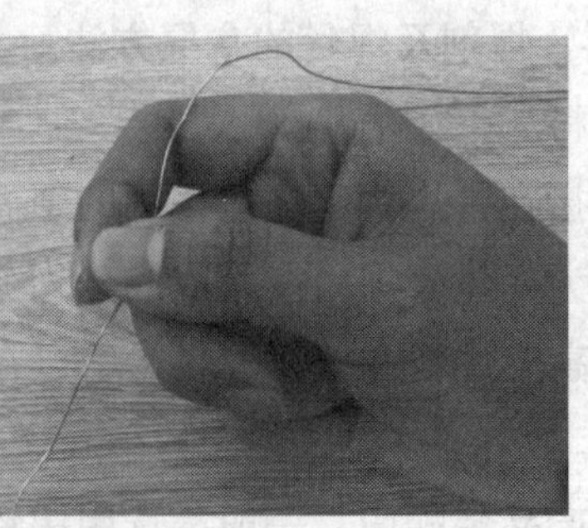
b)

图 6-1-11　焊丝的拿握方法

a）连续送锡拿法　b）间断送锡拿法

4. 焊接工艺

（1）对焊接的要求

焊接的质量直接影响整机产品的可靠性与质量。因此，在锡焊时必须做到以下几点：

1）焊点的强度要满足需要。为了保证足够的强度，一般采用把被焊元器件的引线端子打弯后再焊接的方法，但不能堆积过多的焊料，以防止造成虚焊或焊点之间短路。

2）焊接可靠，保证导电性良好。为保证有良好的导电性，必须防止虚焊。

3）焊点表面要光滑、清洁。为使焊点美观、光滑、整齐，不但要有熟练的焊接技能，而且要选择合适的焊料和焊剂；否则将出现表面粗糙、拉尖、棱角现象。其次，电烙铁的温度也要适当。

（2）焊接前的准备

1）将元器件引线加工成形。元器件在印制电路板上的排列和安装方式有两种，一种是立式，另一种是卧式。引线的跨距应根据尺寸优选 2.5 的倍数。加工时，注意不要将引线齐根弯折，并用工具保护引线的根部，以免损坏元器件。几种元器件成形图例如图 6–1–12 所示。

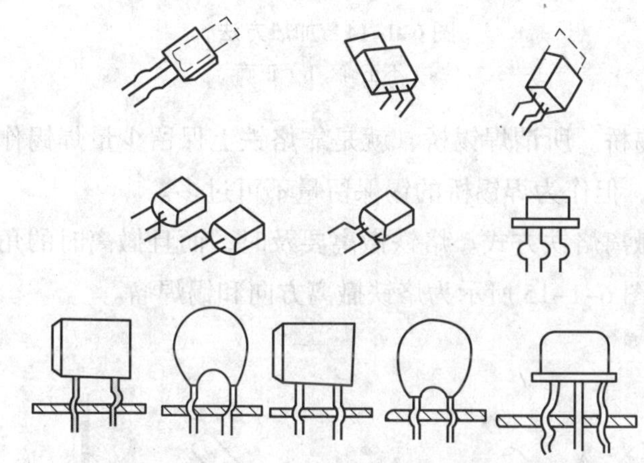

图 6–1–12　元器件成形图例

2）搪锡（镀锡）。时间一长，元器件引线表面会产生一层氧化膜，影响焊接。所以，除少数有银、金镀层的引线外，大部分元器件引脚在焊接前必须先搪锡。

（3）焊接

焊接五步操作法如图 6–1–13 所示。对于小热容量焊件而言，整个焊接过程不超过 4 s。

（4）焊接操作手法

1）采用正确的加热方法。根据焊件形状选用不同的烙铁头，尽量让烙铁头与焊件形成面接触而不是点接触或线接触，这样能大大提高效率。不要用烙铁头对焊件加力，这样会加速烙铁头的损耗及造成元器件损坏。正确的加热方法如图 6–1–14 所示。

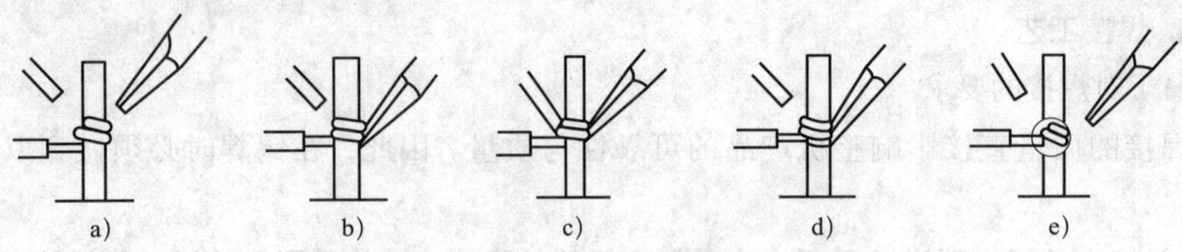

图 6–1–13　焊接五步操作法

a）准备　b）加热　c）送丝　d）去丝　e）移烙铁

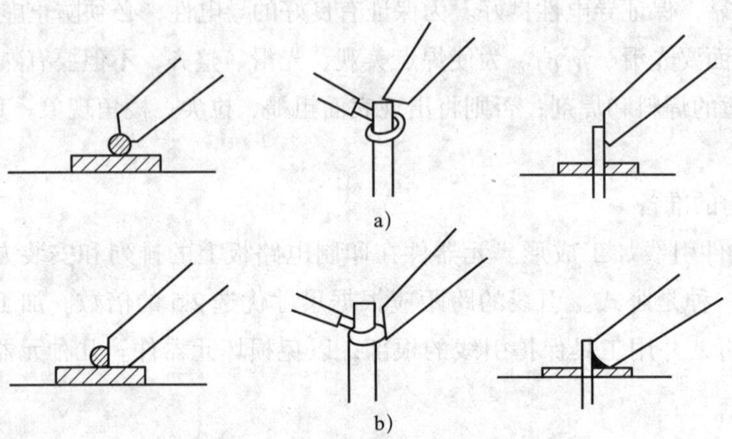

图 6–1–14　加热方法

a）不正确　b）正确

2）加热要靠焊锡桥。所谓焊锡桥，就是靠烙铁上保留少量焊锡作为加热时烙铁头与焊件之间传热的桥梁，但作为焊锡桥的锡保留量不可过多。

3）采用正确的撤离烙铁方式。烙铁撤离要及时，而且撤离时的角度和方向对焊点的成形有一定影响，如图 6–1–15 所示为烙铁撤离方向和锡焊瘤。

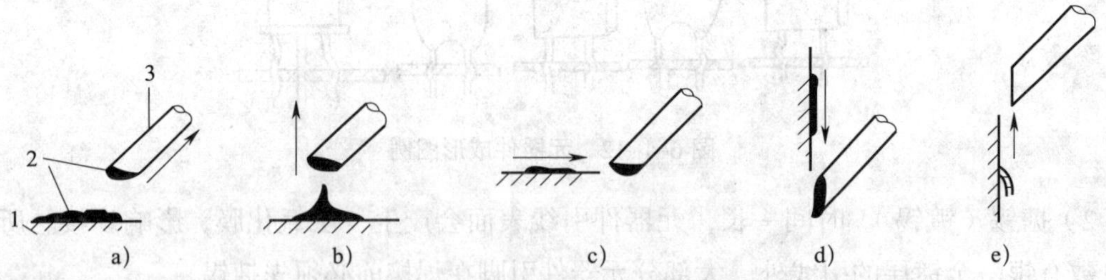

图 6–1–15　烙铁撤离方向和锡焊瘤

a）烙铁沿轴向 45º 撤离　b）向上撤离拉尖　c）水平方向撤离

d）垂直向下撤离，烙铁头吸除焊锡　e）垂直向上撤离，烙铁头上不挂锡

1—工件　2—焊锡　3—烙铁头

4）焊锡量要合适。如图 6–1–16 所示，焊锡量过多，容易造成焊点上焊锡堆积并容易造成短路，且浪费材料；焊锡量过少，容易焊接不牢，使焊件脱落。合适的焊锡量如图 6–1–16c 所示。

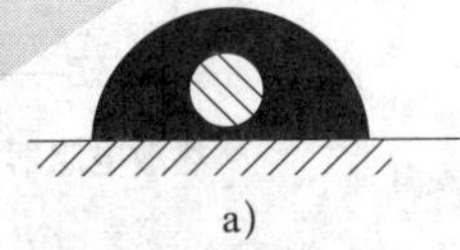
a)
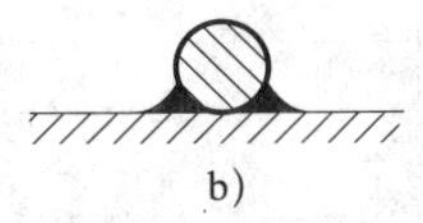
b)
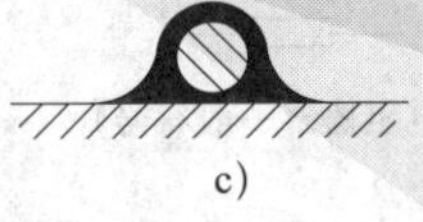
c)

图 6-1-16　焊锡量的掌握
a）焊锡量过多　b）焊锡量过少　c）焊锡量合适

提示

在焊锡凝固前不要使焊件移动或振动，不要使用过量的焊剂和用热的烙铁头作为焊料的运载工具。

二、常用电子元器件的识别及简易测试

1. 电阻器

电阻器按结构形式不同可分为一般电阻器、片形电阻器、可变电阻器（电位器）。电阻器、电位器的外形及图形符号如图 6-1-17 所示。

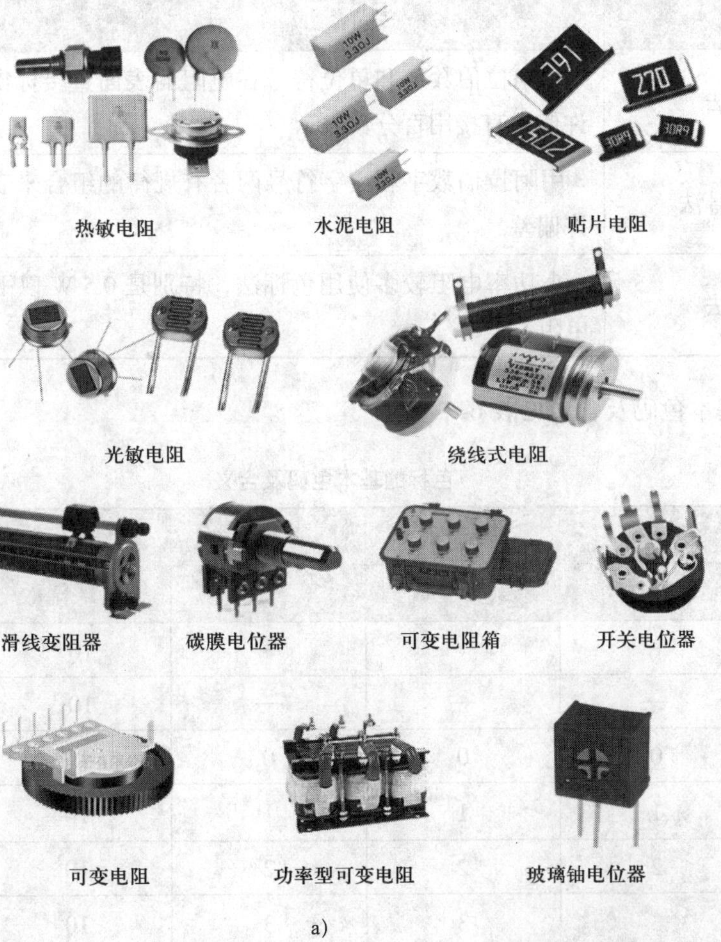

热敏电阻　水泥电阻　贴片电阻

光敏电阻　绕线式电阻

滑线变阻器　碳膜电位器　可变电阻箱　开关电位器

可变电阻　功率型可变电阻　玻璃釉电位器

a)

b）

图 6–1–17　电阻器、电位器的外形及图形符号

a）电阻器、电位器的外形　b）图形符号

（1）电阻器的主要技术指标及色环电阻的识别方法与分类

1）额定功率。电阻器在电路中长时间连续工作不损坏，或不显著改变其性能所允许消耗的最大功率称为电阻器的额定功率。

2）标称阻值和偏差。电阻器常用的标称阻值有 E6、E12、E24、E48、E96、E192 系列，分别适用于偏差为 ±20%、±10%、±5%、±2%、±1% 和 ±0.5% 的电阻器。

电阻器的标称阻值和偏差都标注在电阻体上，其标示方法有直标法、文字符号法和色标法，其特点见表 6–1–1。

表 6–1–1　　电阻器标示方法及特点

标示方法	特点
直标法	用阿拉伯数字和单位符号在电阻器表面直接标出标称阻值，其允许偏差直接用百分数表示
文字符号法	用阿拉伯数字和文字符号两者有规律的组合来表示标称阻值和允许偏差
色标法	小功率电阻较多使用色标法，特别是 0.5 W 以下的碳膜和金属膜电阻

色标的基本色码及含义见表 6–1–2。

表 6–1–2　　色标的基本色码及含义

色别	第一环	第二环	第三环	第四环	第五环
	第一位数	第二位数	第三位数	应乘倍数	偏差
银	—	—	—	10^{-2}	±10%
金	—	—	—	10^{-1}	±5%
黑	0	0	0	10^{0}	±10%
棕	1	1	1	10^{1}	±1%
红	2	2	2	10^{2}	±2%
橙	3	3	3	10^{3}	—

续表

色别	第一环	第二环	第三环	第四环	第五环
	第一位数	第二位数	第三位数	应乘倍数	偏差
黄	4	4	4	10^4	—
绿	5	5	5	10^5	±0.5%
蓝	6	6	6	10^6	±0.25%
紫	7	7	7	10^7	±0.1%
灰	8	8	8	10^8	—
白	9	9	9	10^9	+5%、-20%

色标电阻（色环电阻）器可分为三环、四环、五环三种标法，如图 6-1-18 所示。

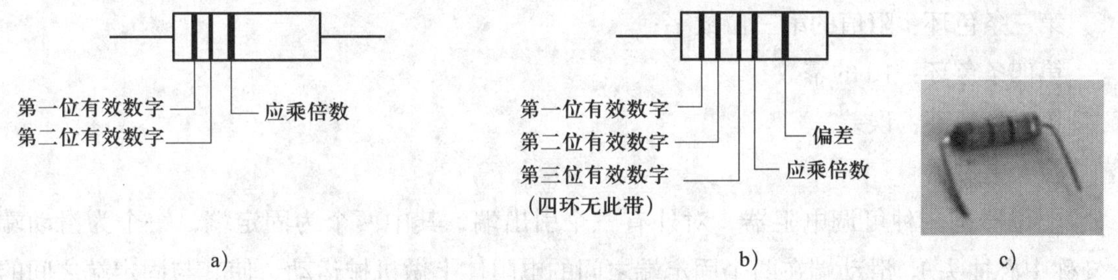

图 6-1-18　电阻色环的含义

a）三环色标　b）五环色标　c）电阻外形

3）色环电阻的识别方法

①方法 1。先找标示误差的色环，从而排定色环顺序。最常用的标示电阻误差的颜色是金、银、棕，尤其是金环和银环，一般绝少用作电阻色环的第一环，所以在电阻上只要有金环和银环，就可以基本认定这是色环电阻的最末一环。

②方法 2。判别棕色环是否标示误差。棕色环既常用作误差环，又常作为有效数字环，且常常在第一环和最末一环中同时出现，使人很难识别哪个是第一环。在实践中，可以按照色环之间的间隔加以判别，例如，对于一个五环电阻而言，第五环和第四环之间的间距比第一环和第二环之间的间距要宽一些，据此可判定色环的排列顺序。

③方法 3。在仅靠色环间距无法判定色环排列顺序的情况下，还可以利用电阻的生产序列值加以判别。例如，有一个电阻的色环读序是棕、黑、黑、黄、棕，其值为 $100\times10^4\ \Omega=1\ \mathrm{M}\Omega$，误差为 1%，属于正常的电阻系列值，若是反顺序读成棕、黄、黑、黑、棕，其值为 $140\times10^0\ \Omega=140\ \Omega$，误差为 1%。显然按照后一种排序所读出的电阻值在电阻的生产系列中是没有的，故后一种色环顺序是不对的。

4）色环电阻的分类。色环电阻分为三色环电阻、四色环电阻和五色环电阻。

①三色环电阻。直接标示标称阻值（误差均为 20%）。

②四色环电阻。每种颜色代表不同的数字，如：

棕 1　红 2　橙 3　黄 4　绿 5　蓝 6　紫 7　灰 8　白 9　黑 0　金、银表示误差

各色环表示的含义如下：

第一条色环：阻值的第一位数字；

第二条色环：阻值的第二位数字；

第三条色环：10 的幂数；

第四条色环：误差。

③五色环电阻。五色环电阻精确度更高，它用五条色环表示电阻的阻值大小，具体如下：

第一条色环：阻值的第一位数字；

第二条色环：阻值的第二位数字；

第三条色环：阻值的第三位数字；

第四条色环：10 的幂数；

第五条色环：误差。

（2）电位器

电位器是一种可调电阻器，对外有三个引出端，其中两个为固定端，一个为滑动端（又称中心抽头）。滑动端在两个固定端之间的电阻体上做机械运动，使其与固定端之间的电阻发生变化。电位器的外形如图 6–1–19 所示。

（3）电阻器和电位器的测量与质量判别

1）电阻器和电位器的测量。通常可用万用表电阻挡进行测量。测量中手指不要触碰被测固定电阻器的两根引出线，避免人体电阻对测量精度的影响。测量方法如图 6–1–20 所示。

图 6–1–19　电位器

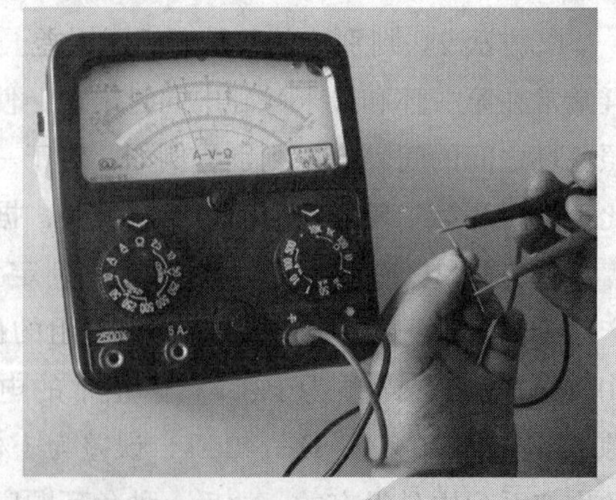

图 6–1–20　电阻器的测量

2）电阻器的质量判别。电阻器的电阻体或引线折断以及烧焦等，可以从外观上看出。内部损坏或阻值变化较大，可用万用表欧姆挡测量后核对。

提示

若电阻内部或引线有缺陷，以至于接触不良时，用手轻轻地摇动引线，可以发现松动现象；用万用表测量时，指针指示不稳定。

2. 电容器

常用的电容器如图 6–1–21 所示。

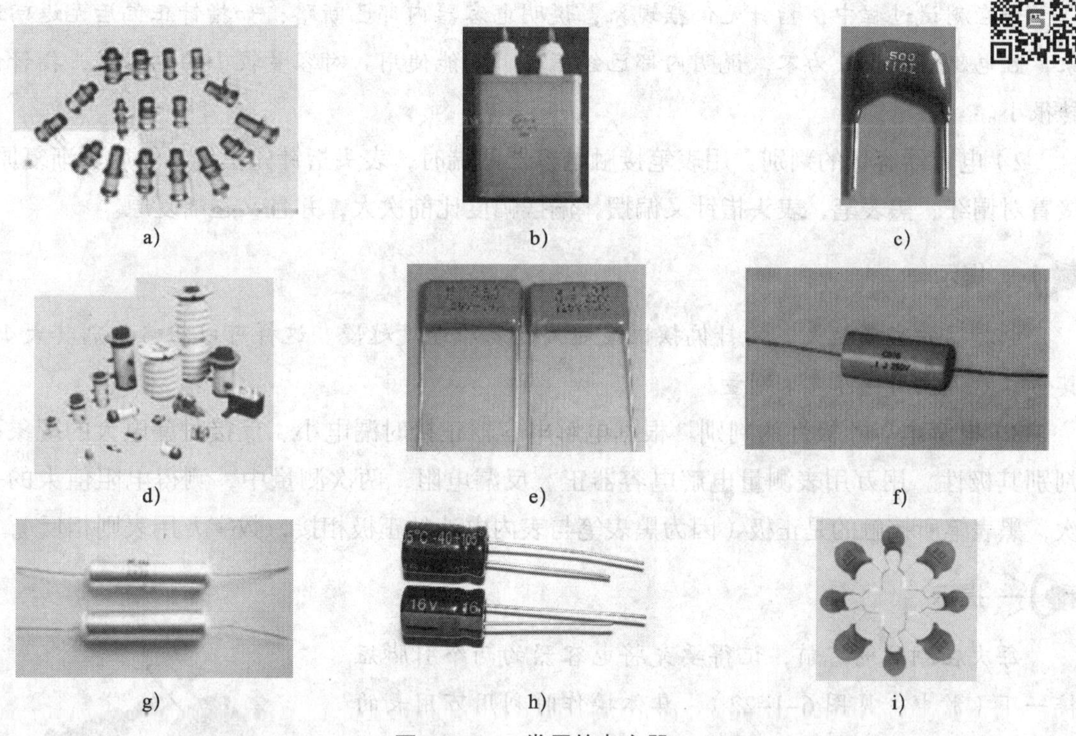

图 6–1–21　常用的电容器

a）空气介质电容器　b）纸介质电容器　c）云母电容器　d）瓷介质电容器　e）涤纶电容器　f）聚苯乙烯电容器　g）金属化纸介质电容器　h）电解电容器　i）圆片电容器

（1）电容器的主要参数

1）电容器的标称容量和偏差。不同材料制造的电容器，其标称容量系列也不一样，一般电容器的标称容量系列与电阻器采用的系列相同，即 E24、E12、E6 系列。

电容的标称容量和偏差一般标在电容体上，其标示方法常采用直标法、文字符号法、数码表示法和色码表示法。与电阻器的色环表示法类似，其颜色涂于电容器的一端或从顶端向引线排列。色码一般只有三种颜色，前两环为有效数字，第三环为倍率，单位为 pF。

2）电容器的额定直流工作电压。额定直流工作电压是指在线路中能够长期可靠地工作而不被击穿时所能承受的最大直流电压，又称耐压。它的大小与介质的种类和厚度有关。

（2）电容器的测试

通常用万用表的欧姆挡来判别电容器的性能、好坏、容量、极性等。要合理选用万用表的量程，5 000 pF 以下的电容器应选用电容表进行测量。

1）固定电容器的性能和好坏判别。用万用表的表笔接触电容器的两极，指针应先向正方向偏摆，然后逐渐向反方向复原，即退至 $R=\infty$ 处。如不能复原，则稳定后的读数表示电容器漏电阻阻值。其值一般为几百到几千兆欧，阻值越大，绝缘性越好。

提示

如在测试过程中，指针无偏摆现象，说明电容器内部已断路；如指针正偏后无返回现象，且电阻值很小或为零，说明内部已经短路，不能使用。对容量较小的电容器，指针偏转很小。

2）电容器容量的判别。用表笔接触电容器两端时，表头指针先正偏，然后逐渐复原。接着对调红、黑表笔，表头指针又偏摆，偏摆幅度比前次大，并且又逐渐复原。

提示

电容器的容量越大，指针偏摆幅度越大，复原速度越慢。这样可以粗略判别其大小，具体容量必须用电容表来测量。

3）电解电容器极性的判别。根据电解电容器正接时漏电小、反接时漏电大的现象可判别其极性。用万用表测量电解电容器正、反漏电阻，两次测量中，测得电阻值大的一次，黑表笔所接触的是正极（因为黑表笔与表内电池的正极相接，数字万用表则相反）。

提示

每次在测试电容前，记得要先将电容器的两个引脚短接一下（放电，见图 6–1–22），具体操作时利用万用表的表笔金属部分同时接触电容器的两极。

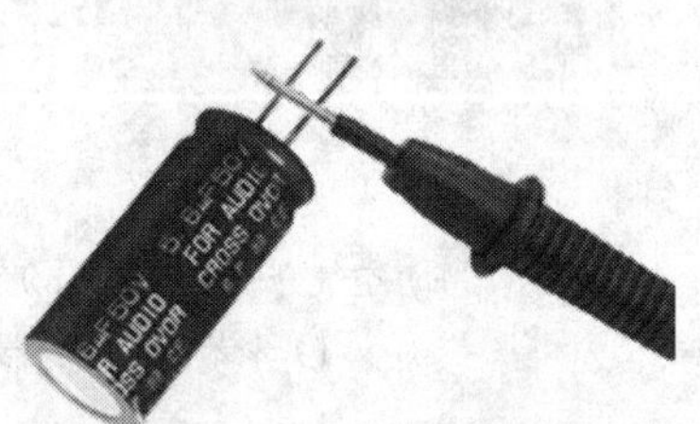

图 6–1–22 电容器放电

（3）电容器的标称容量、偏差标示方法

1）直标法。直标法是指在产品的表面直接标示出产品的主要参数和技术指标的方法。

例如，在电容器上标示 33 μF ± 5%、32 V。

2）文字符号法。文字符号法是指将需要标示的主要参数与技术性能用文字、数字符号有规律的组合标示在产品的表面。采用文字符号法时，将容量的整数部分写在容量单位符号前面，小数部分放在单位符号后面。

例如，3.3 pF 标示为 3p3；1 000 pF 标示为 1n；6 800 pF 标示为 6n8；2.2 μF 标示为 2 μ2。

3）数码表示法。体积较小的电容器常用数码表示法进行标示。一般用三位整数，第

一位、第二位为有效数字，第三位表示有效数字后面零的个数，单位为pF，但是当第三位数字是9时表示10^{-1}。例如，“243”表示容量为24 000 pF。如图6–1–23所示为电容器容量的数码表示法。

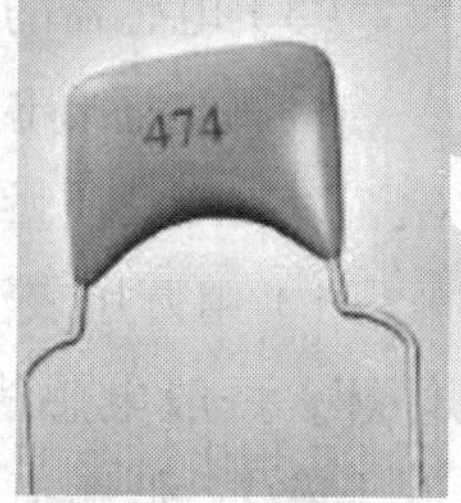

图6–1–23　数码表示法

4）色码表示法。电容器的色码表示法原则上与电阻器类似，其单位为pF。

3. 电感器

（1）电感器的分类

电感器的种类很多，而且分类标准也不一样。通常按电感量变化情况分为固定电感器、可变电感器、微调电感器等；按电感器线圈内介质不同分为空心电感器、铁心电感器、磁心电感器、铜心电感器等；按绕制特点分为单层电感器、多层电感器、蜂房电感器等。部分电感器外形及图形符号如图6–1–24和图6–1–25所示。

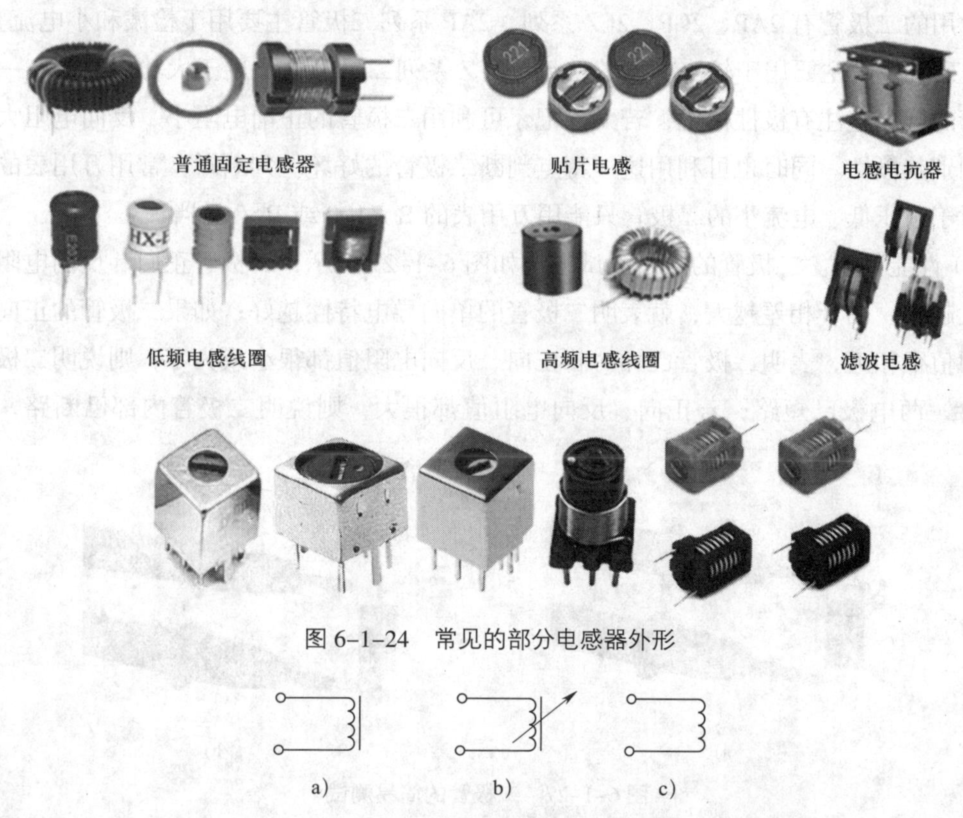

图6–1–24　常见的部分电感器外形

a)　b)　c)

图6–1–25　部分电感器的图形符号

a）磁心电感器　b）可调磁心电感器　c）空心电感器

（2）标示方法

电感器的标示方法与电阻器的标示方法相同，有直标法、文字符号法和色标法。

（3）电感器的质量鉴别

图 6–1–26　电感器的质量鉴别

检测电感器时，可用万用表估测电感器的直流电阻，以判断其质量，如图 6–1–26 所示。

1）用万用表测量电感线圈电阻可大致判别其质量好坏，一般电感线圈的直流电阻很小（为零点几欧到几十欧），低频扼流圈线圈的直流电阻也只有几百至几千欧。

2）当测得的线圈电阻为无穷大时，表明线圈内部或引出端已断路；当测得的线圈电阻远小于正常值或接近零时，表明线圈局部短路，使用万用表判断线圈局部短路故障有一定的难度，使用代换法检测更可靠。

4. 二极管与三极管

（1）二极管的简易测试

常用的二极管有 2AP、2CP、2CZ 系列。2AP 系列二极管主要用于检波和小电流整流；2CP 系列二极管主要用于较小功率的整流；2CZ 系列二极管主要用于大功率整流。一般在二极管的管壳上注有极性标记；若无标记，可利用二极管的正向电阻小、反向电阻大的特点来判别其极性。同时也可利用这一特点判断二极管的好坏。判断时，常用万用表的电阻挡，对于耐压低、电流小的二极管只能用万用表的 R × 100 或 R × 1k 挡。

1）性能判别。二极管的简易测试方法如图 6–1–27 所示，二极管正向、反向电阻值相差越大越好。两者相差越大，就表明二极管的单向导电特性越好；如果二极管的正向、反向电阻值很相近，表明二极管已坏。若正向、反向电阻值都很小或为零，则说明二极管已被击穿，两电极已短路；若正向、反向电阻值都很大，则说明二极管内部已断路，不能使用。

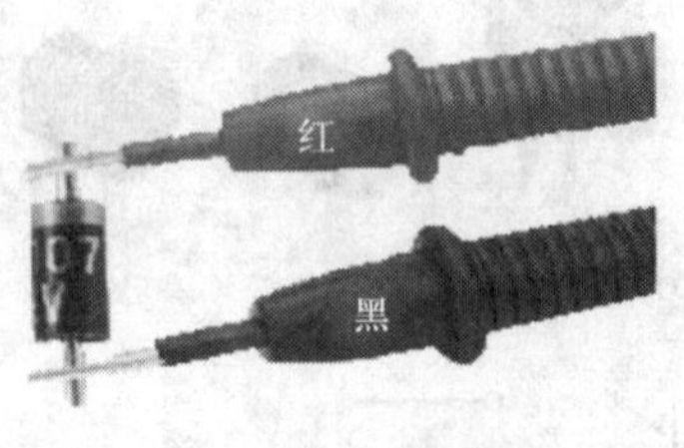

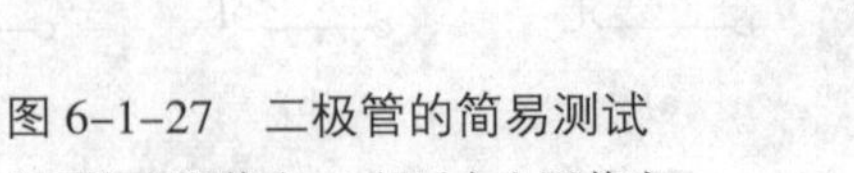

a)　　b)

图 6–1–27　二极管的简易测试

a）正向电阻值小　b）反向电阻值大

2）极性判别。在测试正向、反向电阻时，当测得的电阻值较小时，与黑表笔相连的电极是二极管的正极；当测得的电阻值较大时，与黑表笔相连的电极是二极管的负极。

提示

由于二极管的正向、反向电阻与测量电流的大小相关，因此，一个二极管的正向、反向电阻用不同的电阻挡测量出来的电阻值会有差别。

（2）三极管的简易测试

三极管的外形封装有多种，有塑料的，也有金属的，个头有大有小，其额定电压、额定电流和额定功率相差也很大。三极管的外形如图 6-1-28 所示。

图 6-1-28　三极管的外形

1）确定三极管的基极和类型。首先将万用表置于 R × 1k 或 R × 100 挡。

①假设三个管脚中的任意一个管脚为基极，然后判断基极 b。

把一个表笔接在假设的基极上，另一个表笔分别接另外两个管脚，若测得的电阻值都很大或都很小，调换表笔重新测试。若原来测得的电阻值都很大，调换表笔后测得的电阻值都很小；或原来测得的电阻值都很小，调换表笔后测得的电阻值都很大，说明假设的基极是正确的。如图 6-1-29 所示，若测得的电阻值一大一小，说明假设错误，需重新假设基极并进行测试。

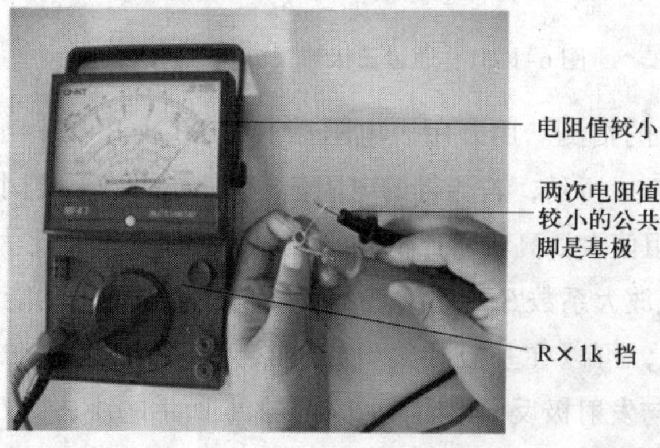

图 6-1-29　用万用表确定基极

②判断管型。以测得的电阻值都很小的一次为准，若黑表笔接的是基极（限于指针表），则该管是 NPN 管型；否则，该管为 PNP 管型，如图 6–1–30 所示。

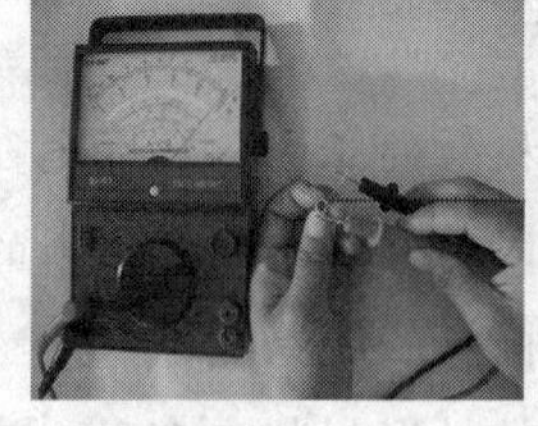

图 6–1–30 判断管型

提示

用万用表测试三极管的准确性约为 95%。在有些情况下测试是不准确的，例如，三极管在高压下被击穿，万用表不能提供足够的电压以显示这个问题；如果三极管被热击穿，万用表也不能提供足够的能量以显示三极管已被热击穿的问题。

2）确定三极管的集电极与发射极。假设待测的两个管脚其中之一为 C 极（集电极），用手将 B 极（基极）与假设的集电极一起捏住（注意，两个管脚不能接触，即把人体电阻并接在 B 极和 C 极间）。若为 NPN 型管，将黑表笔接假设的 C 极，红表笔接假设的 E 极（发射极），若指针摆动较大，说明假设是正确的；反之是错误的。若为 PNP 型管，将红表笔接假设的 C 极，黑表笔接假设的 E 极，若指针摆动较大，说明假设正确；否则不正确。判断出集电极后，另外的管脚是发射极。

提示

除了用万用表判断三极管的极性外，还可以根据图 6–1–31 所示的管脚外形识别法进行判断。

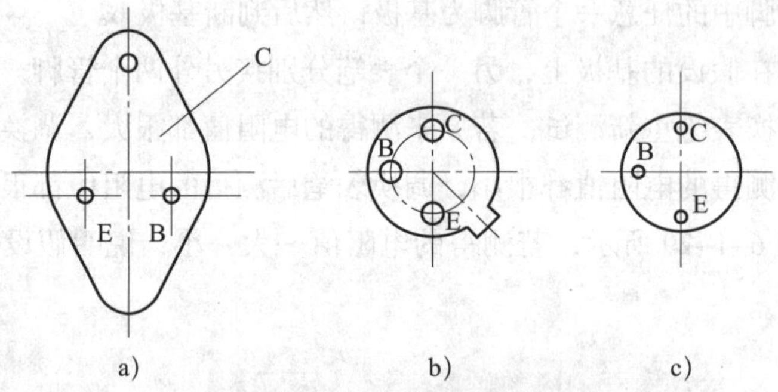

图 6–1–31 通过三极管管脚外形判断极性

3）穿透电流 I_{CEO} 的估测。用万用表电阻挡 R × 100 或 R × 1k 挡测量集电极与发射极反向电阻，如图 6–1–32a 所示，若测得的电阻值越大，说明 I_{CEO} 越小，则三极管稳定性越好。一般硅管比锗管阻值大，高频管比低频管阻值大，小功率管比大功率管阻值大。

4）共发射极电流放大系数 β 的估测。若万用表有测 β 值的功能，可直接测量后读数；若没有测 β 值的功能，可以在基极和集电极间接入一个 100 kΩ 的电阻，如图 6–1–32b 所示。此时，集电极与发射极反向电阻比图 6–1–32a 所示的小，即万用表指针偏摆大，指针偏摆幅度越大，则 β 值越大。

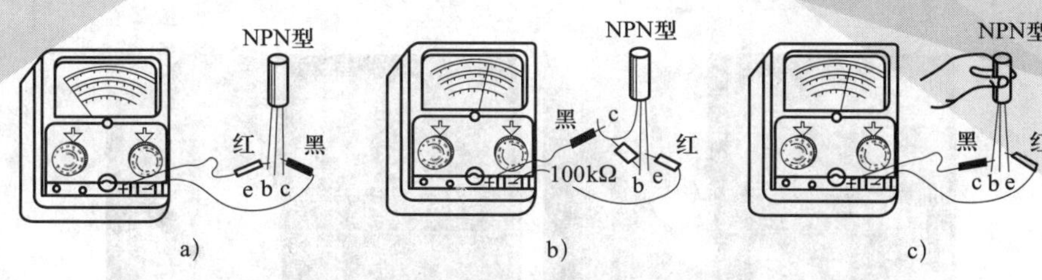

图 6–1–32　三极管性能的简易测试

a）测穿透电流 I_{CEO}　b）测共发射极电流放大系数 β　c）判断稳定性

5）三极管稳定性的判别。在判断 I_{CEO} 的同时，用手捏住管子，如图 6–1–32c 所示。管子受人体温度的影响，集电极与发射极反向电阻值将有所减小，若指针偏摆较大，或者说反向电阻值迅速减小，则管子的稳定性较差。

提示

使用三极管的注意事项：三极管接入电路前，首先要弄清楚管型和管脚；否则使用时轻则电路不能正常工作，重则会导致管子损坏。焊接管脚时，要用镊子夹着管脚引线帮助散热，一般用 45 W 以下的电烙铁。三极管带电时，不能用万用表电阻挡测量极间电阻，也不能带电进行拆装。对大功率三极管，应按要求加装散热片。

5. 晶闸管与单结晶体管

（1）测量晶闸管

晶闸管的实物如图 6–1–33 所示。

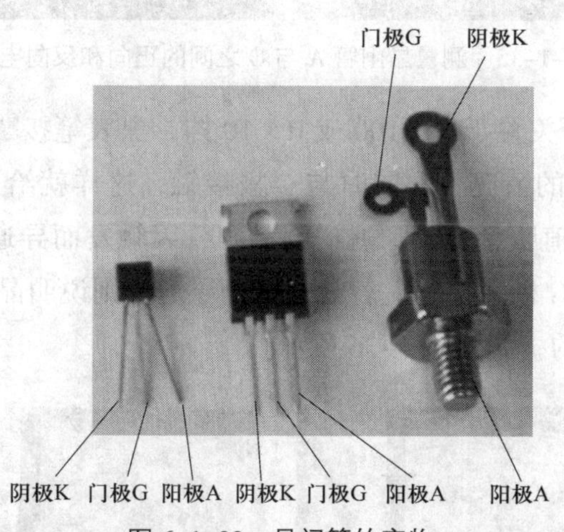

图 6–1–33　晶闸管的实物

1）将万用表转换开关置于 R × 100 或 R × 1k 挡，测量阳极与阴极之间、阳极与门极之间的正向和反向电阻值，正常时很大（几百千欧以上），如图 6–1–34 所示。

2）将万用表转换开关置于 R × 1 或 R × 10 挡，测出门极对阴极的正向电阻值，一般应为几欧至几百欧，反向电阻值比正向电阻值要大一些。其反向电阻值不太大不能说明门极与阴极间短路；大于几千欧时，说明门极与阴极间断路。

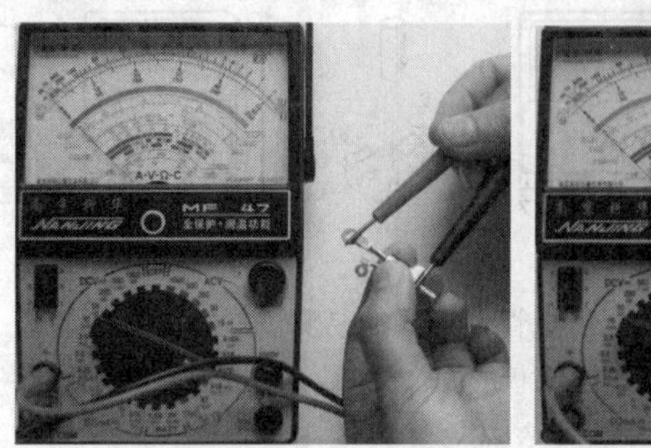
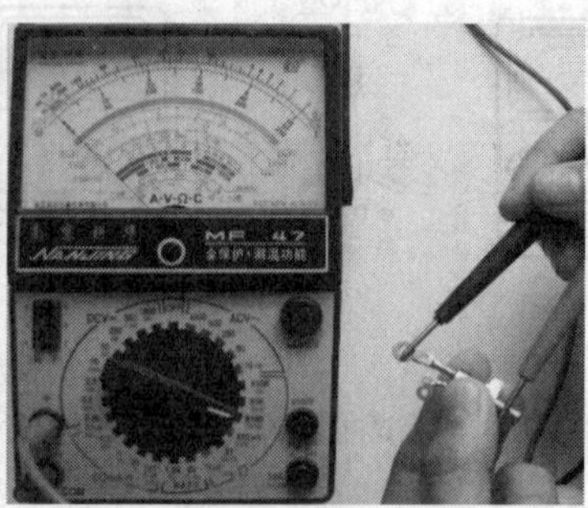

图 6–1–34　测量晶闸管 A 与 K 之间的正向和反向电阻值

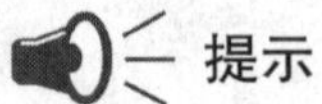
提示

根据以上测量方法可以判别出阳极、阴极与门极，即一旦测出两管脚间呈低阻状态，此时黑表笔所接为 G 极，红表笔所接为 K 极，另一端为 A 极，如图 6–1–35 所示。

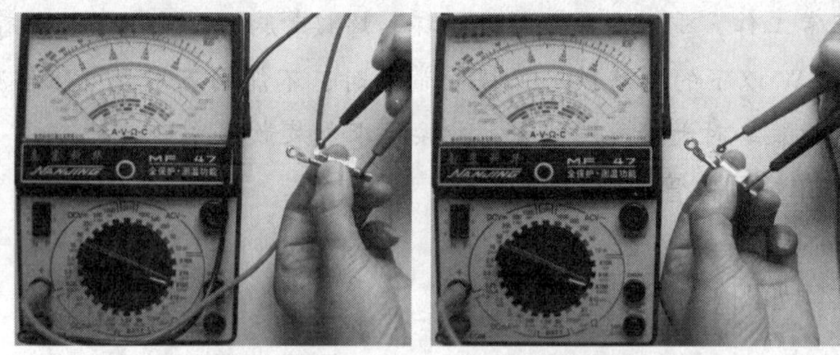

图 6–1–35　测量晶闸管 A 与 G 之间的正向和反向电阻值

3）将万用表转换开关置于 R × 100 或 R × 10 挡，黑表笔接 A 极，红表笔接 K 极，在黑表笔保持与 A 极相接的情况下，同时与 G 极接触，这样就给 G 极加上一个触发电压，可看到万用表上的电阻值明显变小，这说明晶闸管因触发而导通。在保持黑表笔与 A 极相接的情况下，断开与 G 极的接触，若晶闸管仍导通，则说明晶闸管是好的；若不导通，则说明晶闸管一般是坏的，如图 6–1–36 所示。

图 6–1–36　测量晶闸管 G 与 K 之间的正向和反向电阻值

（2）测量单结晶体管

单结晶体管的实物如图 6–1–37 所示。

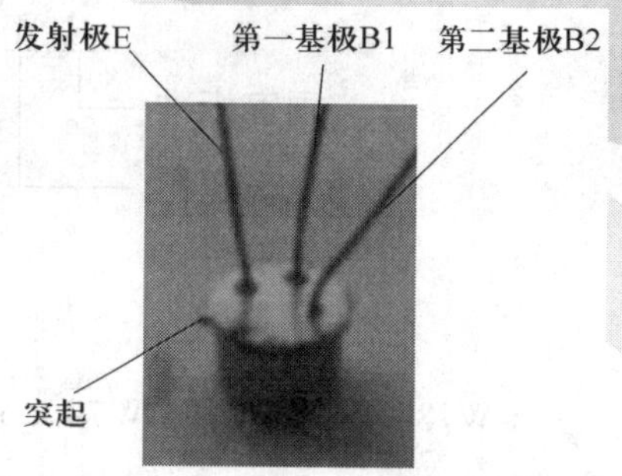

图 6–1–37　单结晶体管的实物

用万用表 R×100 挡，将红表笔和黑表笔分别接单结晶体管任意两个管脚，测量其电阻；接着对调红表笔和黑表笔，测量电阻。若第一次测得的电阻值小，第二次测得的电阻值大，则第一次测试时黑表笔所接的管脚为 E 极，红表笔所接的管脚为 B 极；另一个管脚也是 B 极。E 极对另一个 B 极的测试情况同上。若两次测得的电阻值都一样，为 2 ~ 10 kΩ，那么这两个管脚都为 B 极，另一个管脚为 E 极，如图 6–1–38a 所示。

用万用表 R×100 挡测量 E 极对 B1 极的正向电阻和 E 极对 B2 极的正向电阻，正向电阻稍大一些的是 E 极对 B1 极；正向电阻稍小一些的是 E 极对 B2 极，如图 6–1–38b 所示。

a)

b)

图 6–1–38　测量单结晶体管

a）判别发射极　b）判别基极 B1、B2

提示

单结晶体管的发射极 E 对第一基极 B1 和第二基极 B2 都相当于一个二极管。单结晶体管在结构上 E 极靠近 B2 极。

6. 三端稳压器

固定式三端稳压器有输入端、输出端和公共端三个引出端。此类稳压器属于串联调整式，除了基准、取样、比较放大和调整等环节外，还有较完整的保护电路。常用的 CW78×× 系列是正电压输出，CW79×× 系列是负电压输出。根据国家标准，其型号含义如下：

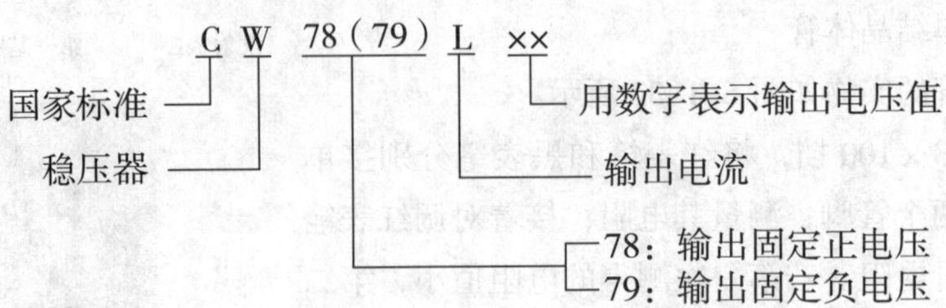

CW78×× 系列和 CW79×× 系列稳压器的管脚功能有较大的差异，使用时必须注意。

三端集成稳压器一般分为 5 V、6 V、9 V、12 V、15 V、18 V、20 V、24 V 等；输出电流分为 0.1 A、0.5 A、1 A、2 A、5 A、10 A 等。三端集成稳压器输出电流字母表示法见表 6-1-3。常见的固定式三端集成稳压器外形如图 6-1-39 所示，其管脚排列图如图 6-1-40 所示。

表 6-1-3　三端集成稳压器输出电流字母表示法

字母	L	M	无字母	S	H	P
电流值（A）	0.1	0.5	1	2	5	10

图 6-1-39　常见的固定式三端集成稳压器外形

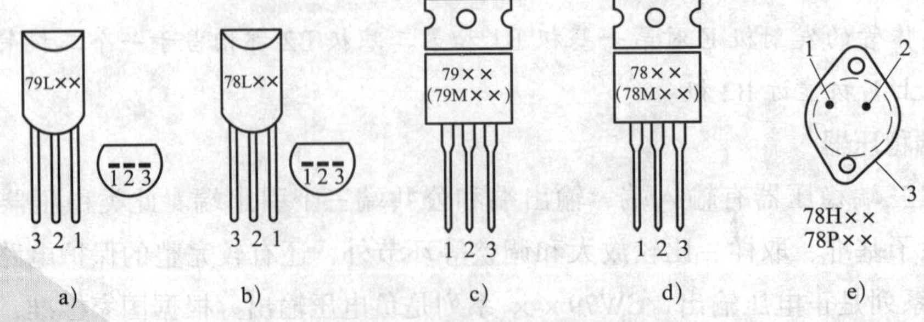

图 6-1-40　三端集成稳压器管脚排列图

a）1—地　2—输入　3—输出　b）1—输出　2—地　3—输入　c）1—地　2—输入　3—输出
d）1—输入　2—地　3—输出　e）1—输入　2—输出　3—地

提示

测量方法：用万用表 R×1k 的欧姆挡正、反向测量稳压器的输出端和输入端，用红表笔接输出端，而黑表笔接输入端，则正向电阻应在 15 ~ 19 kΩ 范围内，而反向电阻应在 6 ~ 8 kΩ 范围内。

用万用表 R×10k 的欧姆挡正、反向测量稳压器的控制端和输入端，用红表笔接控制端，而黑表笔接输入端，则正向电阻应在 98 ~ 101 kΩ 范围内，而反向电阻应为 40 kΩ 左右。

7. 整流桥堆

选用指针式万用表的 R×100 挡或 R×1k 挡，用黑表笔接整流桥堆的某一个管脚，若它与另外三个管脚均呈低阻状态，而表笔对换后该管脚与其他管脚都呈高阻状态，则此端为直流“+”极，其余两端即为交流输入端。在使用时，两交流电极可互换使用。如图 6-1-41 所示为整流桥堆等效电路及管脚图。

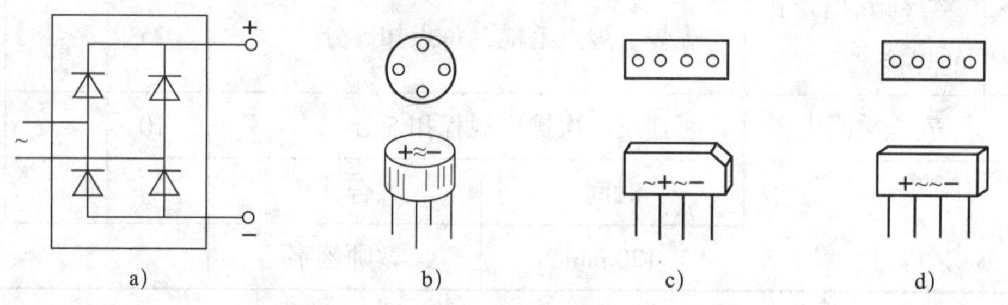

图 6-1-41　整流桥堆等效电路及管脚图

1. 训练内容

手工烙铁焊接练习。

2. 材料和工具准备

材料和工具见表 6-1-4。

表 6-1-4　材料和工具

材料	工具
含有 50 个空心铆钉的铆钉板两块	电烙铁：20 W，1 把
含有 100 个孔的印制电路板一块	尖嘴钳：150 mm，1 把
单股及多股铜导线若干，截面积为 2.5 mm^2	斜口钳：150 mm，1 把
各种焊接片、绝缘套管若干	镊子：1 个

3. 评分标准（见表 6–1–5）

表 6–1–5　　　　　　　　　　评分标准

<table>
<tr><th>序号</th><th>主要内容</th><th colspan="2">评分标准</th><th>配分</th><th>扣分</th><th>得分</th></tr>
<tr><td>1</td><td>在铆钉板的铆钉上焊接圆点</td><td colspan="2">虚焊、焊点毛糙，每点扣 1 分</td><td>10</td><td></td><td></td></tr>
<tr><td>2</td><td>在铆钉板上焊接导线</td><td colspan="2">虚焊、焊点毛糙，每点扣 1 分</td><td>10</td><td></td><td></td></tr>
<tr><td>3</td><td>在印制电路板上焊接导线</td><td colspan="2">虚焊、焊点毛糙，每点扣 1 分</td><td>20</td><td></td><td></td></tr>
<tr><td>4</td><td>导线与导线的焊接</td><td colspan="2">虚焊、焊点毛糙，每点扣 1 分；
导线连接不正确，每处扣 4 分</td><td>25</td><td></td><td></td></tr>
<tr><td>5</td><td>导线和焊接片的焊接</td><td colspan="2">虚焊、焊点毛糙，每点扣 5 分</td><td>25</td><td></td><td></td></tr>
<tr><td>6</td><td>安全文明生产</td><td colspan="2">每违反一次操作规程扣 5 分</td><td>10</td><td></td><td></td></tr>
<tr><td rowspan="2">备注</td><td rowspan="2"></td><td>时间</td><td>合计</td><td></td><td></td><td></td></tr>
<tr><td>120 min</td><td>教师签字</td><td colspan="3"></td></tr>
</table>

4. 训练步骤

具体步骤如下：检查所用电子元器件及工具→在铆钉板的铆钉上焊接圆点→在空心铆钉板上焊接导线→在印制电路板上焊接导线→导线与导线之间的焊接→导线与焊接片之间的焊接→清理现场。

（1）在空心铆钉板的铆钉上焊接圆点（50 个铆钉），先清除空心铆钉表面的氧化层，然后在空心铆钉板各铆钉上焊上圆点。

（2）在空心铆钉板上焊接导线（50 个铆钉），先清除空心铆钉表面的氧化层，清除铜丝表面的氧化层，然后镀锡，并在空心铆钉上进行直插、弯插焊接，如图 6–1–42 所示。

（3）在印制电路板上焊接导线（100 个孔），在保持印制电路板表面干净的情况下，清除铜丝表面的氧化层，然后镀锡，并在印制电路板上进行焊接。

（4）用若干单股短导线，剥去导线端子绝缘层，练习导线与导线之间的焊接。

（5）用单股及多股导线和焊接片练习导线与焊接片之间的绕焊、钩焊与搭接。

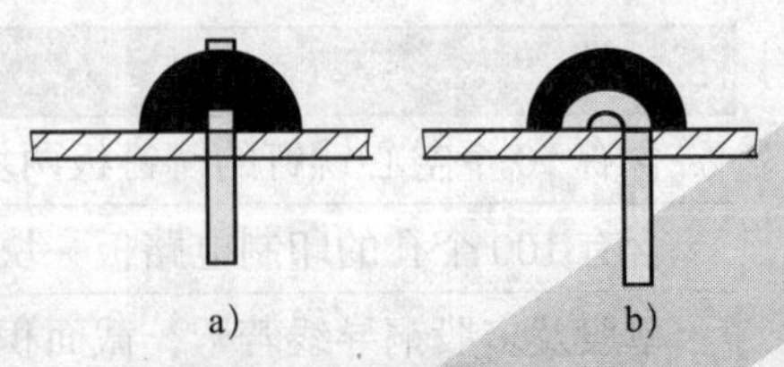

图 6–1–42　直插、弯插焊接
a）直插焊接　b）弯插焊接

提示

（1）焊点要圆润、光滑，焊锡适中，没有虚焊。

（2）剥削导线绝缘层时不要损伤铜芯。导线连接方法要正确、牢固。

（3）导线与导线焊接前要套上绝缘套管，焊接后将绝缘套管放到焊接处以对外绝缘。

1. 训练内容

识别和测试电阻器、电位器、电容器、电感器。

2. 材料和仪表准备

材料和仪表见表 6–1–6。

表 6–1–6　材料和仪表

材料	数量	仪表	数量
各类电阻器	各 1 个	万用表	1 块
各类电位器	各 1 个	电容表	1 块
各类电感器	空心线圈、磁心线圈、铁心线圈、色码电感线圈、固定电感线圈各 1 个		
各类电容器（包括坏电容器）	瓷片电容器、瓷管电容器、云母电容器、金属化纸介电容器、涤纶电容器、铝电解电容器、单联可变电容器、瓷介微调电容器各 1 个		

3. 评分标准（见表 6–1–7）

表 6–1–7　评分标准

序号	主要内容	评分标准	配分	扣分	得分
1	电阻器的识别与测量	1. 读出电阻器色环电阻值，满分 20 分，每错 1 个扣 2 分 2. 测量出无标志电阻器的电阻值，满分 20 分，每错 1 个扣 2 分	40		
2	电位器的识别与测量	1. 不会判别好坏扣 10 分 2. 不会识别扣 10 分	20		

续表

序号	主要内容	评分标准		配分	扣分	得分
3	电感器的识别与测量	1．不会判别好坏扣 10 分 2．不会识别扣 10 分		20		
4	电容器的识别与测量	1．读出电容器色环电容值，满分 10 分，每错 1 个扣 2 分 2．不会识别扣 5 分 3．不会判别好坏扣 5 分		20		
备注		时间	合计			
		60 min	教师签字			

4. 训练步骤

具体步骤如下：检查所用电子元器件→进行电阻的识别→用万用表测量电阻→用万用表测量电位器→电容器的识别与测试→电感器的识别与测试→做好记录。

（1）电阻的识别

1）制作色环电阻板若干块，每块可放置不同的色环电阻 20 个，由学生注明该色环电阻的电阻值，并互相交换，反复练习识别速度和准确性。

2）制作标示具体电阻值的电阻板若干块，每块放置不同电阻值的电阻 20 个，由学生注明该电阻的色环和分类，并相互交换，反复练习。

（2）用万用表测量电阻

选用无色环、无数值标志的不同电阻值的电阻若干个，用万用表进行测量，要求测量快速、准确，区分正确。

（3）用万用表测量电位器

1）测量两固定端的电阻值。

2）测量中间滑动片与固定端间的电阻值，旋转电位器，观察其电阻值变化情况。

（4）将识别及测量结果填入表 6–1–8 中。

表 6–1–8　　电阻器的识别及测量

由色环写出具体数值				由具体数值写出色环			
色环	电阻值	色环	电阻值	电阻值	色环	电阻值	色环
棕黑黑		棕黑红		0.5 Ω		2.7 kΩ	
红黄黑		紫棕棕		1 Ω		3 kΩ	
橙橙黑		橙黑绿		36 Ω		5.6 kΩ	
黄紫橙		蓝灰橙		220 Ω		6.8 kΩ	

续表

由色环写出具体数值				由具体数值写出色环			
色环	电阻值	色环	电阻值	电阻值	色环	电阻值	色环
灰红红		红紫黄		470 Ω		8.2 kΩ	
白棕黄		紫绿棕		750 Ω		24 kΩ	
黄紫棕		棕黑橙		1 kΩ		39 kΩ	
橙黑棕		橙橙橙		1.2 kΩ		47 kΩ	
紫绿红		红红红		1.8 kΩ		100 kΩ	
白棕棕				2 kΩ		150 kΩ	
读出色环电阻值					注：20 分满分，每错 1 个扣 2 分		
测量出无标志电阻值					注：20 分满分，每错 1 个扣 2 分		
电位器的测量	固定端电阻值		型号及含义			质量好坏	

（5）电容器的识别及测试

先在若干个电容器中除去不能使用的电容器（短路和断路的电容器），接着在好的电容器中再确定它们的漏电阻大小，并判别哪些是电解电容器。自行绘制表格进行记录。

（6）电感器的识别及测试

1）用万用表测量电感线圈的电阻值。根据电阻值判断电感线圈是正常、短路还是断路。

2）识别各类电感器的型号及固定电感器的电感量。

3）自行绘制表格进行记录。

提示

（1）测量元器件时，不要并入人体电阻。

（2）每改变万用表欧姆挡量程时都要调零。

（3）使用万用表判断电感线圈局部短路故障有一定的难度，使用代换法检测更为可靠。

1. 训练内容

半导体器件的识别与测试训练。

2. 材料和仪表准备

准备有或无标记的好、坏二极管各 5 个，有或无标记的好、坏三极管各 5 个；准备万用表 1 块。

3. 评分标准（见表 6–1–9）

表 6–1–9　　　　评分标准

<table>
<tr><th>序号</th><th>主要内容</th><th colspan="2">评分标准</th><th>配分</th><th>扣分</th><th>得分</th></tr>
<tr><td>1</td><td>二极管的识别与测试</td><td colspan="2">1. 不会判别好坏，每个扣 5 分
2. 不会识别管脚，每个扣 5 分</td><td>50</td><td></td><td></td></tr>
<tr><td>2</td><td>三极管的识别与测试</td><td colspan="2">1. 不会判别好坏，每个扣 5 分
2. 不会识别管脚，每个扣 5 分</td><td>50</td><td></td><td></td></tr>
<tr><td rowspan="2">备注</td><td rowspan="2"></td><td>时间</td><td>合计</td><td></td><td></td><td></td></tr>
<tr><td>20 min</td><td>教师签字</td><td colspan="3"></td></tr>
</table>

4. 训练步骤

具体步骤如下：检查所用电子元器件→测试有标记的二极管和三极管→测试无标记的二极管和三极管→做好记录。

（1）先测试有标记二极管的极性、性能和好坏，然后测试有标记三极管的管型、管脚、性能和好坏，将上述测试结果与实际标记进行对照。

（2）先测试无标记二极管的极性、性能和好坏，再测试无标记三极管的管型、管脚、性能和好坏。

（3）训练完毕，根据自己的训练情况写出训练报告。

提示

（1）测量时注意正确使用万用表的量程，一般用 R×100 和 R×1k 挡。

（2）训练报告中要写出元器件的测试方法、测试的难点与收获。

课题二　单相桥式整流滤波电路的安装与调试

学习目标

1. 掌握单相桥式整流滤波电路的工作原理。
2. 能进行单相桥式整流滤波电路的安装。
3. 能进行单相桥式整流滤波电路的调试。

将交流电转换为直流电的过程称为整流，单相整流电路整流后得到的是脉动直流电，其中含有较大的交流成分，所以要滤除它的交流成分，保留直流成分，即将脉动变化的直流电变成平滑的直流电，这就是滤波。单相整流滤波电路用于将电网交流电压 220 V 进行整流，变成脉动直流电，然后经过滤波，输出较为平滑的直流电。常见的单相整流电路有单相半波整流电路、单相全波整流电路和单相桥式整流电路等。

在整流滤波电路中，单相桥式整流滤波电路应用最为广泛，其原理图如图 6–2–1 所示。

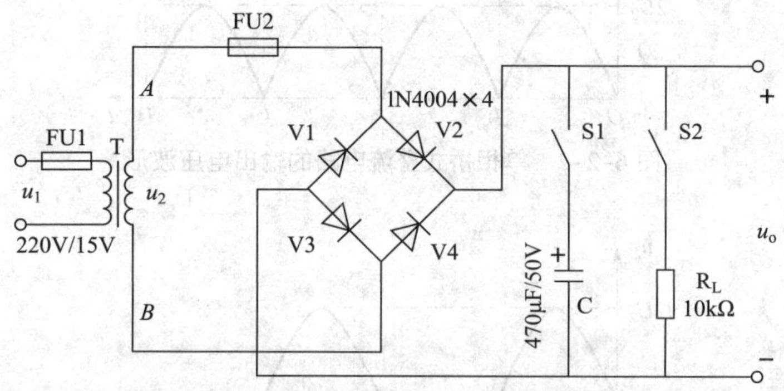

图 6–2–1　单相桥式整流滤波电路原理图

一、电路原理与分析

1. 当开关 S1 断开、S2 合上时，该电路为单相桥式整流电路。

当变压器二次交流电压 u_2 为正半周时，二次绕组的上部为正极，下部为负极，V2 管、V3 管导通，V1 管、V4 管截止，电流的流通路径如下：从 *A* 点出发，经过 V2 管和负载 R_L，再经过 V3 管回到 *B* 点。若忽略二极管的正向压降，可以认为 R_L 上的电压 u_o 与 u_2 几乎相等，即 $u_o=u_2$。当 u_2 为负半周时，下部为正极，上部为负极，V1 管、V4 管导通，V2 管、V3 管截止，电流的流通路径如下：从 *B* 点出发，经过 V4 管和负载 R_L，再经过 V1 管回到 *A* 点。若忽略二极管的正向压降，可以认为 $u_o=-u_2$，由此可见，在 u_2 的正半周和负半周都有同一方向的电流通过 R_L，四个二极管中两个为一组，两组轮流导通，在负载上即可得到全波脉动的直流电压和电流，所以这种整流电路属于全波整流类型。单相桥式整流电路的输出电压波形如图 6–2–2 所示。

单相桥式整流电路在负载 R_L 上得到的波形是全波脉动直流电，其中负载 R_L 上的全波脉动直流电压平均值 $U_o=0.9U_2$（式中 U_2 为变压器二次电压有效值）。

而流过负载的电流平均值 $I_L=\dfrac{U_o}{R_L}$。

2. 当开关 S1 和 S2 都合上，接电容 C 时，该电路为单相桥式整流电容滤波电路。

交流电压经过整流二极管 V1 ~ V4 整流后，再利用电容 C 进行滤波，其输出电压波形如图 6–2–3 所示。

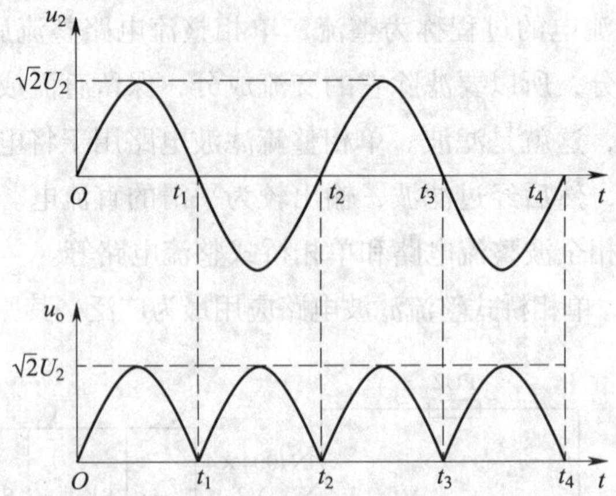

图 6-2-2　单相桥式整流电路的输出电压波形

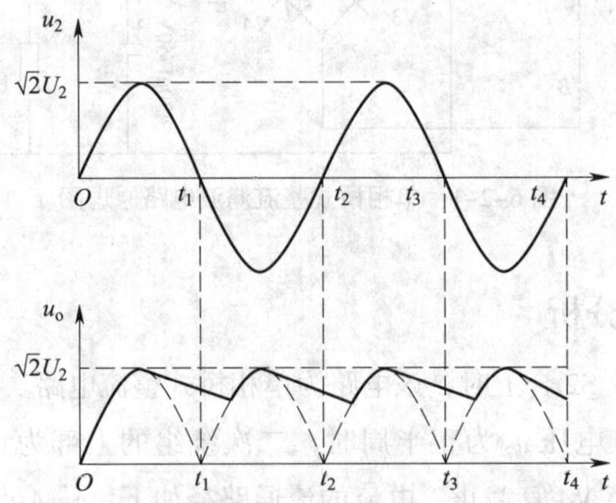

图 6-2-3　单相桥式整流滤波电路的输出电压波形

单相桥式整流电路经过电容滤波后，有关电压和电流的估算可以参考表 6-2-1。

表 6-2-1　　单相桥式整流滤波电路电压和电流的估算

整流电路形式	输入交流电压（有效值）	整流电路输出电压		整流器件上电压和电流	
		负载开路时的电压	带负载时的电压（估计值）	最大反向电压 U_{RM}	电流 I_F
桥式整流	U_2	$\sqrt{2}U_2$	$1.2U_2$	$\sqrt{2}U_2$	$\frac{1}{2}I_L$

二、单相桥式整流滤波电路的安装与调试

1. 电路的安装

（1）所需工具、仪表及器材见表 6-2-2。

表 6-2-2　工具、仪表及器材

序号	名称	型号与规格	单位	数量	备注
1	电源变压器 T	220 V/15 V	台	1	
2	整流二极管 V1、V2、V3、V4	1N4004	个	4	
3	电解电容器 C	470 μF/50 V	个	1	
4	电阻器 R_L	10 kΩ	个	1	
5	开关 S1、S2	单刀单掷	个	2	
6	熔断器 FU1	0.5 A	个	1	
7	熔断器 FU2	0.05 A	个	1	
8	通用示波器		台	1	
9	万用表		块	1	
10	常用电子工具		套	1	
11	试验板	50 mm × 50 mm × 5 mm	块	1	
12	松香和焊丝			若干	

（2）根据表 6-2-2 配齐元器件，并用万用表检查元器件的性能及好坏。

（3）清除元器件的氧化层并进行搪锡。

（4）剥去电源连接线及负载连接线的线端绝缘层，清除氧化层，均进行搪锡。

（5）二极管、电解电容器应正向连接，否则可能会烧毁二极管和电容器。

（6）插装元器件，经检查无误后，用硬铜导线根据电路的电气连接关系进行配线并焊接固定。焊接元器件时，可用镊子夹住焊件的引线，这样既方便焊接，又有利于散热。

（7）不可出现虚焊、漏焊现象，一经发现应及时纠正。

组装好的电路板如图 6-2-4 所示，其焊接面如图 6-2-5 所示。

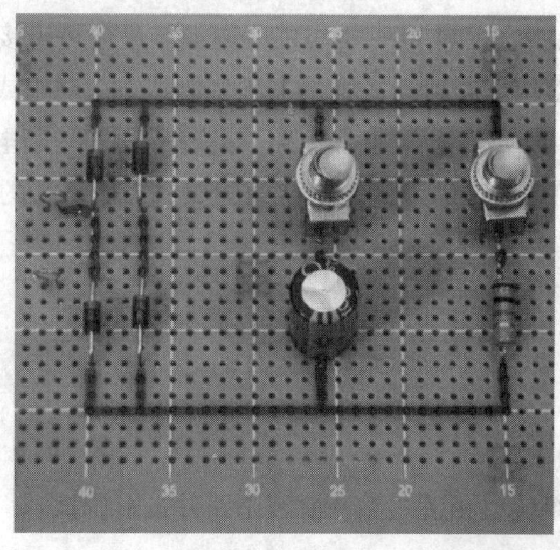

图 6-2-4　单相桥式整流滤波电路的电路板

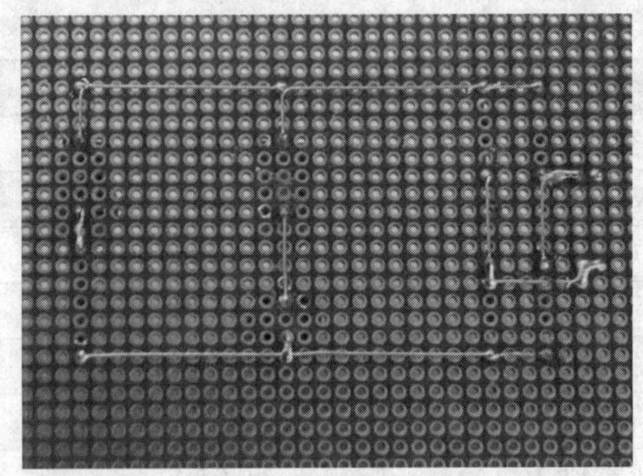

图 6–2–5　单相桥式整流滤波电路的焊接面

2. 调试

（1）在配电板上安装变压器、熔断器、开关等元器件。同时，要求做好电源引线的连接和电路板交流输入端的连接。

（2）检查各元器件有无错焊、漏焊和虚焊等情况，并判断接线是否正确。

（3）接通电源，观察有无异常情况，在开关 S1 和 S2 处于各种状态时，将万用表的量程转换开关置于直流 50 V 挡，用万用表测量输出电压的平均值。测量时，红表笔接输出端正极，黑表笔接输出端负极，空载输出电压应为 18 V 左右。

（4）若输出电压不稳定，则应检查电源电压是否波动。输出电压应随电源电压的上升而上升，随电源电压的下降而下降。

（5）若输出电压为 13.5 V 左右，则说明滤波电容脱焊或已损坏。

（6）若输出电压为 6.7 V 左右，则说明除滤波电容脱焊或已损坏外，整流桥某个臂脱焊或有一个二极管断路。

（7）若输出电压为 0 V，变压器又无异常发热现象，则是电源变压器一次绕组或二次绕组断开或未接妥，或是熔丝已熔断，也可能是电源与整流桥未接妥。

（8）若接通电源后熔丝立即熔断，则是电源变压器一次绕组或二次绕组已短路，或是整流桥中一个二极管反接，或是滤波电容短路。此时应立即切断电源，查明原因。FU1 熔断为一次绕组短路。FU1、FU2 熔断为二次绕组短路，FU2 熔断的主要原因是电容 C 短路或二极管反接等。

技能训练

1. 训练内容

如图 6–2–6 所示，组装单相桥式整流滤波电路并进行调试。

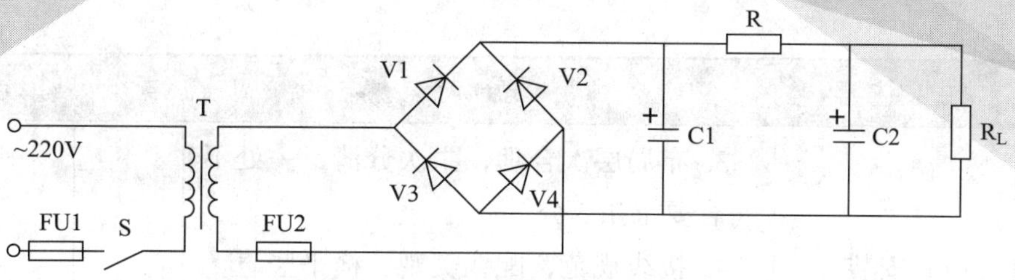

图 6-2-6　单相桥式整流滤波电路

2. 工具、仪表、设备及材料准备

工具、仪表、设备及材料见表 6-2-3。

表 6-2-3　　工具、仪表、设备及材料

序号	名称	型号与规格	单位	数量	备注
1	电源变压器 T	220 V/18 V	台	1	
2	整流二极管 V1、V2、V3、V4	1N4001	个	4	
3	电解电容器 C1、C2	100 μF/50 V	个	2	
4	电阻器 R	51 Ω/1 W	个	1	
5	电阻器 R_L	10 kΩ/0.25 W	个	1	
6	开关 S	单刀单掷	个	2	
7	熔断器 FU1	0.5 A	个	1	
8	熔断器 FU2	0.05 A	个	1	
9	通用示波器		台	1	
10	万用表		块	1	
11	常用电子工具		套	1	
12	试验板	50 mm × 50 mm × 5 mm	块	1	

3. 评分标准（见表 6-2-4）

表 6-2-4　　评分标准

序号	主要内容	评分标准	配分	扣分	得分
1	电路安装	1. 电路安装正确、完整，一处不符合要求扣 10 分 2. 元器件完好，无损坏，一处损坏扣 5 分	50		

续表

序号	主要内容	评分标准		配分	扣分	得分
1	电路安装	3. 布局层次合理，主次分清，一处不符合要求扣 5 分 4. 接线规范，配线美观，横平竖直，接线牢固，无虚焊，焊点符合要求，一处不符合要求扣 2 分				
2	调试	通电调试不成功，扣 30 分		30		
3	输出电压平均值的测量	正确使用万用表测量输出电压平均值，一处错误扣 5 分		10		
4	安全文明生产	每违反一次操作规程扣 5 分		10		
备注		时间	合计			
		100 min	教师签字			

4. 训练步骤

具体步骤如下：检查所用电子元器件→清除氧化层→摆放元器件→插接元器件→焊接→通电调试→清理现场。

（1）先准备好常用的电子常用工具。

（2）根据表 6–2–3 准备好相应的元器件。

（3）考虑元器件的合理布局并进行插接。

（4）按照焊接五步操作法进行焊接。

（5）经检查无误后进行调试，用万用表测量输出端的电压值。

课题三　串联型稳压电源的安装与调试

学习目标

1. 掌握串联型稳压电源的原理。
2. 能进行串联型稳压电源的安装与调试。

在各种电子设备中都需要由稳定的直流电源供电。通常将电网电压提供的 50 Hz 正弦交流电经过变换来获得所需要的直流电。单相直流稳压电源按照使用的元器件不同分为分

立元件稳压电源和集成稳压电源两种，前者最常用的是串联型稳压电源。

串联型稳压电源具有输出电流较大、带负载能力强而且稳压性能较好的特点，串联型稳压电源电路原理图如图 6-3-1 所示。

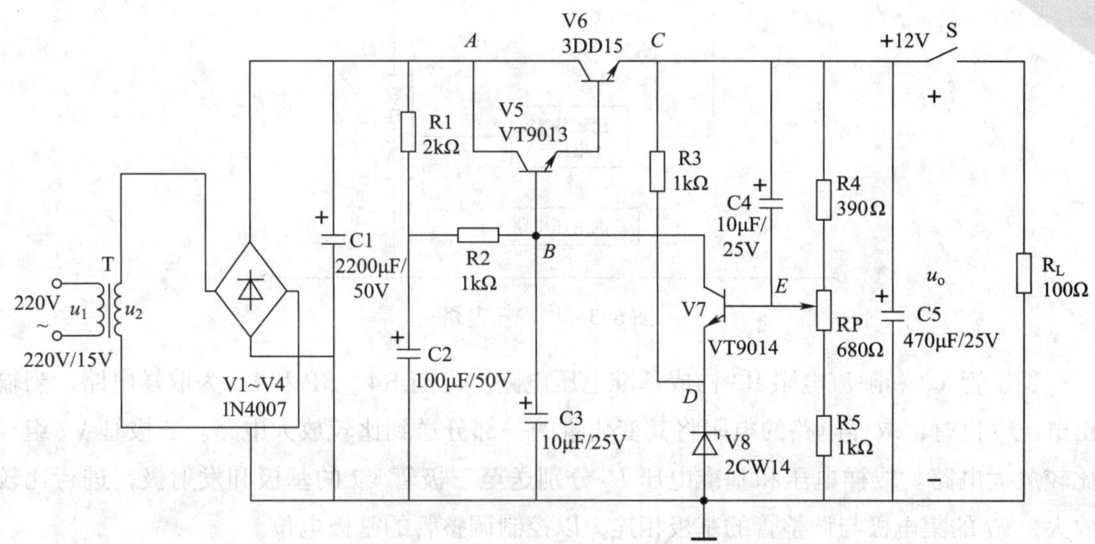

图 6-3-1　串联型稳压电源电路原理图

一、电路原理与分析

1. 电路的组成

串联型稳压电源电路的组成框图如图 6-3-2 所示。

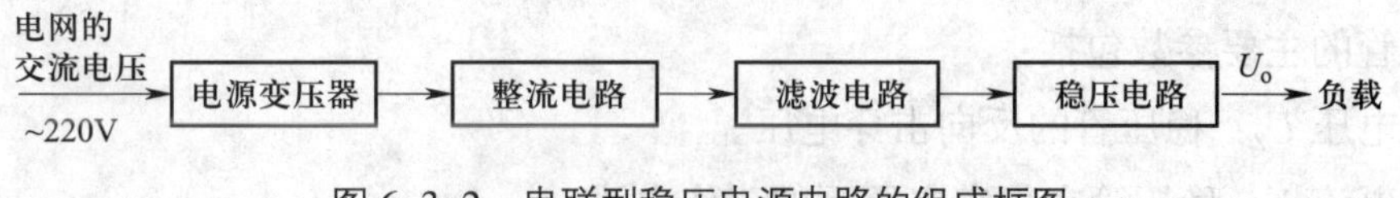

图 6-3-2　串联型稳压电源电路的组成框图

（1）电源变压器 T

电源变压器 T 的作用是将 220 V 电网电压变换为整流电路所要求的交流电压。

（2）整流电路

整流二极管 V1 ~ V4 构成单相桥式整流电路，它的作用是将交流电压变换为脉动直流电压。

（3）滤波电路

滤波电路由滤波电容 C1 组成，它的作用是将脉动的直流电变换为平滑的直流电。

（4）稳压电路

稳压电路的作用是使直流电源的输出电压稳定，基本不受电网电压或负载变动的影响。图 6-3-1 所示的串联型直流稳压电路的方框图如图 6-3-3 所示，它由基准电压电路、取样电路、比较放大电路和调整管组成。三极管 V5 和 V6 组成复合调整管，接成射极输出形式，因为它与负载 R_L 相串联，所以称为串联型直流稳压电路。

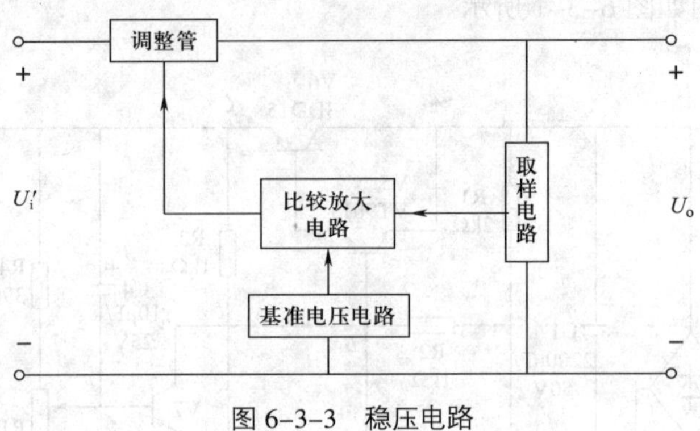

图 6–3–3　稳压电路

稳压管 V8 和限流电阻 R3 构成基准电压电路。电阻 R4、RP 和 R5 为取样电路，当输出电压变化时，取样电路的电阻将其变化量的一部分送到比较放大电路。三极管 V7 组成比较放大电路。取样电压和基准电压 U_Z 分别送至三极管 V7 的基极和发射极，进行比较放大，V7 的集电极与调整管的基极相连，以控制调整管的基极电位。

图 6–3–1 中的二极管 V8 是稳压二极管，简称稳压管。它是一种用特殊工艺制造的面接触型二极管，在电路中能起到稳定电压的作用。稳压管的正向特性与普通硅二极管相同，但是它的反向击穿特性更为陡直。稳压管通常工作于反向击穿区，只要击穿后反向电流不超过极限值，稳压管就不会发生热击穿损坏，为此必须在电路中串接限流电阻。稳压管反向击穿后，当流过稳压管的电流在很大的范围内变化时，管子两端的电压几乎不变，从而可以获得一个稳定的电压。稳压二极管的类型很多，主要有 2CW、2DW 系列。

稳压管的主要参数包括：

稳定电压 U_Z：稳压管的反向击穿电压。

稳定电流 I_Z：稳压管在稳定电压下的工作电流。

2. 稳压原理

假设由于某种原因（如电网电压波动或者负载电阻变化等）使输出电压 U_o 上升，取样电路将这一变化趋势送到比较放大管 V7 的基极，与发射极基准电压 U_Z 进行比较，并且将两者的差值进行放大，V7 管集电极电位 U_{C7}（即调整管的基极电位 U_{B5}）降低。由于调整管采用射极输出形式，因此输出电压 U_o 必然降低，从而保证 U_o 基本稳定。其稳定过程可以表示如下：

$$U_o\uparrow\rightarrow U_{B7}\uparrow\rightarrow U_{BE7}\uparrow\rightarrow I_{C7}\uparrow\rightarrow U_{C7}\ (U_{B5})\downarrow\rightarrow U_o\downarrow$$

若输出电压降低，则有以下稳压过程：

$$U_o\downarrow\rightarrow U_{B7}\downarrow\rightarrow U_{BE7}\downarrow\rightarrow I_{C7}\downarrow\rightarrow U_{C7}\ (U_{B5})\uparrow\rightarrow U_o\uparrow$$

调节电位器 RP 可以调节输出电压 U_o 的大小，使其在一定的范围内变化。

二、串联型稳压电源的安装与调试

1. 安装

（1）所需工具、仪表及器材见表 6–3–1。

表 6–3–1　　工具、仪表及器材

序号	名称	型号与规格	单位	数量	备注
1	电源变压器 T	220 V/15 V	台	1	
2	整流二极管 V1 ~ V4	1N4007	个	4	
3	稳压二极管 V8	2CW14	个	1	
4	三极管 V5	9013	个	1	
5	三极管 V6	3DD15	个	1	
6	三极管 V7	9014	个	1	
7	电位器 RP	680 Ω	个	1	
8	电阻器 R1	2 kΩ	个	1	
9	电阻器 R2、R3、R5	1 kΩ	个	3	
10	电阻器 R4	390 Ω	个	1	
11	电阻器 R_L	100 Ω	个	1	
12	开关 S	单刀单掷	个	1	
13	电解电容器 C1	2 200 μF/50 V	个	1	
14	电解电容器 C2	100 μF/50 V	个	1	
15	电解电容器 C3、C4	10 μF/25 V	个	2	
16	电解电容器 C5	470 μF/25 V	个	1	
17	铝质散热片	自定		1	
18	试验板	50 mm × 50 mm × 5 mm	块	1	
19	电子工具		套	1	
20	万用表		块	1	
21	示波器		台	1	
22	松香和焊丝			若干	

（2）根据表 6–3–1 配齐电路元器件并检测元器件。

（3）清除元器件的氧化层并进行搪锡。

（4）剥去电源连接线及负载连接线的线端绝缘层，清除氧化层，均进行搪锡。

（5）稳压二极管应反向连接。

（6）插装元器件，经检查无误后，用硬铜导线根据电路的电气连接关系进行配线并焊接固定。焊接元器件时，可用镊子夹住焊件的引线，这样既方便焊接，又有利于散热。

（7）不可出现虚焊、漏焊现象，一经发现应及时纠正。

组装好的电路板如图 6–3–4 所示，其焊接面如图 6–3–5 所示。

图 6–3–4　组装好的电路板

2. 调试

（1）空载时工作电压的测量

将开关 S 断开，调节电位器 RP，使输出电压 U_o 为 12 V。测量电路中各点的电压，如图 6–3–6 所示。将测得的结果填入表 6–3–2 中。

图 6–3–5　焊接面

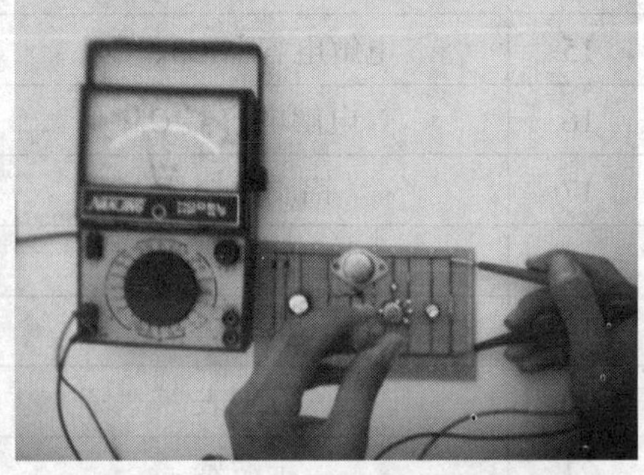

图 6–3–6　测量电路中各点的电压

表 6–3–2　　空载时的工作电压

U_A	U_B	U_C	U_D	U_E

（2）稳压电源内阻的测量

将开关 S 合上，电源接负载电阻 R_L=100 Ω，用万用表测量电源的输出电压 u_o'，那么电源的内阻 $r=\left(\frac{u_o}{u_o'}-1\right)\times R_L$，将结果填入表 6–3–3 中。

表 6–3–3　　稳压电源内阻的测量

u_o	R_L	u_o'	r

1. 训练内容

安装及调试串联型可调稳压电源电路。电路图如图 6–3–7 所示。

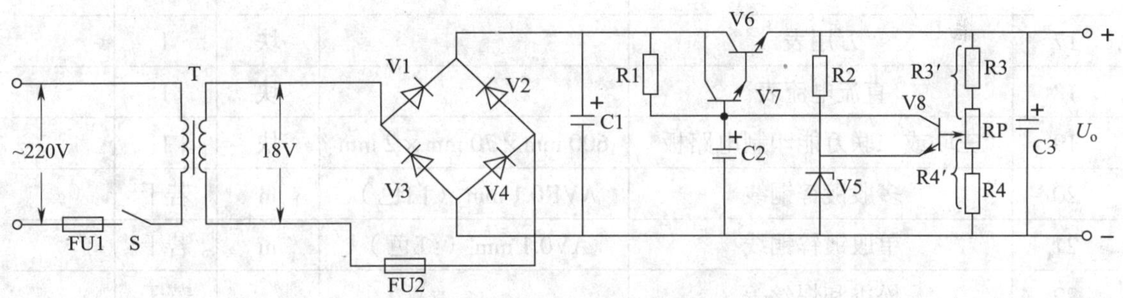

图 6–3–7　串联型可调稳压电源电路

2. 工具、仪表、设备及材料准备

工具、仪表、设备及材料见表 6–3–4。

表 6–3–4　　工具、仪表、设备及材料

序号	名称	型号与规格	单位	数量	备注
1	电源开关 S	单刀单掷	个	1	
2	电源变压器 T	220 V/18 V	台	1	
3	熔断器 FU1	1 A	个	1	
4	二极管 V1 ~ V4	2CZ11K	个	4	
5	稳压管 V5	2CW56	个	1	
6	三极管 V6	3DG12	个	1	
7	三极管 V7、V8	3DG6	个	2	
8	电容器 C1	100 μF/50 V	个	1	

续表

序号	名称	型号与规格	单位	数量	备注
9	电容器 C2	10 μF/25 V	个	1	
10	电容器 C3	500 μF/16 V	个	1	
11	电阻 R1、R2	1 kΩ	个	2	
12	电阻 R3	510 Ω	个	1	
13	电阻 R4	300 Ω	个	1	
14	电位器 RP	470 Ω ~ 1 kΩ	个	1	
15	熔断器 FU2	0.4 A	个	1	
16	电子通用工具	电烙铁、镊子、平口钳、钢直尺、钢卷尺、扳手、锥子等	套	1	
17	万用表		块	1	
18	直流电流表		块	1	
19	三联或二联万能印制电路板	600 mm × 70 mm × 2 mm	块	1	
20	多股镀锌铜线	AVR0.1 mm^2（白色）	m	若干	
21	单股镀锌铜线	AV0.1 mm^2（红色）	m	若干	
22	松香和焊丝等			若干	

3. 评分标准见表 6–2–4。

4. 训练步骤

具体步骤如下：检查所用电子元器件→清除氧化层→摆放元器件→插接元器件→焊接→通电调试→清理现场。

（1）安装

按照安装步骤进行该电路的安装。

（2）调试

1）仔细检查安装完毕的电子线路，经确认无误后，接通电源进行调试。

提示

测量电压时，必须选择适宜的量程且要注意交流与直流的区别，测直流时正极、负极不能接错。

2）先用万用表交流电压挡测量变压器二次电压 U_2（约为 18 V），然后用万用表直流电压挡测量电容器 C1 两端的电压（约为 22 V），接着再测量稳压管 V5 两端的电压（约为 7 V），最后测量输出电压 U_o（约为 12 V）。

3）调节电位器 RP，使输出端电压 U_o 在一定范围（10 ~ 14 V）内变化。

提示

用万用表直流 50 V 挡测量输出端电压。将 RP 向上调节时，输出电压会随之变大，调至极限位置时，输出电压约为 14 V；将 RP 向下调节，输出电压会随之变小；调至极限位置时，输出电压约为 10 V。

课题四　基本放大电路的安装与调试

学习目标

1. 掌握基本放大电路的原理。
2. 能按照电子电路图安装与调试基本放大电路。

用电子元器件把微弱的电信号（如电压、电流、功率等）增强到所需值的电路称为放大电路。常见的放大电路有固定偏置放大电路、射极输出器等。对放大器，一般要求它具有足够的放大倍数和一定的通频带，非线性失真要小而且工作要稳定。下面以单级固定偏置放大电路为例来说明基本放大电路的安装与调试。

一、识读电路图

1. 电路的组成

用三极管组成放大器时，根据公共端（电路中各点电位的参考点）的不同，有三种连接方法，即共发射极电路、共集电极电路和共基极电路。应用最广泛的共发射极基本放大器如图 6–4–1 所示。电路中各元器件的作用分别如下：

（1）三极管 V

三极管是放大器的核心，起电流放大作用，它可以将微小的基极电流变化量转换成较大的集电极电流变化量。

（2）基极偏置电阻 R_B 和 RP′

U_{CC} 经 R_B 和 RP′ 为三极管提供合适的基极电流 I_B（称为基极偏置电流）。

（3）集电极负载电阻 R_C

集电极负载电阻 R_C 的作用是将集电极电流的变化量变换成集电极电压的变化量。

（4）耦合电容 C1 和 C2

耦合电容 C1 和 C2 的作用有两点：一是隔直流，使三极管中的直流电路与输入端之前的以及输出端之后的直流电路隔开，不受它的影响；二是通交流，当 C1、C2 的电容量足够大时，它们对交流信号呈现的容抗很小，可以近似认为短路，这样就可以使交流信号顺利通过。在低频范围内，C1 和 C2 应当选用容量较大的电解电容，一般为几微法至几十微法。若信号频率较高，则可选用小容量的电容。

（5）信号源电压 u_s 和负载电阻 R_L

信号源和负载不是放大器的组成部分，但它们对放大器有影响。必须注意，电路图中的负载电阻 R_L 并不一定是一个实际的电阻器，还可能表示某种用电设备，如仪表、扬声器、显像管、继电器或者下一级放大电路。

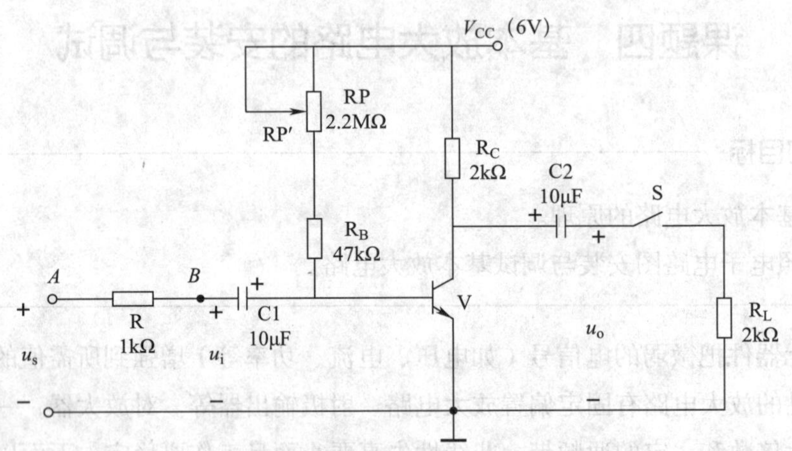

图 6–4–1　固定偏置放大电路原理图

2. 电路原理分析

交流信号通过电容器 C1 加到三极管 V 的基极和发射极之间。这时基极和发射极间的电压 u_{BE} 发生了变化，基极电流 i_B 也发生了改变。输入的交流信号 u_i 叠加在 U_{BEQ} 上；U 在正、负半周时，U_{BEQ} 都大于零，三极管发射结处于正向偏置；这样相应的交流电流 i_b 叠加在 I_{BQ} 上，放大电路工作在放大状态，保证输出完整的波形。由于在放大电路的输出端采用了电容器 C2，使直流电流 I_{CQ} 和直流电压 U_{CEQ} 不能通过，只输出交流 i_c 和 u_{ce}。

二、固定偏置放大电路的安装与调试

1. 工具、仪表、设备及材料准备

工具、仪表、设备及材料见表 6–4–1。

表 6–4–1　　工具、仪表、设备及材料

序号	名称	型号与规格	单位	数量	备注
1	三极管 V	9013	个	1	
2	电位器 RP	2.2 MΩ	个	1	
3	电阻器 R_B	47 kΩ	个	1	

续表

序号	名称	型号与规格	单位	数量	备注
4	电阻器 R_C、R_L	2 kΩ/0.25 W	个	2	
5	电阻器 R	1 kΩ	个	1	
6	电解电容器 C1、C2	10 μF/25 V	个	2	
7	开关 S	单刀单掷	个	1	
8	试验板	50 mm × 50 mm × 5 mm	块	1	
9	低频信号发生器		台	1	
10	常用电子工具		套	1	
11	万用表		块	1	
12	通用示波器		台	1	

2. 安装

（1）根据表 6-4-1 配齐元器件并进行检测。

（2）清除元器件引脚处的氧化层并进行搪锡。

（3）插装元器件，经检查正确无误后再按照焊接五步操作法焊接固定，用硬铜导线根据电路的电气连接关系进行配线并焊接固定，其焊接面如图 6-4-2 所示。分立元件直脚插入的焊接工艺方法如下：在确认元器件各焊脚所对应的位置后，插入孔内，先焊接，然后剪去多余的部分。每次焊接时间不超过 2 s。

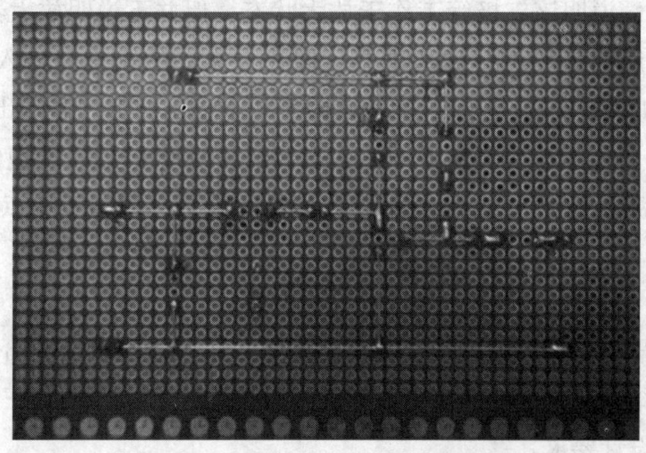

图 6-4-2　固定偏置放大电路的焊接面

（4）焊接完毕要检查有无虚焊或漏焊现象，一经发现，应立即修正。组装好的电路板如图 6-4-3 所示。

图 6–4–3　组装好的电路板

3. 调试

（1）调试好电源、仪器和仪表

首先调试好直流稳压电源、低频信号发生器、晶体管毫伏表、万用表等。

（2）静态工作点的调试

首先测量电路的静态工作点，其测量方法如下：

将放大器输入端（即耦合电容 C1 的左端）接地。用万用表分别测量三极管 B、E、C 极对地电压 U_{BQ}、U_{EQ}、U_{CQ}。如出现 $U_{CEQ}=U_{CQ}-U_{EQ}<0.5$ V，说明三极管已经饱和；如 $U_{CEQ}\approx U_{CC}=6$ V，说明三极管已截止。

遇到上述两种情况都需要调整静态工作点。调整的方法是改变放大器上偏置电阻 R_B 的阻值，因在电路中串接有可调电位器 RP，因此调节 RP 的值即可。同时用万用表测量 U_{BQ}、U_{EQ}、U_{CQ} 的值。

如 U_{CEQ} 为正值，说明该三极管工作于放大状态，但并不说明放大器的静态工作点设置在合适的位置，所以还要进行波形观察。即在放大器的输入端输入规定信号（如 u_i=10 mV，f_i=1 kHz 的正弦波），输出端接示波器，观察输出波形。若输出波形顶部被压缩，如图 6–4–4a 所示，称为截止失真，说明工作点偏低，应增大 I_{BQ}，即把$(R_P'+R_B)$调小；如输出波形底部被削波，如图 6–4–4b 所示，称为饱和失真，说明工作点偏高，应减小 I_{BQ}，即把$(R_P'+R_B)$调大。

（3）动态调试

在确保输出信号不失真的情况下，用示波器等测试仪器测试出输出信号和电路的性能参数，并根据测试结果对电路的静态参数和元器件参数进行必要的修正，使电路的各项性能指标满足或超过设计要求。

（4）放大倍数调试

在放大电路输出端接负载电阻 R_L，当 R_L=2 kΩ 时给放大器输入 1 kHz、10 mV 信号电压，用示波器观察输出信号的波形；在输出信号波形不失真的条件下，用晶体管毫伏表测

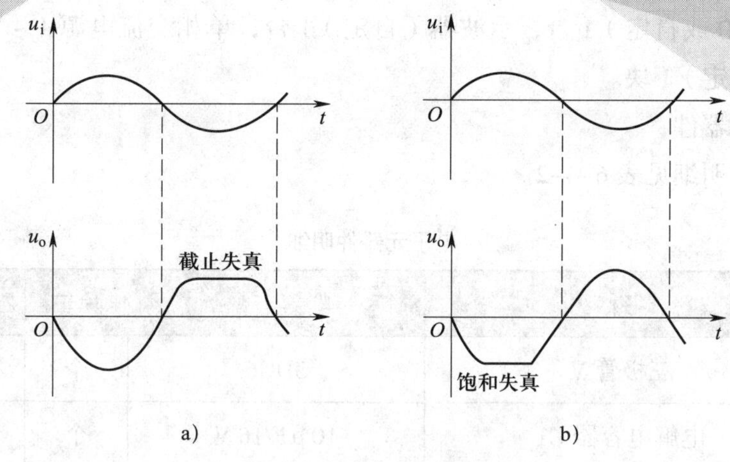

图 6-4-4　放大器的波形
a）截止失真　b）饱和失真

量 $R_L \to \infty$ 时的放大倍数。

注意：测量电压时，必须选择适宜的量程且要注意交流与直流的区别，测直流时正、负极性不能接错。

1. 训练内容

分压式偏置放大电路的安装和调试。分压式偏置放大电路如图 6-4-5 所示。

2. 工具、仪器及电子元器件准备

（1）工具和仪器

准备电烙铁、电子通用工具 1 套，镊子、钢直尺、钢卷尺、锥子等，万能印制电路板（150 mm × 200 mm × 2 mm）1 块，单股镀锌铜线 AV 0.1 mm^2（红色），多股镀锌铜线 AVR 0.1 mm^2（白色），松香和焊丝等，其数量按需要而定，直流稳压电源（0 ~ 36 V）1 台，

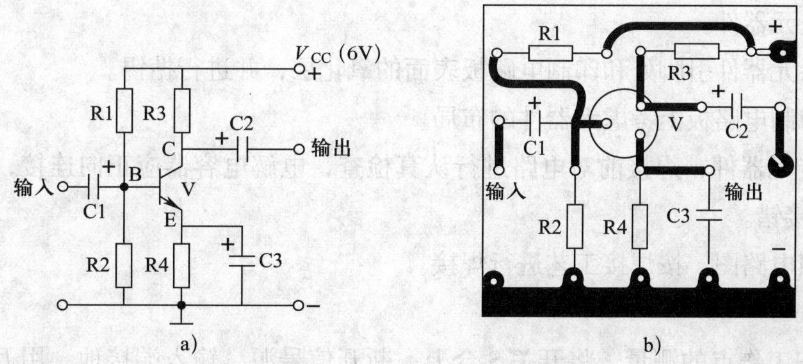

图 6-4-5　分压式偏置放大电路
a）单级放大电路　b）元器件布置图

信号发生器（XD 或自定）1 台，示波器（自定）1 台，单相交流电源（~ 220 V、5 A）1 处，万用表（自定）1 块。

（2）电子元器件

电子元器件明细见表 6–4–2。

表 6–4–2　电子元器件明细

序号	名称	型号与规格	单位	数量	备注
1	三极管 V	3DG6	个	1	
2	电解电容器 C1	10 μF/16 V	个	1	
3	电解电容器 C2	100 μF/16 V	个	1	
4	电解电容器 C3	10 μF/16 V	个	1	
5	电阻 R1	470 kΩ	个	1	
6	电阻 R2	2.4 kΩ	个	1	
7	电阻 R3	2 kΩ	个	1	
8	电阻 R4	1 kΩ	个	1	
9	试验板	50 mm × 50 mm × 5 mm	块	1	

3. 评分标准见表 6–2–4。

4. 训练步骤

具体步骤如下：检查所用电子元器件→清除氧化层→摆放元器件→插接元器件→焊接→通电调试→清理现场。

（1）安装

1）检查元器件。

2）清除元器件引脚处和印制电路板表面的氧化层，并进行搪锡。

3）在印制电路板上考虑元器件的布局。

4）插接元器件，焊接前对电路进行认真检查，电解电容器应正向连接，三极管的三个电极不能接错。

5）对照电路图，按焊接工艺进行焊接。

（2）调试

1）静态工作点的测量。将开关 S 合上，断开信号源，输入端接地，用万用表测量分压式偏置放大电路有载时的静态工作点，将测量数值填入表 6–4–3。

表 6-4-3　　　　　　　　　　　　　　测量数值

U_{BE}	U_{CE}	R4 两端电压	$I_E=\frac{\text{R4 两端电压}}{R_4}$	R3 两端电压	$I_C=\frac{\text{R3 两端电压}}{R_3}$

2）电压放大倍数 A_u 的测量。合上开关 S，放大电路输入端接信号源 u_s，用示波器测量有载时放大电路输入电压 u_i 和输出电压 u_o 的波形，读出它们不失真的最大值 U_{im} 和 U_{om}，则电压放大倍数 $A_u=\frac{U_{om}}{U_{im}}$。

将测量数值填入表 6-4-4。

表 6-4-4　　　　　　　　　　　　　　测量数值

U_{im}	U_{om}	A_u